徹底攻略

基本情報技術者

科目B ［略号：FE］

実践対策

［プログラミング・アルゴリズム・情報セキュリティ］

株式会社わくわくスタディワールド　瀬戸美月／齋藤健一 著

インプレス

インプレス情報処理シリーズ購入者限定特典!!

●電子版の無料ダウンロード

本書の全文の電子版（PDFファイル，IPA公表のサンプル問題の解説を収録，印刷不可）を下記URLの特典ページでダウンロードできます。

●スマホで学べる単語帳アプリ「でる語句200」について

基本情報技術者試験全体で出題が予想される200の語句をいつでもどこでも暗記できる単語帳アプリ「でる語句200」を無料でご利用いただけます。利用方法については、下記のURLをご確認ください。

特典は、以下のURLで提供しています。

URL：https://book.impress.co.jp/books/1122101039

※特典のご利用には、無料の読者会員システム「CLUB Impress」への登録が必要となります。
※本特典のご利用は、書籍をご購入いただいた方に限ります。
※特典の提供予定期間は、いずれも本書発売より3年間です。

●本書掲載の主要コードについて

本書で解説中に使用しているプログラム及び演習問題，試験問題で使用しているプログラムのPythonでのソースコード（Jupyter Notebook形式）をGitHubで公開しています。学習にお役立てください。

URL：https://github.com/wakuwakustudyworld/fe-kamokuB

はじめに

「プログラムで実際に動かしてみることで，やっとAIがどのようなものが見えてきました！」

AI研修で受講生によく言われる言葉です。プログラミングは，実際に動くものが作れるので，イメージがつかみやすくなります。プログラミングを行うことで，プログラミング的思考力を身につけることができ，様々な場面で役立ちます。

また，「基本情報技術者試験の勉強をすることで，Pythonで出ていた意味不明の浮動小数点エラーの意味がわかりました」という声を聞くこともあります。プログラミングを実践しているだけだと，その背後にあるコンピュータの仕組みなどの基礎の学習がおろそかになりがちです。そのため，基本情報技術者試験の学習などを通じて，IT全般の基本を身に付けることも，技術者としてとても大切です。

情報処理技術者試験での基本情報技術者の位置付けは，「ITを活用したサービス、製品、システム及びソフトウェアを作る人材に必要な基本的知識・技能をもち、実践的な活用能力を身に付けた者」（試験の対象者像より）となっています。ITを実践的に活用するために，必要な基本的な知識や能力が身についているかどうかを試すです。基本情報技術者試験は科目A試験と科目B試験に分かれており，科目A試験ではIT全般に関する知識を，科目B試験ではプログラミングと情報セキュリティに関する技能が問われます。

本書は，基本情報技術者試験の科目B試験を突破し，合格するための教科書です。単にプログラミングや情報セキュリティを学習するだけではなく，システム開発，データサイエンスなどの関連分野も合わせて学習するように構成しています。また，基本情報技術者試験のシラバスの内容や出題傾向を徹底分析し，基本情報技術者試験のプログラミングで問われる技能を中心に構成しました。試験センターから発表されたサンプル問題の解説も行っています。

プログラミングを学習するときには，文法を暗記するよりも，実際にトレースしながら試行錯誤する方が記憶に残りやすく実力も付いていきます。まずは気楽に読み進めながら，手を動かして学習していきましょう。

本書に登場するプログラムをPythonに変換したものは，すべてGitHubに公開しています。そのため，実際に動くプログラムとして試してみることができます。本書をお供にしながら，基本情報技術者試験の合格に向かって進んでいってください。

最後に，本書の発刊にあたり，企画・編集など本書の完成までに様々な分野で多大なるご尽力をいただきましたインプレスの皆様，ソキウス・ジャパンの皆様に感謝いたします。また，わくわくスタディワールドの齋藤健一様をはじめ，一緒に仕事をしてくださった皆様，「わく☆すたAIセミナー」「基本情報技術者試験対策研修」など様々な講座での受講生の皆様のおかげで，本書を完成させることができました。皆様，本当に，ありがとうございました。

令和5年5月

わくわくスタディワールド　瀬戸美月

本書の構成

本書は，解説を読み，節末の問題を解くことで知識が定着するように構成しています。側注には，理解を助けるヒントを盛り込んでいます。各章末では，公開されている科目Bのサンプル問題を解説していますので，ぜひ活用してください。

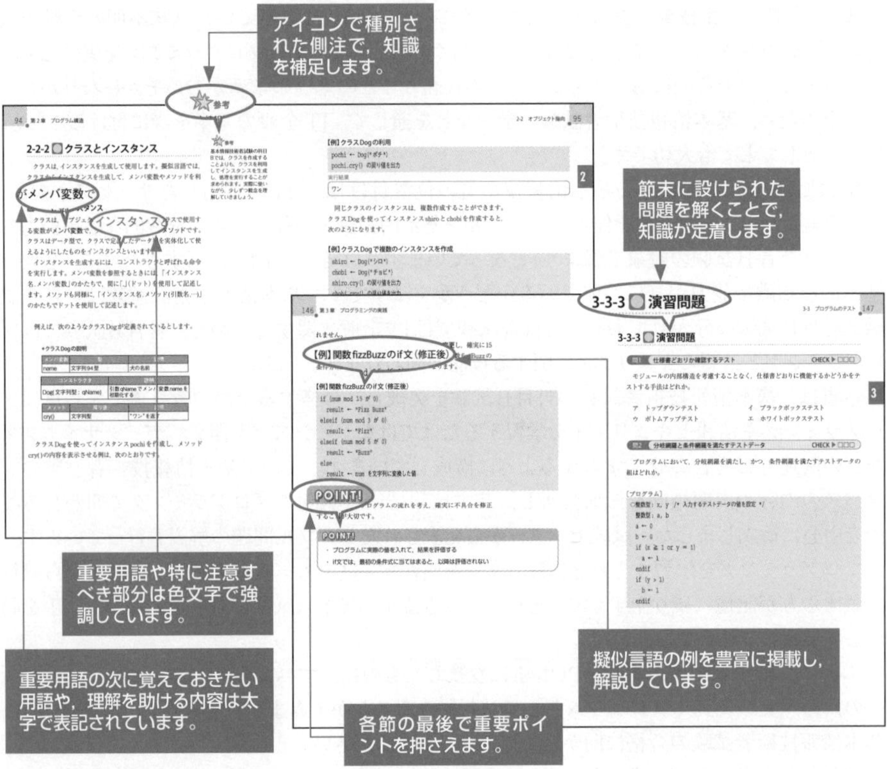

本書で使用している側注のアイコン

勉強のコツ 学習を進めるうえでの準備や，勉強方法などを紹介	用語 本文に登場した用語を詳しく解説	関連 本書における関連項目や，参照URLなどを記載
発展 上のレベルの学習につなげるために知っておくと有意義な知識を解説	参考 理解を助ける情報を紹介	

科目B問題の要点チェック

第1～6章の各項目の末尾に要点として掲載している「POINT！」をここに一覧表示しました。科目B問題の対策にお役立てください。「POINT！」の掲載ページも併記していますので，学習したい項目は本文でしっかり理解してください。

第1章　プログラミングの基本

1-1-1 システム開発の流れ

□□□ 要求仕様に合わせてプログラムを作成する …………………… 31

□□□ プログラムをテストし，デバッグできることが大切 ……………… 31

1-1-2 プログラミングで行うこと

□□□ プログラミングの基本は，データの入出力と処理 ………… 33

□□□ プログラミング言語によらず共通の部分と，言語により異なる部分がある… 33

1-2-1 基本文法

□□□ 変数には，代入文（←）を使って値や式を代入する ……………… 36

□□□ 変数の値を増やすには，右の式に変数が必要 …………………… 36

1-2-2 演算

□□□ 論理演算は式や値ごとの演算，ビット演算はビットごとの演算 …… 40

□□□ 演算は，演算子の優先度順に行う ………………………… 40

1-2-3 基本データ型

□□□ 数値型には，整数型，実数型，ビット型がある ……………………… 44

□□□ 配列の要素番号は，1から始まる場合と0から始まる場合がある …………… 44

1-2-4 応用データ型

□□□ クラスは自由に定義できるデータ型で，再利用できる ……………… 48

□□□ 抽象データ型は，データの要素同士の関係を表すことができる ………… 48

1-3-1 プログラムの基本3構造

□□□ プログラムは，順次，選択，繰返しの基本3構造で記述する ………… 55

1-3-2 選択処理

□□□「if（条件式）」のあとに，インデントを付けて処理を記述 …………… 58

□□□ elseifは複数使用可能で，elseは省略可能 ……………… 58

□□□ and，or，notで，複数の条件式を組み合わせることができる …… 58

1-3-3 繰返し処理

□□□ while（条件式）で繰返し条件を判定。do ～ whileで後判定処理も可能 ………………………… 65

□□□ for（制御記述）で，繰返しに使用する変数や繰返し回数を記述 ……… 65

第2章　プログラム構造

2-1-1 プログラム構造

□□□ システムは，段階的詳細化を行い，モジュール単位に分割する ……… 81

□□□ メインルーチンからサブルーチンを呼び出すことで，プログラムを実行する… 81

2-1-2 手続と関数

□□□ 関数は引数でデータを入力し，戻り値でデータを出力する ……… 85

□□□ 大域変数は，複数の手続や関数でデータを共有できる…………………… 85

2-2-1 オブジェクト指向とは

□□□ 多相性を用いることで，同じメソッドで異なるクラスに異なる動作をさせる … 93

□□□ 集約（コンポジション）で，クラスの中に別のクラスをもつことができる… 93

2-2-2 クラスとインスタンス

□□□ クラスからインスタンスを作成するときに，コンストラクタを使用…… 96

□□□「インスタンス名.メンバ変数」や「インスタンス名.メソッド（引数）」のかたちで使用 …………………… 96

第3章 プログラミングの実践

第4章 データ構造とアルゴリズム

第5章 プログラミングの諸分野への適用

CONTENTS

目次

第6章　情報セキュリティの確保

第7章　科目B問題演習

! 基本情報技術者試験と科目B

試験の概要

基本情報技術者試験は，IT関連のほぼ全分野を網羅する，技術者の登竜門となる試験です。合格のカギとなるのが，プログラミングを中心とした科目Bです。

まずは，基本情報技術者試験の全体像を押さえながら，試験の学習をすることで広がる可能性，試験範囲を学ぶメリットなどを確認していきましょう。

プログラミングとデータサイエンスは，これからのAI時代に輝くスキル！

2023年（令和5年度）から，基本情報技術者試験の形式が大きく変わりました。従来の午前と午後の形式から，科目Aと科目Bという形式となり，個別のプログラム言語（C，Java，Python，アセンブラ言語，表計算ソフト）については出題がなくなりました。しかし，プログラミングが必要なくなったわけではなく，出題割合は増えています。

個別プログラム言語による出題が，**普遍的・本質的なプログラミング的思考力を問う擬似言語による出題**に統一されました。細かい文法ではなく，どのようなプログラム言語でプログラミングを行う場合にも必要となる，**普遍的・本質的なプログラミング的思考力**が問われるようになったのです。

普遍的・本質的なプログラミング的思考力とは

「プログラミング的思考」については，文部科学省の資料に次のように定義されています。

> **自分が意図する一連の活動を実現するために、どのような動きの組合せが必要であり、一つ一つの動きに対応した記号を、どのように組み合わせたらいいのか、記号の組合せをどのように改善していけば、より意図した活動に近づくのか、といったことを論理的に考えていく力**

※文部科学省『小学校プログラミング教育の手引（第三版）』
https://www.mext.go.jp/content/20200218-mxt_jogai02-100003171_002.pdf（P.9）より）

これからの時代に必要な能力として，小学校から高校，大学まで，様々な機関で重点を置いて学習することを推奨されています。

プログラミング的思考力は，プログラミングを行うときに必要な思考力とほぼ同じですが，単に「プログラミングを行っていれば自然に身に付く」ものではありません。自分が意図した活動を実現するということを，きちんと自分の頭で論理的に考えていくことが大切です。

基本情報技術者試験の擬似言語は，様々なプログラム言語から，普遍的・本質的な部分を抽出したものです。細かい文法にとらわれず，純粋にプログラミング的思考力のみが問われるため，本質的な学習が重要になってきます。

もう一つ，基本情報技術者試験の擬似言語で問われるのは，単なるプログラミング能力だけではありません。出題範囲に，「プログラミングの諸分野への適用に関すること」が加わっており，数理・データサイエンス・AIなどの分野を題材としたプログラムを作成する能力が問われます。実際のサンプル問題を見る限り，従来の業務の手続を自動化するようなプログラムだけでなく，AIやデータサイエンスに関連する問題も多く出題されています。

データサイエンスとは

情報処理技術者試験を実施しているIPA（Information-technology Promotion Agency, Japan：独立行政法人 情報処理推進機構）では，HRDイニシアティブセンターで，IT全般に関するスキル標準（ITSS）と，今の時代に対応した追加的なスキル標準「ITSS＋（プラス）」を発表しています。ITSS＋には，セキュリティ領域とデータサイエンス領域があります。

データサイエンス領域のスキルカテゴリは，次の3つとなります。

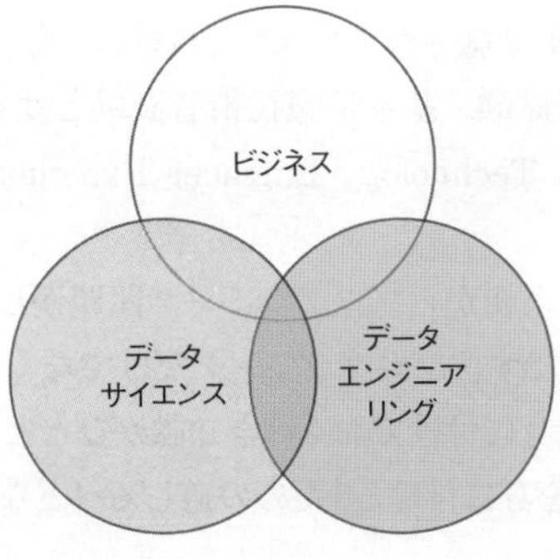

データサイエンス領域のスキルカテゴリ

データサイエンス領域のスキルカテゴリとその内容

スキルカテゴリ	内容・対応する試験など
ビジネス	課題の背景を理解した上で，ビジネス課題を整理し，解決するスキル。情報処理技術者試験の高度区分ではITストラテジスト試験などが該当する
データサイエンス	情報処理（IT），人工知能（AI），統計学などの情報科学系の知識を理解し，活用するスキル。体系的にまとまっておらず，該当する試験はまだ存在しない分野だが，コンピュータサイエンス全般についての深い理解が必要となるので，基本情報技術者試験，応用情報技術者試験などで全体的に幅広く知識を身につけておくことが役に立つ
データエンジニアリング	データサイエンスによって得られた知見を意味のある形にして使えるようにし，実装，適用するスキル。情報処理技術者試験の高度区分ではデータベーススペシャリスト試験などが該当する

基本情報技術者試験はIT関連の分野全般にわたる試験であり，これらの**3分野すべての基本となる内容**が含まれます。特に，科目Bのプログラミング問題でデータサイエンスに関わる内容が出題されるので，データサイエンスに必要な全分野の基礎をひととおり押さえることが大切です。

また，データサイエンス領域のプロジェクトは複数人が協力して遂行しますが，ひととおりの基礎を身に付けておくことで，ほかの人の業務が理解しやすくなり，仕事をスムーズに進めることができます。

基本情報技術者試験とは

それでは，基本情報技術者試験について詳しくみていきます。

情報処理技術者試験は，「情報処理の促進に関する法律」に基づき経済産業省が，情報処理技術者としての「知識・技能」が一定以上の水準であることを認定している国家試験です。基本情報技術者試験は，その情報処理技術者試験の中で最も歴史が長く，昭和44年（1969年）から毎年実施されています（名称は，第二種情報処理技術者認定試験，第二種情報処理技術者試験，基本情報技術者試験と変更されています）。英語名は「Fundamental Information Technology Engineer Examination」で，略称で**FE**が利用されます。

第二種として設立された当初からプログラミング問題が出題されており，プログラマを認定する唯一の国家試験です。プログラミングだけでなく，IT関連のほぼ全分野が出題され，IT関連の技術者が身に付けておくべき知識がひととおり網羅されています。「10年経っても通用するスキルを身に付ける」ための道しるべとなる試験です。

基本情報技術者試験の実施方法

令和2年度（2020年度）から，基本情報技術者試験はCBT（Computer Based Testing）方式で実施されています。CBT方式とは，試験会場に設置されたコンピュータを使用する試験です。令和5年度(2023年度)からは試験制度が変わり，従来の午前と午後の形式から，科目Aと科目Bという形式になり試験時間が短縮されました。

試験は次のような構成で，全問が多肢選択式となっています。

基本情報技術者試験の構成

区分	試験時間	出題形式	出題数・解答数	合格ライン
科目A	90分（1時間30分）	多肢選択式（四肢択一）	60問・60問	600点／1000点満点
科目B	100分（1時間40分）	多肢選択式	20問・20問	600点／1000点満点

選択問題だったプログラミング言語の出題がなくなり，全問必須に変更されました。また，配点は単純に1問何点というかたちではなく，IRT（Item Response Theory：項目応答理論）に基づいて解答結果から評価点を算出する形式に変更されました。

受験の流れ

続いて，試験の申込み方法や受験方法，結果の確認方法など，受験の流れについて紹介します。今後変わる可能性もあるので，受験時に公式ページで必ず詳細を確認してください。基本情報技術者試験の公式ページは以下のWebサイトになります。

・IPA 試験情報 基本情報技術者試験(FE)
　https://www.ipa.go.jp/shiken/kubun/fe.html
・CBTS（CBT Solutions)受講者専用サイト　基本情報技術者試験(FE)
　https://cbt-s.com/examinee/examination/fe

試験会場は，CBTS（試験実施業務の委託先)が運営する全国にあるCBT会場の中から選択します。試験会場は，2023年4月現在，次のページで確認できますが，基本情報技術者試験では使用されていない会場もあるようなので，申込時に確認してください。

・CBTSテストセンター
　https://cbt-s.com/examinee/testcenter/?type=cbt

試験はいつでも受験できますが，**リテイクポリシー**があり，前回の受験日の翌日から起算して30日は，再受験はできません。

受験申込みと確認

受験申込みや結果確認は，以下のページでログインして行います。このページは他の情報処理技術者試験・情報処理安全確保支援士試験と共通で，初めての方はマイページアカウントを作成する必要があります。

・IPA 情報処理技術者試験・情報処理安全確保支援士試験 マイページへログイン
https://itee.ipa.go.jp/ipa/user/public/login/

ログインすると，次のような画面で，申込み種目を選択できます。

マイページの例

「基本情報技術者試験（FE）CBT試験申込」を選択すると，試験の申込みが可能です。科目A免除の権利がある場合は「【FE 免除あり】基本情報技術者試験（試験方式：CBT　科目B：100分）」を，それ以外は「【FE】基本情報技術者試験（試験方式：CBT　科目A：90分　科目B：100分　途中休憩：10分）」を選んで申込みを行います（申込み場面は省略します）。

受験後は，サイドバーの「受験結果一覧」を選択すると，次のように結果を一覧で確認できます。

受験結果一覧の例

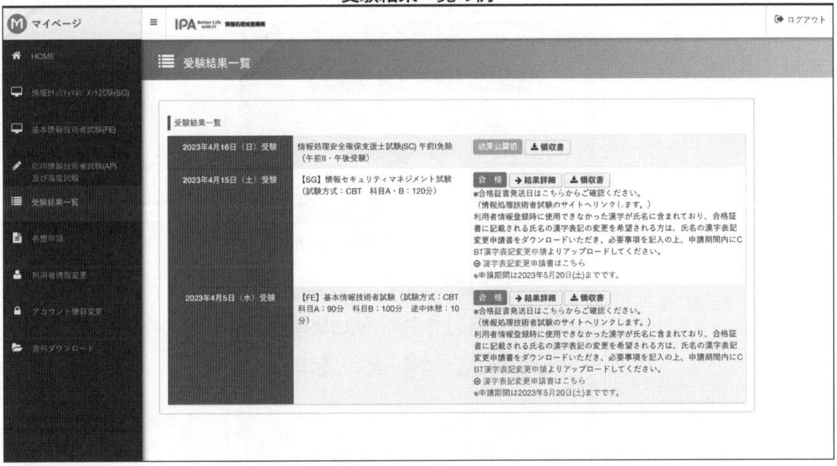

受験結果（点数）は，「結果詳細」をクリックすることで確認できます。

受験結果（点数）の例

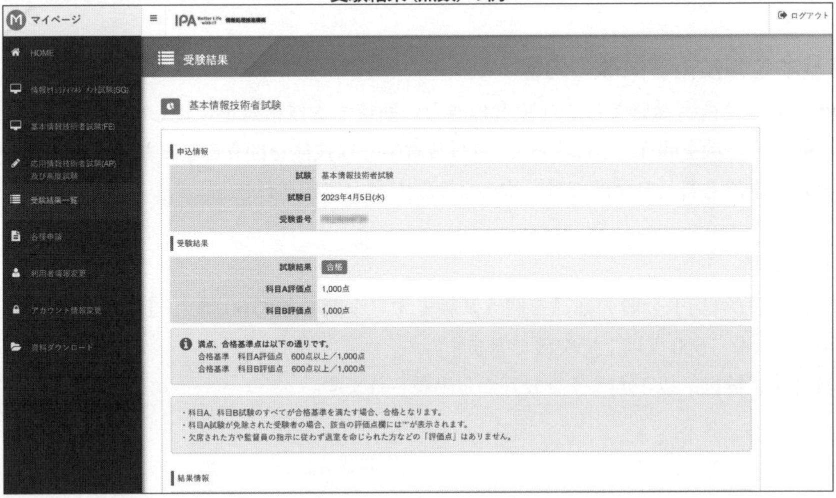

点数で合否は分かりますが，正式な合否結果は，受験した翌月にならないと発表されません。合格発表のあと，合格者には合格証書が郵送されます。

合格証書の例

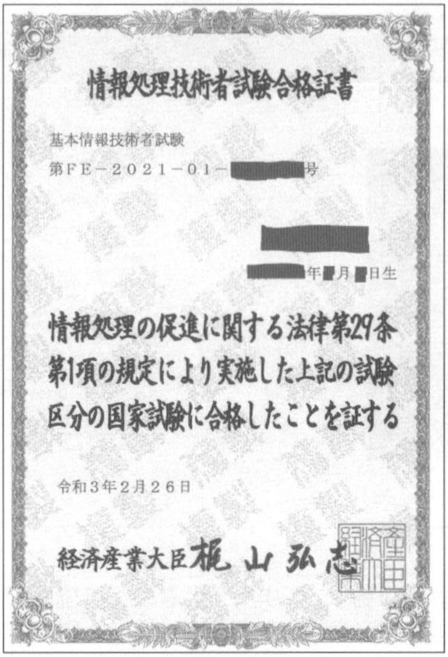

情報処理技術者試験合格証書

基本情報技術者試験

第FE－2021－01－[redacted]号

[redacted]

[redacted]年[redacted]月[redacted]日生

情報処理の促進に関する法律第29条第1項の規定により実施した上記の試験区分の国家試験に合格したことを証する

令和3年2月26日

経済産業大臣 梶山弘志

基本情報技術者試験の内容

基本情報技術者試験では，受験者の能力が期待する技術水準に達しているかを，科目A試験では知識を問うことによって，科目B試験では技能を問うことによって評価します。

科目A試験と科目B試験では，次のような内容が出題されます。

科目A試験

科目A試験はIT全般の知識を問う試験です。全問必須の60問で，IRT方式での1000点満点となり，600点以上で突破できます。

科目A試験は，以下のような分野から出題されます。

基本情報技術者試験　科目Aの出題範囲

分野	大分類	中分類	出題範囲	出題数
テクノロジ系	1 基礎理論	1 基礎理論	○2	3
		2 アルゴリズムとプログラミング	○2	6
	2 コンピュータシステム	3 コンピュータ構成要素	○2	4
		4 システム構成要素	○2	2
		5 ソフトウェア	○2	4
		6 ハードウェア	○2	0
	3 技術要素	7 ヒューマンインタフェース	○2	1
		8 マルチメディア	○2	0
		9 データベース	○2	4
		10 ネットワーク	○2	5
		11 セキュリティ	◎2	8
	4 開発技術	12 システム開発技術	○2	3
		13 ソフトウェア開発管理技術	○2	1
マネジメント系	5 プロジェクトマネジメント	14 プロジェクトマネジメント	○2	3
	6 サービスマネジメント	15 サービスマネジメント	○2	2
		16 システム監査	○2	2
ストラテジ系	7 システム戦略	17 システム戦略	○2	2
		18 システム企画	○2	1
	8 経営戦略	19 経営戦略マネジメント	○2	1
		20 技術戦略マネジメント	○2	1
		21 ビジネスインダストリ	○2	3
	9 企業と法務	22 企業活動	○2	3
		23 法務	○2	1

注記1　○は出題範囲であることを，◎は出題範囲のうちの重点分野であることを表す。

注記2　2は，ITSS＋で定められた技術レベルを表す。1，2，3，4の順で，4が最も高度で，上位は下位を包含する。

注記3　出題数には，科目Aサンプル問題での，各分野の出題数（計60問）を記載

セキュリティのみが重点分野で，ほかは全分野からまんべんなく出題されることになっています。実際には，CBTでランダムに問題が出題されるため，出題されない分野など，偏りが出ることがあると考えられます。出題数60問のうち，評価は56問で行い，残りの4問は今後出題する問題を評価するために使われます。

ITSS＋で定められている技術レベルは全分野で2です。技術レベル1のITパスポート試験と技術レベル3の応用情報技術者試験の間に位置する難易度となります。

科目B試験

科目B試験は，基本情報技術者の技能を問う試験です。アルゴリズムとプログラミング分野と，情報セキュリティ分野の2分野から出題されます。全20問で，分野別の出題数は，アルゴリズムとプログラミング分野が16問，情報セキュリティ分野が4問となって

います。

20問のうち評価は19問で行い，残りの1問は今後出題する問題を評価するために使われます。IRT方式での1000点満点となり，600点以上で突破できます。

突破率と合格率

以下に，平成29年から令和元年までに実施された試験において，午前，午後での合格ラインを突破した割合(突破率)と，全体の合格率を示します。合格の条件は，午前，午後ともに合格ラインを突破することでした。

午前・午後の突破率と合格率

突破率	平成29年春	平成29年秋	平成30年春	平成30年秋	平成31年春	令和元年秋
午前	39.1%	45.8%	55.6%	41.1%	47.0%	42.3%
午後	30.2%	26.5%	32.8%	28.5%	26.1%	36.3%
全体(合格率)	22.5%	21.8%	28.9%	22.9%	22.2%	28.5%

以前の試験からは，例年，午前より午後の方が突破率が低く，午後の攻略が合格のカギとなっていたことが読み取れます。

令和2年度から開催されたCBT方式の試験では，午前，午後の区分別の受験者情報は公開されていません。全体の合格者数は公開されていますので，各期ごとに合格率を集計すると，次のようになります。

合格者数と合格率

受験年月	受験者数	合格者数	合格率(%)
令和2年度	60,411	52,993	48.1
令和3年度上期	32,508	13,522	41.6
令和3年度下期	52,831	21,667	41.0
令和4年度上期	46,023	18,215	39.6
令和4年度下期	55,500	19,780	35.6

CBT方式の試験となってから，全体的に合格率は上昇しています。この要因としては，CBT方式になった時点でちょうど試験制度が変わり，選択問題数が減って時間に余裕ができたことや，応用情報技術者試験や高度区分などと併願できるようになったことなども考えられます。

科目A，科目Bの方式に移行してからの合格率は次のようになります。

科目B移行後の合格者数と合格率

受験年月	受験者数	合格者数	合格率（%）
令和5年4月	10,513	5,928	56.4

※令和5年5月現在発表分まで

また，科目A，科目Bそれぞれの突破率は，次のようになっています。

科目A，Bそれぞれの突破率

突破率	令和5年4月
科目A	61.4%
科目B	63.8%
全体（合格率）	56.4%

以前の午前・午後の試験と比べると，合格率が大幅に上昇しています。

合格率上昇の原因は，問題の分量が少なくなり，問題が解きやすくなったためだと考えられます。受かりやすくなったと前向きにとらえ，今後の学習を進めていくとよいでしょう。

基本情報技術者試験の現実的なメリット

情報処理技術者試験は国家試験ですが，取得すると与えられる免許などはなく，独占的な業務もありません。また，合格に必要な勉強量は多く，簡単に合格できる試験でもありません。そのため，IT業界の中からも，「取っても役に立たない」などという声が聞かれます。実際，「取りさえすれば人生バラ色」とまではいきません。

しかし，質が高い国家試験ですので，現実的に役に立つ場面はいくつもあります。筆者の周りでも，情報処理技術者試験の合格を生かして就職や転職に成功した，社内での地位が向上したり褒賞金がもらえたりした，といった事例はよく耳にします。

情報処理技術者試験に合格すると得られるメリットは，情報処理推進機構のWebサイトに「試験のメリット」として挙げられています（https://www.ipa.go.jp/shiken/about/merit.html）。これらのうち，基本情報技術者試験に合格すると得られるメリットには次のものがあります。

企業からの高い評価

日経BPが2022年に行った調査をもとに作成した記事「いる資格、いらない資格 2022」（https://xtech.nikkei.com/atcl/nxt/column/18/02273/112400001/）※では，保有するIT資格の第1位が基本情報技術者となっています（第2位は応用情報技術者）。IT関連の企業では，新人研修の一環として基本情報技術者試験の受験を推奨することも多く，「取得しているのが一般的」な資格でもあります。また，基本情報技術者の取得を社員に奨励している企業は多く，実際に，合格者に一時金や資格手当などを支給する報奨金制度を設けたり，採用の際に試験合格を考慮したりすることがあります。

IT関連の企業に就職や転職をするためにも取得していると有利ですし，就職した後も，手当などで収入アップが見込めることが多い資格です。ちなみに，筆者が新卒で入社した会社でも資格手当があり，二種（現在の基本情報技術者技術者）は月額5,000円でした（学生時代の最終年に合格したので，入社時から月額手当がつきました）。

企業によって金額や優遇の度合いは違いますが，優遇する企業は実際に多いようですし，いろいろな企業で資格取得を奨励しています。

※有料会員が閲覧できる記事となっています。

大学における活用（単位認定・入試優遇など）

取得者数が多いと大学のアピールポイントにもなりますし，実際に多くの大学で取得者を優遇しています。大学入試で基本情報技術者試験に合格していると優遇する大学も多いです。情報処理技術者試験を活用している大学・短大については，IPAが「大学における活用」として掲載しています（https://www.ipa.go.jp/shiken/about/jirei/daigaku/index.html）。高校生で取得していると，入試で優遇される大学が数多くあります。

ステップアップとして，応用情報技術者まで取得しているとさらに有利です。このような優遇措置は，情報系の学部よりも経済学部や商学部などに比較的多い傾向があります。

自己のスキルアップ，能力レベルの確認

基本情報技術者試験の問題は，かなり考えて作成されているため質が高いので，付け焼き刃の勉強では合格しづらい試験です。しかし，しっかり勉強して合格すれば，IT人材としての基本的な知識や技能を身に付けることができます。

何かを学ぶときには目標がないと続かないものですが，合格を目標にスキルアップするという点で基本情報技術者試験はとても優れています。ITの専門家としての基礎を幅広く学ぶことができ，それらを身に付けると実際に仕事で役立つからです。また，実務をこなしているだけでは経験が偏りがちになるので，足りない部分の知識を補うことにも活用できます。

試験合格のポイント

基本情報技術者試験では，科目Ａと科目Ｂの試験を両方突破する必要があります。科目Ａ試験では，IT全般についての幅広い知識が問われます。科目Ｂ試験では，プログラミングとセキュリティについて，思考力を中心に問われます。そのため，次のようなＴ字型のイメージで二つの勉強を並行して行う必要があります。

基本情報技術者試験の勉強のイメージ

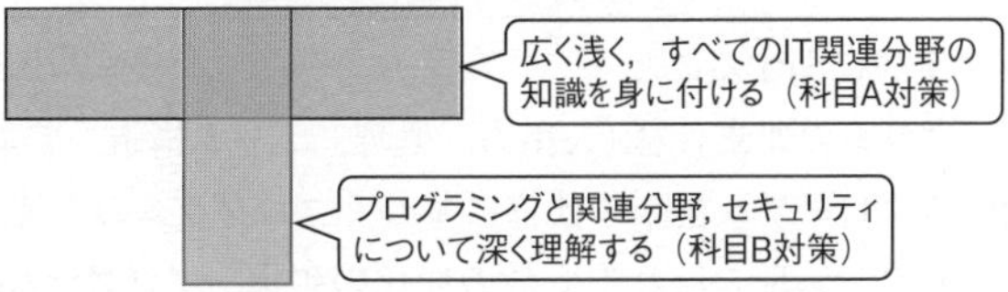

具体的な勉強は次のように行うのが王道です。

①科目Ａレベルの知識について，参考書を一通り読んで学習し，科目Ａ問題で問題演習を行う。演習量の目安は試験5回分程度（だいたい問題集1冊分）
②科目Bについては,知識ではなくスキルを伸ばす。何か1つのプログラム言語をマスターすることがベスト。プログラミング的思考の学習に問題演習を合わせて行う

大切なのは,これだけの勉強量をいかにこなしていくかです。一夜漬けでは無理なので,日々コツコツと勉強を続ける必要があります。通常はこれだけの分量の勉強をするのに3か月程度はかかりますので，継続して学習することが最も大事です。

本書では，基本情報技術者試験の科目Ｂ試験突破に必要な情報を1冊にまとめました。科目Ａの知識については，別途他の参考書等で学習してください。科目Ａ分野の中でも科目Ｂに関わってくる分野については，本書でも解説しています。科目Ｂを中心とした問題演習については，必要な問題量を問題演習として収録しておきましたので，これらを活用していただければ十分な演習量となります。ぜひ，本書を活用して，合格の栄冠を勝ち取ってください。

科目Bの概要

科目B試験では，技能が問われます。知識が問われる科目A試験とは違った学習が必要となります。

科目B試験の出題範囲は，次のようになっています。

1. プログラミング全般に関すること
   実装するプログラムの要求仕様（入出力，処理，データ構造，アルゴリズムほか）の把握，使用するプログラム言語の仕様に基づくプログラムの実装，既存のプログラムの解読及び変更，処理の流れや変数の変化の想定，プログラムのテスト，処理の誤りの特定（デバッグ）及び修正方法の検討 など
   注記　プログラム言語について，基本情報技術者試験では擬似言語を扱う。
2. プログラムの処理の基本要素に関すること
   型，変数，配列，代入，算術演算，比較演算，論理演算，選択処理，繰返し処理，手続・関数の呼出し など
3. データ構造及びアルゴリズムに関すること
   再帰，スタック，キュー，木構造，グラフ，連結リスト，整列，文字列処理 など
4. プログラミングの諸分野への適用に関すること
   数理・データサイエンス・AI などの分野を題材としたプログラム など
5. 情報セキュリティの確保に関すること
   情報セキュリティ要求事項の提示（物理的及び環境的セキュリティ，技術的及び運用のセキュリティ），マルウェアからの保護，バックアップ，ログ取得及び監視，情報の転送における情報セキュリティの維持，脆弱性管理，利用者アクセスの管理，運用状況の点検 など

1～4までがアルゴリズムとプログラミング分野，5が情報セキュリティ分野となります。分野別の出題数は，前述したとおり，アルゴリズムとプログラミング分野16問，情報セキュリティ分野4問となっています。

実際に出題される内容を整理すると，次のようになります。

アルゴリズムとプログラミング分野

アルゴリズムとプログラミング分野では，プログラミングに関する内容が出題されます。具体的には，次のような内容を学習する必要があります。

プログラミングの基本

どのようなプログラミング言語でも必要となる基本的な内容が問われます。具体的には，型，変数，配列，代入，算術演算，比較演算，論理演算，選択処理，繰返し処理，手続・関数の呼出しなど，プログラムの処理の基本要素に関することを身に付ける必要があります。

データ構造とアルゴリズム

定番のデータ構造とアルゴリズムについて，知識だけでなくプログラミングできる技能が問われます。科目Ａでも出題される，スタック，キュー，木構造，グラフ，連結リストなどのデータ構造や，整列，再帰，文字列処理などのアルゴリズムについて問われます。

数理・データサイエンス・AI

数式のプログラミングや，データサイエンスの応用など，最近必要とされている技術について，プログラミングを適用できるかどうかが問われます。確率統計，微分積分，指数・対数関数，数列など，高校レベルまでの数学の内容を理解する必要があります。

オブジェクト指向プログラミング

クラスやメソッドなど，オブジェクト指向プログラミングの基本的な内容が問われます。クラスを作成する必要まではなく，用意されたクラスを利用し，必要な処理を実施する技能が問われています。

情報セキュリティ分野

情報セキュリティ分野については，基本的に**情報セキュリティマネジメント**について問われます。暗号化・認証・アクセス制御などの情報セキュリティ技術については，科目Ａ試験の範囲です。科目Ｂ試験では，情報セキュリティをどのように組織に適用していくのか，その技能が問われます。

具体的には，利用者アクセスの管理や脆弱性の管理など，組織で情報セキュリティを維持管理していくために必要な仕組みについて考える必要があります。責任の所在を考えたり，不備を指摘したり，具体的な組織の事例をもとに，最善の対応策を考えていきます。

科目Bのポイント

科目B試験で問われるのは，知識ではなく技能です。細かいことを覚えるよりも，しっかりとスキルを身に付ける必要があります。

プログラミングの基本

どのようなプログラム言語でも必要になる，プログラミングの基本を身に付けることが最も大切です。変数やデータ型，配列や処理の流れなど，基本的な要素については，知識だけではなく使いこなせるようにする必要があります。本書では，第1章でプログラミングの基本について学習していきます。

プログラム構造

大きなプログラムは，複数のモジュールといわれる単位に分割して作成していきます。モジュールを作成するための関数やクラス，それを作るための考え方であるオブジェクト指向について知ることで，大きなプログラムを作成できるようになります。本書では，第2章でプログラム構造について学習していきます。

プログラミングの実践

プログラミングを行う場合には，作成するだけではなく，それをテストし，改善していく必要があります。デバッグの方法や要件定義の手法など，システム開発に関連したスキルは不可欠です。本書では，第3章で，プログラムの変更やテストの具体的な方法について取り扱っています。

データ構造とアルゴリズム

どのようなプログラミング言語の学習でも役に立つのが，データ構造とアルゴリズムの知識です。科目B試験では，リストやスタック，キューなどのデータ構造を使って，擬似言語でプログラミングを行います。選択や整列のアルゴリズムも出題されます。

科目A試験でも知識問題が出題されるので，合わせて学習することをおすすめします。本書では，第4章でデータ構造とアルゴリズムについて，擬似言語で学習していきます。

プログラミングの諸分野への適用

プログラミングを諸分野に適用していくためには，その分野の基礎知識が不可欠です。例えば，数理・データサイエンスに関するプログラミングを行うためには，統計学を中心とした数学のスキルが必要となります。AIを理解して使いこなすためには，機械学習などのアルゴリズムについても知る必要があります。本書では，第5章で，プログラミングの諸分野への適用を取り扱います。

情報セキュリティマネジメントの考え方

情報セキュリティは，技術の知識も大切ですが，組織のセキュリティは技術だけでは確保できません。リスクマネジメントの原則や，責務の分離などの統制の原則など，組織で情報セキュリティを確保するときに必要な考え方を身に付ける必要があります。本書では，第6章で情報セキュリティの確保について，詳しく学習していきます。

最後に：プログラミング言語の学習

プログラミング的思考力を鍛えるには，何か1つのプログラミング言語を使って，実際にプログラミングを行ってみるのが最も有効です。

学習に使用するプログラミング言語は，データサイエンス系の内容を合わせて学べるので，Pythonがベストです。Javaなどのオブジェクト指向プログラミング言語も適しています。Scratchなどのブロックを動かす言語や，Excel VBAなどアプリで動かすことができる言語も役立ちます。

問題演習だけでプログラミング的思考力を身に付けようとするのは難しいので，実際に何かプログラムを動かして見ることをおすすめします。

本書の内容に合わせて，擬似言語での問題に対応したPythonのプログラムをGitHubで公開しているので，お役立てください。

第1章

プログラミングの基本

プログラミングはシステム開発の一部で，実際に動くソフトウェアを作成していく部分です。基本的な文法やプログラミングの考え方などを学ぶことで，いろいろなプログラムの構築が可能となります。
本章でのポイントは，変数やデータ型，プログラムの基本3構造など，すべてのプログラミングの基本となる考え方です。
プログラミングの基本を学んで，まずはプログラムを理解できるようになりましょう。

1-1 プログラミングとは

プログラミングは，やりたいことをコンピュータに実現させる手段です。システム開発の流れの一部であり，プログラムを作成します。プログラミングを行うときは，データの入出力やアルゴリズムなど，考えることが数多くあります。

1-1-1 システム開発の流れ

システムとは，何らかの目的を実現するための仕組みです。システムには，システムを動かすためのコンピュータなどのハードウェアや，プログラミングによって作成するソフトウェア，他のコンピュータと接続するためのネットワークなど様々なものが含まれます。

システム開発の流れ

システムを作ることをシステム開発といいます。システム開発では，次のような流れでシステムを作成していきます。

●システム開発の流れ

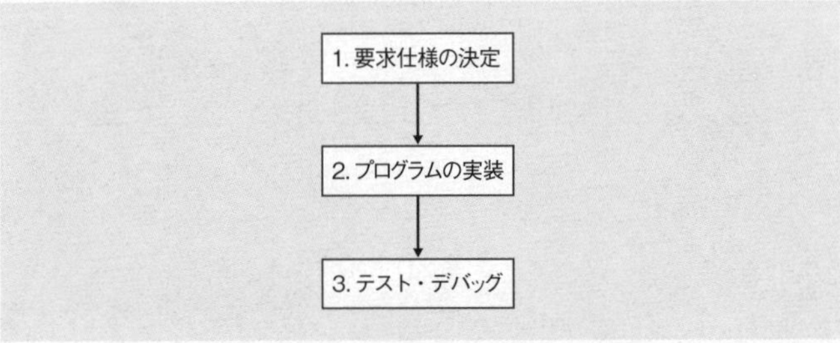

それぞれの段階で行うことは，次のとおりです。

1. 要求仕様の決定

システムで実現したいことを決めていく段階です。システムで実現することをまとめたものを**要求仕様**といいます。プログラムを実際に作成する前に要求仕様を決定することで，やるべきことが明確になります。

システムの規模が大きい場合には，一度に決定せず，段階的に考えていきます。段階的に細かくすることを**段階的詳細化**といい，複雑なシステムの開発では必須の手法です。

2. プログラムの実装

プログラミング言語を使用して実際にソフトウェアを作成していくことを，プログラムの**実装**といいます。プログラミング言語の文法だけでなく，データ構造やアルゴリズムなど，様々な分野の知識を活用して，プログラムを実装していきます。

3. テスト・デバッグ

プログラムが完成したら，そのプログラムが正常に動くかどうかを試す必要があります。プログラムに求める動作が正常に行われるかどうかを，実際にデータを入力して試してみることを**テスト**といいます。正常に動かない場合には，原因を探してプログラムを修正する必要があります。プログラムの不具合をバグといい，バグを発見して修正することを**デバッグ**といいます。

プログラムは作ることが目的ではなく，システムの一部として要求仕様に合わせて動くようにすることが重要です。そのため，要求仕様に合わせてプログラミングを行う必要があります。

また，プログラムは作って終わりではなく，システムとして継続して利用されます。プログラミングのミスはよく起こることなので，適切にデバッグを行い，プログラムを修正できることが大切です。

POINT!

- 要求仕様に合わせてプログラムを作成する
- プログラムをテストし，デバッグできることが大切

1-1-2 プログラミングで行うこと

プログラミングを考えるときの基本は入出力処理です。どのようなデータを入力し，出力するかを考えます。データの構造をデータ構造といい，処理の流れがアルゴリズムです。データ構造とアルゴリズムが，プログラムで実装する内容の中心になります。また，プログラミングにおいては，プログラミング言語によらず共通な部分と，プログラミング言語ごとに異なる部分があります。

入出力処理

プログラミングの基本は，データの入出力とその処理です。次のようなイメージで，様々なデータを入力し，処理して出力します。

●入出力処理

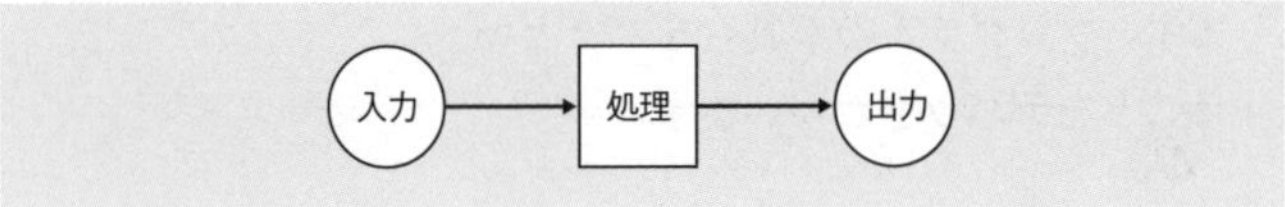

データ構造

プログラムで扱うデータは，データ構造を利用して処理します。リストやスタック，木構造など様々なデータ構造があり，データを効率的に利用することができます。

関連
データ構造については，「4-1 データ構造」で詳しく取り扱います。

アルゴリズム

プログラムの処理の流れのことをアルゴリズムといいます。自分でアルゴリズムを考えて記述することもできますが，よく使われる定番アルゴリズムが数多くあります。定番アルゴリズムを知ることで，プログラミングの考え方を学び，効率的なプログラムを書くことができるようになります。

関連
アルゴリズムについては，「4-2 基本アルゴリズム」「4-3 応用アルゴリズム」で詳しく取り扱います。

プログラミング言語で実現できること

プログラミング言語には様々なものがあり，それぞれに特徴がありますが，多くのプログラミング言語には，次のような共通す

1

る部分があります。

- 変数を使ったデータの代入や演算
- プログラムの構造（順次，選択，繰り返し）の記述
- 手続または関数

変数は，データを入れるための入れ物です。プログラムの構造は，処理の流れを記述するための手法です。手続や関数は，プログラムの一連の処理をまとめたものです。関数では，プログラムで処理したいデータを**引数**というかたちで入力し，処理した結果を**戻り値**というかたちで出力します。

プログラミングの構造を記述するための擬似的なプログラミング言語を**擬似言語**といいます。擬似言語にはいくつか種類がありますが，どれでも上記の3つを表現できます。

関連
変数については「1-2 プログラミングの基本」で，プログラムの構造については「1-3 処理の流れ」で，手続や関数については「2-1 手続・関数」で詳しく取り扱います。

オブジェクト指向

プログラミング言語の中には，クラスという単位でプログラミングを行う**オブジェクト指向言語**と呼ばれる言語があります。代表的なオブジェクト指向言語には，JavaやPythonがあります。

クラスを使うと，変数と関数を組み合わせて様々なデータ構造が実現できます。基本情報技術者試験で出題される擬似言語では，クラスを含むオブジェクト指向言語での記述を表現することができます。

関連
オブジェクト指向については，「2-2 オブジェクト指向」で詳しく取り扱います。

POINT!

- プログラミングの基本は，データの入出力と処理
- プログラミング言語によらず共通の部分と，言語により異なる部分がある

1-2 プログラミングの基本

プログラミングの基本は，プログラミング言語が異なっても同じです。変数や値の代入，演算やデータ型を学習することで，基本的なプログラムが書けるようになります。

1-2-1 基本文法

変数は，データを入れるための入れ物で，値を何度も代入して中身を変更していくことができます。

変数

変数は名前を付けて区別します。変数名には，大文字と小文字のアルファベット，数字，アンダースコア(_)が使えます。ただし，if，whileなど，プログラミング言語で特別な意味をもつ単語は使用できません。

発展

変数名に使える文字は，プログラミング言語によって異なります。Excel VBAなどのように，日本語を使用できるものもあります。プログラムで特別な意味をもつ単語は**予約語**といい，プログラミング言語によって異なります。

代入文

変数は入れ物なので，代入文(←)を用いて値を代入します。例えば，

```
a ← 1
```

とすると，変数aに「1」を代入できます。

このとき，数値はそのまま代入できますが，アルファベットや漢字で始まる文字列は変数と区別がつきません。そのため，文字列を代入する場合にはダブルクォーテーション(")で囲むことが一般的です。例えば，変数aに文字列「Hello」を代入する場合には，

```
a ← "Hello"
```

とします。

式の演算結果を変数に代入

プログラムでは，＋や－などの数値演算を行う演算子を使って式を表すことができ，式の演算結果は変数に代入できます。例えば，

```
a ← 5 + 3
```

とすると，式「5＋3」の演算結果「8」が変数aに代入されます。

変数の内容を変更する

変数の値は，代入文を使用することで変更できます。例えば，aに1を加えるときには，次のように代入します。

```
a ← a + 1
```

次のようなプログラムで，変数aの値を順に変更していきます。

【例】変数の値を変更するプログラム

```
a ← 1
a ← a + 1
a ← a + 1
a ← 2
```

プログラム	変数aの値
a ← 1	1
a ← a + 1	2
a ← a + 1	3
a ← 2	2

最後の行のように，代入する式に変数aを含まないと，ただ上書きされてしまうことに注意してください。

コメント

擬似言語では，プログラムの説明のためにコメントを付けることができます。コメントはプログラムとしては実行されません。

コメントの記述方法は複数あります。

// の例

行の先頭に「//」があればその行全体が，行の途中で利用すると「//」以降がすべてコメントとして扱われます。記述例を以下に示します。

```
// これはコメントです
name ← "pan"    // nameは商品名を表す
```

/* ～ */ の例

先頭に「/*」，末尾に「*/」を付け，その間をコメントとして扱います。記述例を以下に示します。

```
/* これはコメントです */
name ← "pan"    /* nameは商品名を表す */
```

POINT!

- 変数には，代入文（←）を使って値や式を代入する
- 変数の値を増やすには，右の式に変数が必要

1-2-2 演算

演算には，算術演算，比較演算，論理演算，ビット演算などがあります。演算に使用する演算子には優先順位があります。

算術演算

算術演算とは，演算子に＋（足し算），－（引き算），×（掛け算），÷（割り算）を用いた演算です。掛け算や割り算は，足し算や引き算よりも優先されます。例えば，

```
a ← 3 × 5 + 8 ÷ 2
```

では，掛け算「3×5」と割り算「8÷2」を先に計算して15＋4となるので，変数aには「19」が代入されます。

割り算は，÷だけでなく，整数の割り算で余りを計算するmodを使用することができます。modは%という記号で表現されることもあります。例えば，

```
a ← 15 mod 2
```

では，「15÷2＝7　余り1」となるので，余りの「1」が変数aに代入されます。

また，正の数や負の数を表すため，「＋3」や「－5」というように数値に符号を付けることもできます。

比較演算

比較演算とは，a＞b（aがbより大きい）というように，2つの値や式を比較する演算です。二者間の関係を比較するので，関係演算とも呼ばれます。演算子は，＝（等しい），≠（等しくない），≦（以上），≧（以下），＜（より大きい），＞（より小さい）の6つです。

例えば，次のようなプログラムで，変数a，b，cの値を順に代入し，比較演算を行ってみます。結果は，比較結果が正しい（真）ときはtrue，正しくない（偽）ときはfalseで示されます。

【例】変数の値を比較するプログラム

```
a ← 1
b ← 1
c ← 2
```

比較演算	結果
a = b	true
a = c	false
a ≠ b	false
a ≠ c	true
a ≦ b	true
a ≦ c	true
a ≧ b	true
a ≧ c	false
a < b	false
a < c	true
a > b	false
a > c	false

論理演算

論理演算とは，論理が正しいか否かを判断する演算です。論理を表す演算子には，**and**（論理積），**or**（論理和），**not**（否定）があります。andとorは二項演算子といい，2つの式を確認して，真偽（正しいか否か）を判定します。notは単項演算子といい，1つの式に対して真偽を判定し，逆の結果を返します。

例えば，先ほどの変数a，b，cの値で比較演算の式を使って論理演算を行うと，次のようになります。

論理演算	結果
(a = b) and (a = c)	false
(a = b) or (a = c)	true
not (a = b)	false
(a ≦ b) and (a ≠ c)	true
(a < b) or (a ≧ c)	false
not (a > b)	true

ビット演算

2進数で表したときにビットごとに行う演算です。試験問題では，**記号は問題によって変わる**ので，必ず明記されます。

∧(ビット単位の論理積)，∨(ビット単位の論理和)，⊕(ビット単位の排他的論理和)では，2つの値の論理積，論理和や排他的論理和をビットごとに計算します。

論理シフトとは，ビットの値を右や左にシフトする演算です。シフトした後にできる空白部分には，0を補完します。>>（論理右シフト)，<<（論理左シフト)では，演算子の左側に演算を行う変数，右側にシフトするビット数を記述します。例えば，「value >> n」はvalueの値をnビットだけ右に論理シフトし，「value << n」はvalueの値をnビットだけ左に論理シフトします。

次のようなプログラムで，2進数の8ビットで表す変数a，bがあったとき，ビット演算の結果は以下のようになります。

【例】ビット演算プログラム

```
a ← 00001111
b ← 10101010
```

ビット演算	結果
a ∧ b	00001010
a ∨ b	10101111
a ⊕ b	10100101
a << 2	00111100
b >> 2	00101010

発展

ビット演算は，2進数の計算として科目Aでもよく出題されます。科目Aの学習時にも，実際のプログラムと合わせて学習することで具体的なイメージがつかみやすくなります。手を動かしながら，2進数の計算を身に付けていきましょう。

演算子と優先度

基本情報技術者試験で用いられる擬似言語の記述形式では，演算子と優先順位は，次のようになっています。

●演算子と優先順位（基本情報技術者試験（科目B試験）サンプル問題セットより）

演算子の種類		演算子	優先度
式		( ) .	高
単項演算子		not ＋ −	
二項演算子	乗除	mod × ÷	
	加減	＋ −	
	関係	≠ ≦ ≧ ＜ ＝ ＞	
	論理積	and	
	論理和	or	低

注記　演算子 . は，メンバ変数又はメソッドのアクセスを表す。
演算子 mod は，剰余算を表す。

関連

メンバ変数とメソッドは，オブジェクト指向でのインスタンスで使用する演算子です。詳しくは，「2-2-2 クラスとインスタンス」で説明しています。

複数の演算が組み合わされている場合には，演算子の優先度に従って，優先度の高い順に演算を行います。優先度が同じ場合には，先頭から順に演算を行います。上記の表は試験問題に掲載されているので，迷ったら確認することができます。

POINT!

・論理演算は式や値ごとの演算，ビット演算はビットごとの演算
・演算は，演算子の優先度順に行う

1-2-3 基本データ型

データ型とは，プログラムが扱う値を分類したものです。基本データ型には，整数型や実数型，論理型，ビット型，文字型と，複数の値をまとめた文字列型や配列があります。プログラミングを行うときにデータ型を指定することで，プログラムがそのデータを適切に処理することができます。

発展

Python や JavaScript など，プログラム中でデータ型を指定する必要がないプログラミング言語も数多くあります。これは，データ型が自動で設定されるためであり，データ型がないわけではありません。文字列型の数値は計算できないなどのエラーが起こることがあるので，データの型を意識する必要はあります。擬似言語では通常，データ型が最初に記述されます。

データ型

データ型には，整数型，文字型，配列などがあり，プログラミング言語によって扱いが異なります。多くのプログラミング言語では，データ型を宣言して変数を使用しますが，自動で設定してくれる言語もあります。

例えば，JavaScript や Python では，データ型を宣言しなくてもプログラムは動きます。しかし，データ型が異なると不具合が起こることが多いので，型を宣言して確実にわかるようにしておくことが大切です。そのため，JavaScript の拡張として，データ型の定義を必須とした TypeScript という言語が開発されました。Python でも，新しいバージョンではデータ型を定義できるようになっています。

基本データ型

基本的なデータ型には，次のものがあります。

●基本的なデータ型

分類	データ型	説明
数値を表すデータ型	整数型	整数を扱う
	実数型	小数を含む実数全体を扱う
	ビット型	2進数を扱う
論理を表すデータ型	論理型	真 (true) と偽 (false) をとる
文字を表すデータ型	文字型	文字を1文字ずつ扱う
	文字列型	文字を複数まとめて文字列とする

配列は，複数の値をまとめて取り扱うためのデータ型です。整数型の配列，実数型の配列というように，同じデータ型をまとめて取り扱います。上の表の文字列型は，文字型の配列である

ともいえます。

擬似言語では，プログラムの最初に，「データ型：変数名」のかたちで，使用する変数を定義して宣言します。定義と同時に，**初期値**（最初の値）を代入することもあります。例えば，次のように変数a，b，c，d，e，fの利用を宣言します。

```
整数型：a, b
実数型：c ← 1.2
論理型：d ← true
文字型：e ← "A"
文字列型：f ← "BC"
```

変数は，複数まとめて「,」（カンマ）で区切って表現できます。文字や文字列は，「"」（ダブルクォーテーション）で囲みます。

それでは，それぞれのデータ型について詳しく学習していきましょう。

数値を表すデータ型

数値を表すデータ型（数値型）には，整数を表す整数型と，小数点以下の計算もできる実数型，2進数でデータを表すビット型があります。

整数型

整数を表すデータ型です。負の数を表すこともできます。正の数では「＋」，負の数では「－」を数値の前に付けます。正の数の「＋」は省略可能です。

実数型

小数点以下での計算も可能な数値型です。負の数を表すこともできます。正の数には「＋」，負の数には「－」を数値の前に付けます。正の数の「＋」は省略可能です。

発展

実数型は，プログラミング言語によって扱いが大きく異なるデータ型です。小数点以下の桁数を決定して使用する固定小数点型や，桁数を別に指定して自由に設定できる浮動小数点型などがあります。データの取り扱い方によって誤差が出ることもあるので，プログラミングを行う際には注意が必要なデータ型です。

ビット型

ビット型は，2進数をビットごとに扱うデータ型です。ビット数は固定で連続して取り扱います。例えば，2進数8ビットでデータを表すときには8ビット型とし，次のように8ビット分のデータを代入します。

```
8ビット型：a ← 00000000
```

論理を表すデータ型

論理を表すデータ型（論理型）は，論理値として真（true）と偽（false）の2種類の値をとるデータ型です。論理型の定数としてtrueとfalseが定義されており，値は必ずtrueかfalseのどちらかになります。比較演算の実行結果などを格納することもあります。

文字を表すデータ型

文字を表すデータ型には，文字型と文字列型があります。

文字型

文字型は，文字を1文字ずつ扱うデータ型です。文字は「"」（ダブルクオーテーション）で囲みます。

文字列型

文字列型は，複数の文字をまとめて文字列とするデータ型です。文字列は「"」（ダブルクオーテーション）で囲みます。

配列

配列は，複数の同じデータ型の値をまとめて扱うデータ型です。配列で取り扱う1つ1つの値のことを**要素**といいます。「{」は配列の内容の始まりを，「}」は配列の内容の終わりを表します。例えば，整数型の配列arrayは，次のようなかたちで要素をまとめて代入できます。

```
整数型の配列：array ← {3, 2, 1, 6, 5, 4}
```

配列には順番があり，**要素番号**と呼ばれる番号の順に並んでいます。配列の要素番号は，**1から始まる**場合と，**0から始まる**

場合の両方があります。

配列の要素番号が1から始まる場合，先ほどの配列arrayでの要素番号と要素の関係は，次のようになります。

●要素番号と要素の関係（要素番号が1から始まる場合）

要素番号	1	2	3	4	5	6
要素	3	2	1	6	5	4

発展

配列の要素番号が0から始まるか1から始まるかは，プログラミング言語によって異なります。
Java，Python，JavaScriptなどの主要なプログラミング言語には0から始まるものが多いです。基本情報技術者試験試験の問題では理解しやすさが優先されるため，要素番号が1から始まるプログラムの問題が多く出題されます。
Excel VBAなどのように，「Option Base 1」と指定することで要素番号が1から始まるようにできる言語もあります。

配列の要素番号が0から始まる場合，先ほどの配列arrayでの要素番号と要素の関係は，次のようになります。

●要素番号と要素の関係（要素番号が0から始まる場合）

要素番号	0	1	2	3	4	5
要素	3	2	1	6	5	4

配列の各要素を表現するには，[と] の間に対象の要素番号を指定します。先ほどの要素番号が1から始まる配列arrayの場合には，次のようなかたちで配列の各要素が表現されます。

●配列の要素番号を指定

式	要素
array[1]	3
array[2]	2
array[3]	1
array[4]	6
array[5]	5
array[6]	4

POINT!

・数値型には，整数型，実数型，ビット型がある

・配列の要素番号は，1から始まる場合と0から始まる場合がある

1-2-4 応用データ型

応用データ型は，様々なデータを扱うためのデータ型です。二次元配列や抽象データ型などは，複雑なデータを表現することができます。構造型やクラスでは，型を自分で定義することができます。

参考
応用データ型には，理解が難しいデータ型が多くあります。学び始めは，「こんなデータ型があるんだ」という程度で十分です。実際のプログラムを見ながら，少しずつ理解していきましょう。

未定義，未定義の値

変数に値が格納されていない状態を**未定義**といいます。未定義は特別なデータ型で，変数に“未定義の値”を代入すると，その変数は未定義になります。

例えば，変数aを未定義にする場合は，次のようになります。

```
a ← 未定義の値
```

二次元配列

通常の配列の中の要素が配列になっているものを**二次元配列**といいます。二次元配列は，行と列がある表形式のデータです。二次元配列では，外側の「{」は配列の内容の始まりを，「}」は配列の内容の終わりを表します。内側の「{」と「}」に囲まれた部分は，1行分の内容を表します。

例として，以下の二次元配列を見てみましょう。

【例】二次元配列 matrix

```
matrix {{3, 0, 0, 0, 0}, {0, 2, 2, 0, 0}, {0, 0, 0, 1, 3},
        {0, 0, 0, 2, 0}, {0, 0, 0, 0, 1}}
```

この配列の要素番号が1から始まる場合は，次のような構造になります。

【例】二次元配列 matrix の構造

行＼列	1	2	3	4	5
1	3	0	0	0	0
2	0	2	2	0	0
3	0	0	0	1	3
4	0	0	0	2	0
5	0	0	0	0	1

二次元配列の要素番号は，**行番号，列番号の順に「,」で区切って[行番号，列番号]のかたちで指定**します。先ほどの二次元配列 matrix で行と列を指定して要素を取得すると，次のようになります。

【例】二次元配列 matrix で行と列を指定して要素を取得

式	要素
matrix[1, 1]	3
matrix[2, 3]	2
matrix[3, 4]	1
matrix[4, 2]	0
matrix[5, 5]	1

二次元配列の要素をさらに配列にすることで，三次元配列や，さらなる多次元の配列を作成することができます。

構造型とクラス

構造型とは，複数の変数などをまとめたデータ型です。クラスは，変数だけでなく，メソッドと呼ばれる処理の手順も一緒にまとめたものです。クラスでは，構造型も含め，様々なかたちをデータ型として実現できます。クラスの中に含まれる変数のことを**メンバ変数**といいます。

クラスを利用して，プログラム内に自分で型を作成することができます。また，他者が作成した型を利用することで，自分でプログラムを組まなくても，大きなプログラムを作成することが可能となります。

例えば，単方向リストという，データと次の要素を合わせてもつデータ構造があります。単方向リストの1つ1つの要素では，その要素の値と，次の要素を示す情報をまとめて管理します。

ここで，単方向リストの各要素を表すクラスListElementでは，次のようなメンバ変数が用意されているとします。

【例】単方向リストを表すクラスListElementのメンバ変数

メンバ変数	データ型	説明
value	文字列型	リストに格納する文字列
next	ListElement	リストの次の文字を保持する要素の参照

メンバ変数valueに文字列を格納し，次の要素をnextで指し示します。

例えば，次のような単方向リストを考えてみましょう。

●単方向リスト

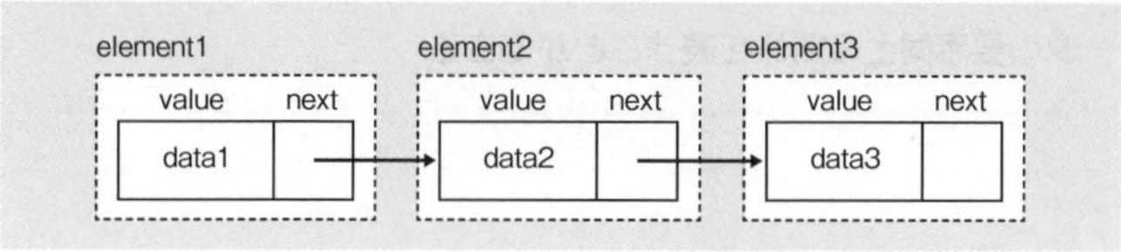

プログラムで単方向リストを表すために，ListElement型の要素（インスタンス）を用意し，valueに値を設定すると，次のようになります。

```
ListElement: element1, element2, element3
element1.value ← data1
element2.value ← data2
element3.value ← data3
```

これだけでは要素間の関係が表現できていないので，次の抽象データ型を使用します。

■抽象データ型

抽象データ型とは，データを指し示すデータ型です。ポインタ，参照とも呼ばれます。

単方向リストで，次の要素を参照するメンバ変数nextは，抽象データ型となります。先ほどの単方向リストで，element1の

関連
クラスやメソッド，インスタンスについての詳細は，「2-2-1 オブジェクト指向とは」で改めて取り上げます。単方向リストについては，「4-1-1 データ構造とは」で詳しく説明します。最初は，クラスの利用方法を頭においておくだけで十分です。

次にelement2, element2の次にelement3が来ることを示すプログラムは，次のように書きます。

```
element1.next ← element2
element2.next ← element3
element3.next ← 未定義の値
```

element3のnextを未定義の値にすることで，リストの最後であることを確認できます。このように，抽象データ型は，データ同士の関係を表すときに欠かせないデータ型です。

POINT!

- クラスは自由に定義できるデータ型で，再利用できる
- 抽象データ型は，データの要素同士の関係を表すことができる

1-2-5 演習問題

問1 代入される値

次のプログラムで，変数cに代入される値として，正しいものはどれか。

```
実数型：c ← 3 + 5 ÷ 2
```

ア 4　　イ 5　　ウ 5.5　　エ 6

問2 配列に格納されている値

次の配列arrayで，array[4]に格納されている値は何か。ここで，配列の要素番号は1から始まる。

```
array = {0, 1, 2, 3, 4}
```

問3 ビット演算

8ビットの値xの全ビットを反転する操作はどれか。

ア 16進表記00のビット列と排他的論理和をとる。
イ 16進表記00のビット列と論理和をとる。
ウ 16進表記FFのビット列と排他的論理和をとる。
エ 16進表記FFのビット列と論理和をとる。

演習問題の解説

問1 《解答》ウ

「3＋5÷2」の計算では，演算子の優先度が「＋」より「÷」の方が上なので，5÷2＝2.5が先に計算されます。その後，3＋2.5＝5.5となり，cは実数型なので，そのまま5.5が代入されます。したがって，**ウ**が正解です。

ア (3＋5)÷2のように，÷を優先させない場合の結果です。

イ 5÷2＝2.5を切り捨てて整数2にした場合の結果です。3＋2＝5となります。cが実数型ではなく整数型の場合の結果です。

エ 5÷2＝2.5を四捨五入，または切り上げで整数3にした場合の結果です。3＋3＝6となります。

問2 《解答》3

配列arrayで，要素番号と要素を対応させると，次のようになります。問題文にあるとおり，要素番号は1から始まります。

要素番号	1	2	3	4	5
要素	0	1	2	3	4

array[4]の要素の値は3なので，**3**が正解です。

問3 (令和元年秋 基本情報技術者試験 午前 問2) 《解答》ウ

例えば，8ビットの値xに，2進表記で10101010を設定し，それぞれの演算を2進表記で実行してみると，次のようになります。ここで，⊕は排他的論理和，∨は論理和を表します。

ア 10101010 ⊕ 00000000 = 10101010

イ 10101010 ∨ 00000000 = 10101010

ウ 10101010 ⊕ 11111111 = 01010101

エ 10101010 ∨ 11111111 = 11111111

アやイのような，16進表記の00（2進表記では00000000）との排他的論理和や論理和は，元の数値をそのまま返します。

エのような，16進表記のFF（2進表記では11111111）との論理和は，すべてのビットが1となってしまいます。

ウのような，16進表記のFF（2進数では11111111）との排他的論理和では，0と1の排他的論理和が1，1と1の排他的論理和が0となるため，全ビットを反転する操作となります。

したがって，**ウ**が正解です。

1-3 処理の流れ

プログラムでの処理の流れは，順次，選択，反復などの基本3構造が基になります。擬似言語では，選択をif文，反復をfor文，while文で表現します。

1-3-1 プログラムの基本3構造

基本3構造（順次，選択，反復）は，プログラム構造の基本となるものです。フローチャートや擬似言語と同様に，様々なプログラミング言語でも表現できます。

構造化プログラミング

コンピュータが発展し，プログラミング言語ができた初期の頃は，構造などを考えずに思いつくままにプログラムを書くことが主流でした。Goto文という，プログラムのどの部分にもジャンプできる命令を使って，自由自在にプログラムを書いていました。しかしそうすると，後で読んだときに分かりにくく，バグ（プログラムのミス）を発見することが難しくなります。

そこで，プログラムの構造をシンプルにするために，構造化プログラミングという考え方が登場しました。これは，基本3構造（順次，選択，反復）だけを用いることでプログラムを分かりやすくするというものです。現在主流のプログラミング言語のほとんどは，この基本3構造をサポートしています。

基本3構造

基本3構造とは，順次，選択，反復（繰返し）の3つの構造で，これに基づきプログラムを記述します。

順次は，プログラムで実行することを上から順番に記述することです。選択は，ある条件に当てはまっているかいないかによって，次に行う処理を変えることです。反復は，特定の処理を何度も繰り返すことです。

プログラムを記述する前によく用いられる図法であるフローチャートや，擬似的なプログラミング言語である擬似言語でも，基本3構造を記述することができます。

フローチャート

フローチャートは，処理の流れを記述するための図です。プログラムを作成する前に，具体的な手順を考えるために使用されます。プログラミングのときだけでなく，設計を行う際にも使用されます。

フローチャートでは，楕円のような両端が丸い長方形で開始と終了を示し，その間に処理を記述します。単純な処理は長方形で表します。基本の処理の記述は，次のようになります。

●基本のフローチャート

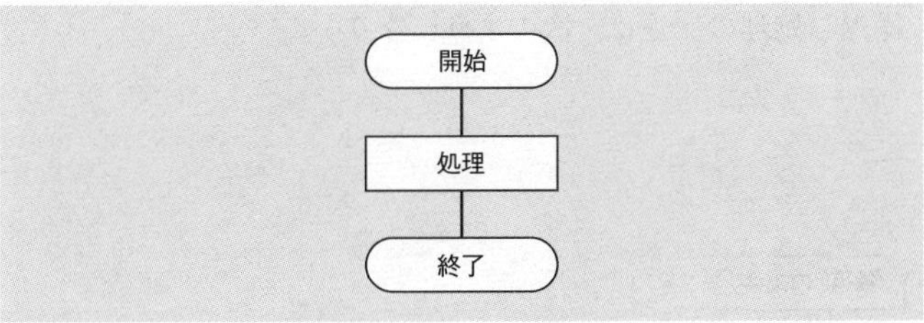

選択の分岐は条件式を菱形で表します。条件での分岐内容を線の上に記述し，Yesの場合，Noの場合で処理を分けます。選択処理の記述は，次のようになります。

●選択処理のフローチャート1

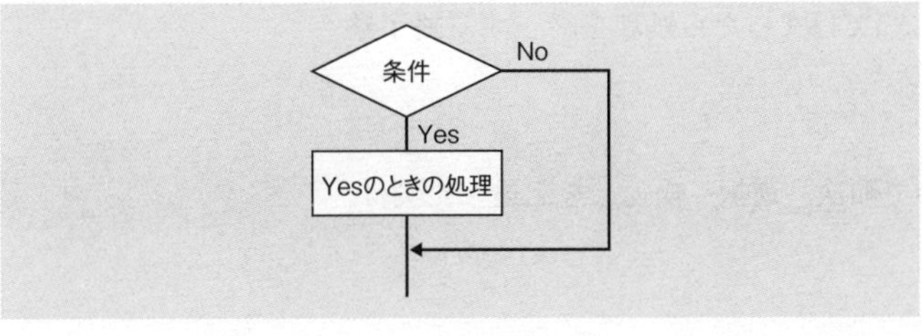

Noの処理がある場合は，Noの分岐の後に記述します。

条件の書き方では，Yes，Noの他に，比較して大小を表すこともできます。例えば，変数aとbを比較し，aがb以上（a≧b）と，aがb未満（a＜b）で処理を分ける場合には，次のように記述します。

●選択処理のフローチャート2

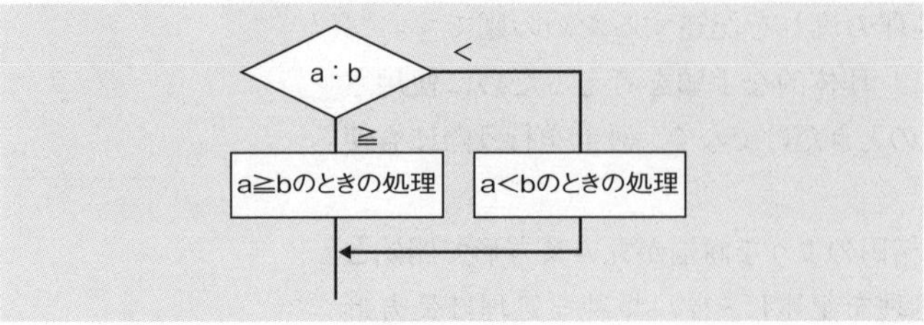

繰返しは，上と下の角が欠けた長方形の組で囲んで繰返しの範囲を表します。繰返しの条件を枠内に記述し，繰返しで行う処理を順に記述します。繰返し処理の記述は，次のようになります。

●繰返し処理のフローチャート

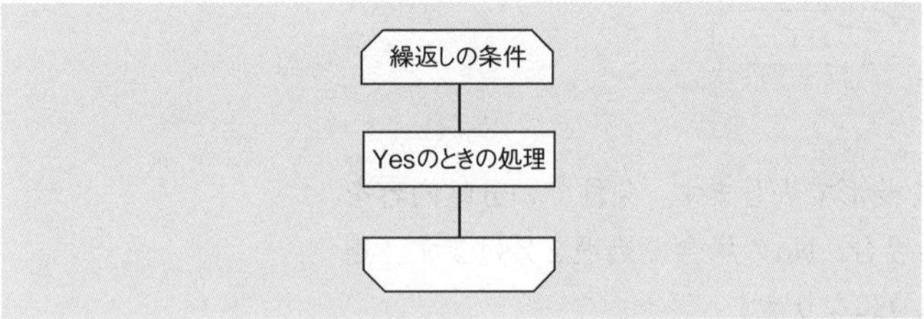

フローチャートの繰返し条件には，処理を継続するための**継続条件**ではなく，条件に当てはまったら処理を終了する**終了条件**を書くこともあります。

フローチャートを用いて順次，選択，繰返しを記述した例は，次のようになります。

●フローチャートの例

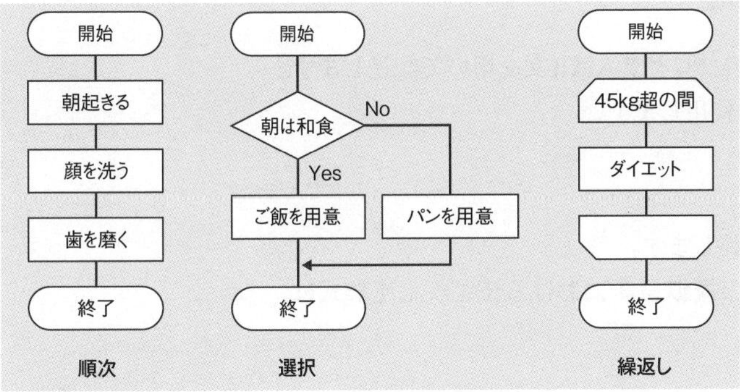

擬似言語

基本情報技術者試験の科目B問題で使用される擬似言語では，順次は命令を1行ずつ並べて表現します。選択にはif文，繰返しにはwhile文やfor文を使用します。擬似言語を使って，先ほどのフローチャートと同じ順次，選択，反復を記述すると，次のようになります。

●擬似言語の記述例

朝起きる
顔を洗う
歯を磨く
	if (朝は和食)
	　ご飯を用意
	else
	　パンを用意
	endif
		while (45kg超の間)
		　ダイエット
		endwhile

順次	選択	繰返し

選択，繰返しについては，条件の分岐や前判定，後判定など，様々な手法があります。次章以降で，選択と繰返しについて詳しく学習していきましょう。

POINT!

・ プログラムは，順次，選択，繰返しの基本3構造で記述する

1-3-2 選択処理

擬似言語では，選択型のプログラムはif文を用いて記述します。if文の終了には，endifを使用します。

if文の構造

if文は，選択処理を記述します。

基本情報技術者試験の擬似言語におけるif文の記述形式は，次のとおりです。

【構文】if文の記述形式

```
if (条件式1)
  処理1
elseif (条件式2)
  処理2
elseif (条件式n)
  処理n
else
  処理n＋1
endif
```

if文についての説明は，次のとおりです。

> 選択処理を示す。
>
> *条件式*を上から評価し，最初に真になった*条件式*に対応する*処理*を実行する。以降の*条件式*は評価せず，対応する*処理*も実行しない。どの*条件式*も真にならないときは，*処理n＋1*を実行する。
>
> 各*処理*は，0以上の文の集まりである。
>
> elseifと*処理*の組みは，複数記述することがあり，省略することもある。
>
> elseと*処理n＋1*の組みは一つだけ記述し，省略することもある。

if文で実行できる処理は，処理1から処理n+1のうち1つだけです。当てはまった最初の条件式の処理を実行します。当てはまるものがないときには，else部の処理を実行します。

elseifはいくつでも記述でき，省略可能です。elseは1つだけ記述でき，省略可能です。

if文のポイントは，条件式にカッコ「()」を付けることと，処理を記述するときにはインデント（字下げ）を使用することです。

それでは，単純な選択処理を実行してみましょう。if文の条件式だけで記述した選択処理の例は，次のとおりです。

【例】選択処理

```
整数型: a ← 3
if (a > 0)
  "OK"を出力
endif
```

実行結果

```
OK
```

複数の条件がある例も実行してみましょう。elseifを使うと，次の例のように条件式を複数重ねることも可能となります。

【例】elseif

```
整数型: b ← 3
if (b = 0)
  "ぜろ"を出力
elseif (b = 1)
  "いち"を出力
elseif (b = 2)
  "に"を出力
else
  "たくさん"を出力
endif
```

実行結果

```
たくさん
```

複数の条件式を合わせた判定

if文の条件式は，条件に当てはまった場合にはtrue（真），当てはまらない場合にはfalse（偽）となります。trueの場合に条件内に記述されている処理を実行します。

if文では，演算子を用いることで，複数の条件式を組み合わせて判定したり，判定を反転させたりすることができます。使用できる演算子は，and，or，notの3つで，次のように使用します。

●条件式で使用できる演算子

条件式	説明
条件式1 and 条件式2	条件式1と条件式2の両方がtrueの場合にtrue，それ以外はfalseとなる
条件式1 or 条件式2	条件式1と条件式2のどちらかがtrueの場合にtrue，両方ともfalseの場合のみfalseとなる
not 条件式	条件式がtrueの場合にfalse，falseの場合にtrueとなる

例えば，if文の条件式を複数実行してみると次のようになります。

【例】条件式の実行

```
整数型: a ← 1
整数型: b ← 2
if (a > 0 and b = 0)
  "あんど"を出力
endif
if (a > 0 or b = 0)
  "おあ"を出力
endif
if (not b = 2)
  "のっと"を出力
endif
```

実行結果

```
おあ
```

POINT!

- 「if (条件式)」のあとに，インデントを付けて処理を記述
- elseifは複数使用可能で，elseは省略可能
- and，or，notで，複数の条件式を組み合わせることができる

1-3-3 繰返し処理

繰返し処理のプログラムでは，while文，do ～ while文やfor文を使用します。それぞれ，繰返しのタイミングや方法が異なります。

繰返し処理

繰返し処理では，条件式に当てはまっている間に処理を繰り返します。条件の書き方として，最初に条件式の判定を行ってから繰返し処理を行う**前判定**と，一度処理を実行して，最後にもう一度繰り返すかどうかを判定する**後判定**があります。擬似言語では，前判定の繰返し処理にwhile文，後判定の繰返し処理にdo ～ while文を使用します。

また，繰返しを，「『変数iを1から8まで1ずつ増やして』8回実行する」というように指定することがあります。このような記述を**制御記述**といいます。擬似言語では，制御記述を使った繰返し処理にfor文を使用します。

while文の構造

基本情報技術者試験の擬似言語で前判定の繰返し処理を記述するときには，while文を使用します。while文の構造は，次のとおりです。

【構文】while文の構造

```
while (条件式)
  処理
endwhile
```

while文についての説明は，次のとおりです。

> 前判定繰返し処理を示す。
> 　*条件式*が真の間，*処理*を繰返し実行する。
> 　*処理*は，0以上の文の集まりである。

それでは，while文を実行してみましょう。

【例】while文の実行

```
整数型: a ← 1
while (a < 5)
  aを出力
  a ← a + 1
endwhile
```

実行結果

```
1
2
3
4
```

このwhile文では，最初に条件「a < 5」を判定します。条件に当てはまっている間は,aの値を1ずつ増やします。a=5になると，条件を満たさなくなるので繰返しを終了します。

do ～ while文

基本情報技術者試験の擬似言語で後判定の繰返し処理を記述するときには，do ～ while文を使用します。do ～ while文の構造は，次のとおりです。

【構文】do ～ while文の構造

```
do
  処理
while (条件式)
```

do ～ while文についての説明は，次のとおりです。

> 後判定繰返し処理を示す。
> 　*処理*を実行し，*条件式*が真の間，*処理*を繰返し実行する。
> 　*処理*は，0以上の文の集まりである。

それでは，do ～ while 文を実行してみましょう。

【例】do ～ while 文の実行

```
整数型：a ← 1
do
  aを出力
  a ← a + 1
while (a < 5)
```

実行結果

```
1
2
3
4
```

この例では，while 文と同じ実行結果となります。

違いが出るのは1回目の繰返しで，do ～ while 文では必ず1回は処理を実行するのに対して，while 文では1回も実行しないことがあります。

例えば，先ほどの例で，変数aの初期値に5を入れた場合を考えてみます。

【例】while 文の実行 初期値5

```
整数型：a ← 5
while (a < 5)
  aを出力
  a ← a + 1
endwhile
```

実行結果

```
```

この場合には，while 文内の処理は一度も実行されずに終了します。

【例】do ～ while文の実行 初期値5

```
整数型: a ← 5
do
  aを出力
  a ← a + 1
while (a < 5)
```

実行結果

```
5
```

do ～ while文では，一度は必ず処理が実行されるので，5が出力されます。

for文

基本情報技術者試験の擬似言語で制御記述を使って繰返し処理を記述するときには，for文を使用します。for文の基本的な構造は，次のとおりです。

【構文】for文の構造

```
for (制御記述)
  処理
endfor
```

for文についての説明は，次のとおりです。

> 繰返し処理を示す。
> 　*制御記述*の内容に基づいて，*処理*を繰返し実行する。
> 　*処理*は，0以上の文の集まりである。

for文は，処理を3回繰り返すなど，回数を指定した繰返しの場合に使用されます。制御記述では，整数型の変数を使って，初期値と終値，そして繰返しごとの増分（1回ごとに変数の値を増加させるときの値）を指定します。

例えば，同じ処理を3回繰り返すときのfor文は，次のようになります。

【例】for文での繰返し処理

```
整数型：i
for (i を 1 から 3 まで 1 ずつ増やす)
  i, "Hello" を並べて出力
endfor
```

実行結果

```
1 Hello
2 Hello
3 Hello
```

配列の中身を順に1つずつ処理する場合に，for文はよく使用されます。

例えば，配列の内容をすべて表示するときのfor文は，次のようになります。配列にあるデータの数は，配列の**要素数**で表すことができます。

【例】配列の内容を表示するfor文

```
文字型の配列：chr ← {"A", "B", "C"}
整数型：i
for (i を 1 から chrの要素数 まで 1 ずつ増やす)
  chr[i] を出力
endfor
```

実行結果

```
A
B
C
```

■多重ループ

繰返しの処理を行うときには，複数のループを重ねることができます。2つ以上のループが重なったかたちを多重ループといいます。

多重ループの書き方

多重ループを書く場合は，ループの中にループを重ねます。例えば，2つのリストに対して組合せをすべて表示する多重ループは，次のように記述します。ここで，配列の要素番号は1から始まります。

【例】多重ループ

```
文字型の配列: chr ← {"A", "B", "C"}
整数型の配列: num ← {1, 2, 3}
整数型: i, j
for (i を 1 から chrの要素数 まで 1 ずつ増やす)
  for (j を 1 から numの要素数 まで 1 ずつ増やす)
    chr[i], num[j] を並べて出力
  endfor
endfor
```

実行結果

```
A 1
A 2
A 3
B 1
B 2
B 3
C 1
C 2
C 3
```

多重ループでは，外側のループの中で順番に中側のループを実行します。そのため，実行回数は，

(外側のループの回数)×(中側のループの回数)

となり，ループが重なるごとに実行回数はどんどん増えていきます。それを避けるために，多重ループはなるべく少なくすることが大切です。

POINT!

- while(条件式)で繰返し条件を判定。do〜whileで後判定処理も可能
- for(制御記述)で，繰返しに使用する変数や繰返し回数を記述

コラム

繰返しは人間には難しい

プログラミングの学習で最初につまずく人が多いのが，この章で学ぶfor文やwhile文を用いた「繰返し」です。if文で条件ごとに処理を考えるのは，人間にとって直感的に理解しやすく，プログラムも書きやすいです。しかし，for文で同じ処理の繰返しを考えるのは，人間には難しいのです。

同じ処理を10000回，20000回と繰り返すことは人間には苦痛ですが，コンピュータにとっては簡単です。「10000個のデータをチェックして，ミスがあるものを全部見つける」という処理でも，コンピュータなら順番に1つずつチェックして，ミスがあるデータかどうかを確認することができます。

人間が処理を考えるときには，「とにかく回数を重ねてしらみつぶしに実行する」という発想はなかなか浮かびません。それはとても大変に感じますし，やりたくないという気持ちがあると思いつきにくくなります。しかし，コンピュータでのプログラミングで自動で行う場合には，繰返し処理が最適なことが多いのです。

プログラミングの難しさは，このような“人間”と“コンピュータ”の発想の違いが原因で起こることがよくあります。繰返しを記述するループは，基本的な文法ではありますが，人間には理解しにくく，つまずくポイントになりがちです。

「繰返し」は，実際にプログラミングの学習や実践を行い，具体的な例をいろいろと知ることで慣れることができます。はじめは理解しづらいですが，少しずつ感覚を身に付けていきましょう。

1-3-4 演習問題

問1 終了時のxの値 CHECK ▶ □□□

次のプログラムで示す処理を終了したとき，xの値はどれか。

〔プログラム〕

```
整数型: x ← 98
整数型: y ← 42
while (x ≠ y)
  if (x > y)
    x ← x - y
  else
    y ← y - x
  endif
endwhile
```

ア 0　　イ 14　　ウ 28　　エ 56

問2 平均を求める処理 CHECK ▶ □□□

関数calcMeanは，要素数が1以上の配列dataArrayを引数として受け取り，要素の値の平均を戻り値として返す。プログラム中のa，bに入れる字句の適切な組合せはどれか。ここで，配列の要素番号は1から始まる。

〔プログラム〕

```
○実数型: calcMean(実数型の配列: dataArray) /* 関数の宣言 */
  実数型: sum, mean
  整数型: i
  sum ← 0
  for (i を 1 から dataArray の要素数 まで 1 ずつ増やす)
    sum ← [    a    ]
  endfor
  mean ← sum ÷ [    b    ] /* 実数として計算する */
  return mean
```

	a	b
ア	sum + dataArray[i]	dataArray の要素数
イ	sum + dataArray[i]	(dataArray の要素数 + 1)
ウ	sum × dataArray[i]	dataArray の要素数
エ	sum × dataArray[i]	(dataArray の要素数 + 1)

問3 10進数を2進数に変換する処理 CHECK ▶ □□□

次のプログラムは，10進整数j（0＜j＜100）を8桁の2進数に変換する処理を表している。2進数は下位桁から順に，配列の要素NISHIN[1]からNISHIN[8]に格納される。プログラムのa及びbに入れる処理はどれか。ここで，j div 2 はjを2で割った商の整数部分を，j mod 2はjを2で割った余りを表す。配列の要素番号は1から始まる。

〔プログラム〕

```
整数型: j ← 10進整数を入力
for (k を 1 から 8 まで 1 ずつ増やす)
  [  a  ]
  [  b  ]
endfor
```

	a	b
ア	j ← j div 2	NISHIN[k] ← j mod 2
イ	j ← j mod 2	NISHIN[k] ← j div 2
ウ	NISHIN[k] ← j div 2	j ← j mod 2
エ	NISHIN[k] ← j mod 2	j ← j div 2

演習問題の解説

問1 （令和4年度 ITパスポート試験 問79改） **《解答》イ**

プログラムでは，最初に変数xに98，変数yに42が代入され，while文で繰返しが実行されます。繰返しごとのxとyの値の変化は，次のようになります。

・1回目

xが98，yが42なので，x > yです。

if文の条件式に当てはまるので，「x ← x−y」を実行します。

x − y = 98 − 42 = 56なので，xに56が代入されます。

・2回目

xが56，yが42なので，x > yです。

if文の条件式に当てはまるので，「x ← x−y」を実行します。

x − y = 56 − 42 = 14なので，xに14が代入されます。

・3回目

xが14，yが42なので，x > yではありません。

if文の条件式に当てはまらないので，elseの方の「y ← y−x」を実行します。

y − x = 42 − 14 = 28なので，yに28が代入されます。

・4回目

xが14，yが28なので，x > yではありません。

if文の条件式に当てはまらないので，elseの方の「y ← y−x」を実行します。

y − x = 28 − 14 = 14なので，yに14が代入されます。

・5回目

xが14，yが14なので，x = yです。

while文の条件「x ≠ y」に当てはまらなくなるので，繰返しを終了します。

したがって，最終的なxの値は14になり，イが正解です。ちなみに，このプログラムは，最大公約数を求めるアルゴリズムを表したものです。

問2 （ITパスポート試験 擬似言語のサンプル問題 問1）**《解答》ア**

配列の要素の値の平均を求めるプログラムについて，空欄に入れる字句を考える問題です。関数calcMeanでは，要素数が1以上の配列dataArrayを引数として受け取り，平均を戻り値として返します。〔プログラム〕のそれぞれの空欄について考えると，次のようになります。

空欄a

for文内で，変数iを1からdataArrayの要素数まで1ずつ増やすことを繰り返すときに，変数sumに代入する内容を考えます。sumは，for文の前に0が代入され，平均を求めるためにすべての要素で計算されるものなので，合計だと考えられます。配列のi番目の要素はdataArray[i]で参照でき，合計を求めるので元の値に加算する必要があるので，sum ← **sum+dataArray[i]** とします。

空欄b

関数で,return meanで変数meanの値を返す直前にmeanを計算する式について考えます。戻り値が平均なので，meanが平均だと考えられます。平均値は，合計値を要素の数で割ったものなので，mean ← sum ÷ **dataArrayの要素数** とすることで，平均値を求めることができます。

したがって，空欄aはsum+dataArray[i]，空欄bはdataArrayの要素数となり，組合せの正しい**ア**が正解です。

問3 (令和元年秋 基本情報技術者試験 午前 問1改) **《解答》エ**

10進数を2進数に変換するときには，10進数を順に2で割っていき，その余りを下位桁から順に格納していき，次の桁ではその商を利用して同じ計算を繰り返します。例えば，jが167の場合には，次のような計算になります。

	商	余り	
167 ÷ 2 =	83…	1	←NISHIN[1]に格納
83 ÷ 2 =	41…	1	←NISHIN[2]に格納
41 ÷ 2 =	20…	1	←NISHIN[3]に格納
20 ÷ 2 =	10…	0	←NISHIN[4]に格納
10 ÷ 2 =	5…	0	←NISHIN[5]に格納
5 ÷ 2 =	2…	1	←NISHIN[6]に格納
2 ÷ 2 =	1…	0	←NISHIN[7]に格納
1 ÷ 2 =	0…	1	←NISHIN[8]に格納

このとき，余りは j mod 2 で求められ，これを NISHIN[k] に順に格納します。そのため，空欄aは**NISHIN[k] ← j mod 2**となります。

商は j div 2 で求められます。商は次の桁を求めるために，新たな j として格納します。そのため，空欄bは**j ← j div 2**となります。したがって，順番と組合せが正しい**エ**が正解となります。

1-4 問題演習

ここでは，第1章で学んだ範囲について，科目B問題を解いてみましょう。実際に解いてみることで，理解が深まります。

1-4-1 問題

問1

次のプログラム中の＿＿＿＿に入れる正しい答えを，解答群の中から選べ。

プログラムを実行すると，“＿＿＿＿”と出力される。

〔プログラム〕

```
整数型: x ← 1
整数型: y ← 2
整数型: z ← 3
x ← y
y ← z
z ← x
yの値 と zの値 をこの順にコンマ区切りで出力する
```

解答群

ア　1, 2　　　イ　1, 3　　　ウ　2, 1

エ　2, 3　　　オ　3, 1　　　カ　3, 2

(基本情報技術者試験(科目B試験)サンプル問題セット 問1)

■問2

次のプログラム中の［　　　］に入れる正しい答えを，解答群の中から選べ。

ある施設の入場料は，0歳から3歳までは100円，4歳から9歳までは300円，10歳以上は500円である。関数feeは，年齢を表す0以上の整数を引数として受け取り，入場料を返す。

〔プログラム〕

```
○整数型: fee(整数型: age)
  整数型: ret
  if (age が 3 以下)
    ret ← 100
  elseif (［　　　］)
    ret ← 300
  else
    ret ← 500
  endif
  return ret
```

解答群

- ア　(age が 4 以上) and (age が 9 より小さい)
- イ　(age が 4 と等しい) or (age が 9 と等しい)
- ウ　(age が 4 より大きい) and (age が 9 以下)
- エ　age が 4 以上
- オ　age が 4 より大きい
- カ　age が 9 以下
- キ　age が 9 より小さい

(基本情報技術者試験 科目B試験サンプル問題 問1)

問3

次のプログラム中の [a] と [b] に入れる正しい答えの組合せを，解答群の中から選べ。ここで，配列の要素番号は1から始まる。

次のプログラムは，整数型の配列arrayの要素の並びを逆順にする。

〔プログラム〕

```
整数型の配列: array ← {1, 2, 3, 4, 5}
整数型: right, left
整数型: tmp

for (left を 1 から (arrayの要素数 ÷ 2 の商) まで 1 ずつ増やす)
  right ← [ a ]
  tmp ← array[right]
  array[right] ← array[left]
  [ b ] ← tmp
endfor
```

解答群

	a	b
ア	arrayの要素数 − left	array[left]
イ	arrayの要素数 − left	array[right]
ウ	arrayの要素数 − left + 1	array[left]
エ	arrayの要素数 − left + 1	array[right]

（基本情報技術者試験 科目B試験サンプル問題 問2）

1-4-2 解答と解説

問1 変数への値の代入　《解答》**カ**

〔プログラム〕の最初の3行では，整数型の変数を宣言し，初期値を代入しています。

```
整数型: x ← 1
整数型: y ← 2
整数型: z ← 3
```

これを実行すると，変数x，y，zの値はそれぞれ次のようになります。

変数	x	y	z
値	1	2	3

次の行からは，1行ずつ順に実行していきます。

x ← yを実行すると，yの値2をxに代入するのでxが2になり，次のようになります。

変数	x	y	z
値	2	2	3

y ← zを実行すると，zの値3をyに代入するのでyが3になり，次のようになります。

変数	x	y	z
値	2	3	3

z ← x を実行すると，xの値2をzに代入するのでzが2になり，次のようになります。

変数	x	y	z
値	2	3	2

最後に，「yの値とzの値をこの順にコンマ区切りで出力する」を実行すると，yの値3と，zの値2が順に出力され，実行結果は「3, 2」となります。

したがって，**カ**が正解です。

問2 入場料を求める関数fee 《解答》カ

ある施設の入場料を求める関数feeのプログラム中で，elseif文での空欄に入る条件式を考えます。

elseif文の条件に当てはまった場合に実行する，字下げされた次の行には「ret ← 300」とあるので，入場料が300円の場合だと考えられます。

問題文に，「ある施設の入場料は，0歳から3歳までは100円，4歳から9歳までは300円，10歳以上は500円である」とあるので，4歳から9歳までの場合に該当します。

年齢を表す変数がageだと考えられるので，4歳から9歳までは，「(ageが4以上) and (ageが9以下)」という条件となります。しかし，この条件は選択肢にありません。elseif文より前のif文で，「ageが3以下」となっており，ageが3以下なら最初のif文に当てはまっているので，(ageが4以上)の条件は特に必要ありません。そのため，(ageが9以下)の条件式だけあれば，全体として適切に分岐できます。

したがって，**カのageが9以下**が正解です。

問3 要素の並びを逆順にするプログラム 《解答》ウ

整数型の配列arrayの要素の並びを逆順にするプログラム中で，空欄a，bに入れる答えについてそれぞれ考えていきます。

空欄a

for文内の最初の行で，変数rightに代入する内容を考えます。

arrayの内容を逆順にするときには，最初と最後，2番目と最後から2番目，3番目と最後から3番目……といったかたちで，対応する逆側の要素と値を入れ変えることを真ん中まで実行します。例えば，次のように入れ替えると，要素の並びを逆にすることができます。

●要素の並びの入れ替え

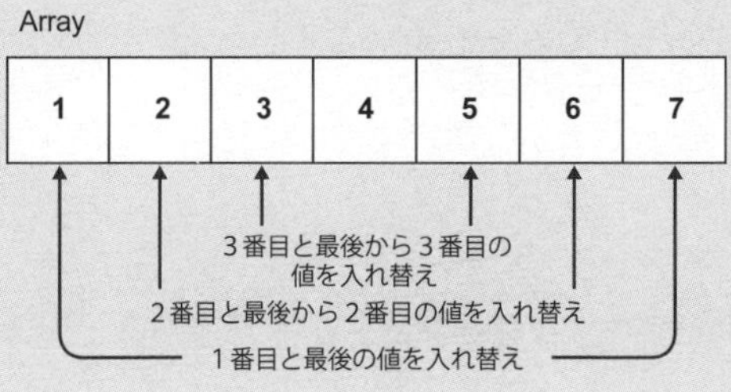

for文で，変数leftが1から真ん中（arrayの要素数÷2の商）まで1ずつ増えているので，最初から順に辿っていると考えられます。

変数rightは，最後から辿る方だと考えられます。最後から順に1ずつ減らしていくためには，変数rightの値を，最後を示す配列の要素数での添字からleftに合わせて減らしていくことになります。このとき，配列の要素番号は1から始まっているので，「arrayの要素数 − left + 1」として，leftが1のときにarrayの要素数とrightが一致するようにする必要があります。

空欄b

for文内の最後の行で，変数tmpの値を代入する場所を考えます。

tmpについては，for文内の2行目で，array[right]の値が代入されています。for文内の3行目で，array[right]の値はarray[left]の値で上書きされているので，元のarray[right]は，array[left]に上書きすることで入れ替えが完了します。そのため，tmpを代入するのはarray[left]です。

したがって，空欄aはarrayの要素数 − left + 1，空欄bはarray[left]となり，組合せの正しい**ウ**が正解です。

第2章

プログラム構造

手続や関数は，一連の処理の内容をまとめたものです。複数の関数を組み合わせることで，複雑で大きなプログラムを作成できます。クラスは，データと処理を合わせてまとめたものです。クラスを利用することで，データとその処理を一緒に取り扱えるようになります。関数やクラスは，自分で作るだけでなく，他の人が作ったものを再利用することが可能です。すでにあるものを活用することで，効率的にプログラムを作成できます。

2-1 手続・関数

手続や関数は，一連の処理をまとめて記述したものです。システムを作成するときには，段階的に細かくしていき，モジュールというプログラムの単位に分割します。モジュールは，手続や関数で記述し，全体を合わせて1つのシステムになります。

2-1-1 プログラム構造

システムは，一気に全部作るのは困難なので，細かく分割して作成します。分割した最小単位をモジュールといい，手続や関数，クラスなどで実装されます。

段階的詳細化

システムを開発するときには，一度に全部を作るのではなく，いくつかの部品に分けていきます。システムをサブシステムに，さらに段階的に詳細化していき，最終的には最小機能の単位である**モジュール**にまで分割します。この過程を**段階的詳細化**といいます。

●段階的詳細化

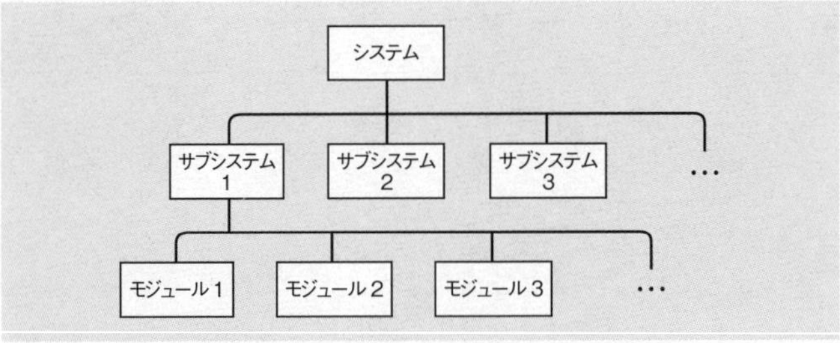

機能を分割する過程で，モジュールの独立性が高くなるようにすることで，システムの保守や改善がやりやすくなります。システムの**設計**の段階で**モジュール分割**を行い，モジュール単位でプログラミングを行います。モジュールはプログラミング言語によって，手続や関数，クラスなどで実装されます。

モジュール分割の基準

モジュール分割を行った後のモジュールは，それぞれのモジュールの**独立性が高いほど良い**とされています。モジュールの独立性を高めることで，あるモジュールを変更してもほかへの影響が最小限にとどまるため**保守性**が上がります。また，独立したモジュールは別のソフトウェアで利用しやすくなるので，**再利用性**が上がります。

モジュールの独立性を確認する基準として，**モジュール強度**と**モジュール結合度**があります。モジュール結合度が弱いほどモジュールの独立性は高いと判断されます。

①モジュール強度

モジュール強度はモジュール凝集度，結束性とも呼ばれ，モジュール内の結び付きの強さを示す度合いです。以下の7つの強度があり，**強いほど優れた設計**であると判断されます。

●モジュール強度の分類

	モジュール強度	説明
強	機能的強度	1つの機能だけを実現するモジュール
	情報的強度	特定のデータを扱う複数の機能を1つのモジュールにまとめたもの
	連絡的強度	モジュールの要素間で同じデータの受渡しや参照が行われるもの
	手順的強度	順番に行う複数の機能をまとめたもの
	時間的強度	時間的に連続した複数の機能をまとめたもの
	論理的強度	論理的に関連のある複数の機能をまとめたもの
弱	暗合的強度	関係のない複数の機能をまとめたもの

②モジュール結合度

モジュール結合度は，2つのモジュール間の結合の度合いです。次の6つの強度があり，**弱いほど優れた設計**であると判断されます。

●モジュール結合度の分類

	モジュール強度	説明
弱	データ結合	単一データの変数を引数として受け渡すもの
↑	スタンプ結合	データ構造（構造体，レコードなど）を引数として受け渡すもの
	制御結合	制御情報を引数として与えるもの
	外部結合	単一データの変数を大域変数として宣言し，参照するもの
↓	共通結合	データ構造を大域変数として宣言し，参照するもの
強	内容結合	ほかのモジュールの内部を直接参照しているもの

発展

モジュール分割など，設計の技法に関しては，基本情報技術者試験では科目Aで，「システム開発技術」の分野で出題されます。システムの設計技法については，科目Aの内容と合わせて学習しておきましょう。

メインルーチンとサブルーチン

システムを作成したとき，最初に呼び出すモジュールを**メインルーチン**といいます。プログラミング言語によっては，「main()」といった特別な名称を使うことも多いです。呼び出されるモジュールをサブルーチンといいます。サブルーチンは複数呼び出されることもあります。サブルーチンはさらにサブルーチンを呼び出します。サブルーチンが終了すると，呼び出されたサブルーチンやメインルーチンに戻り，呼出元の**次の処理が実行**されます。

メインルーチンとサブルーチンの処理の流れは，次のとおりです。

●メインルーチンとサブルーチン

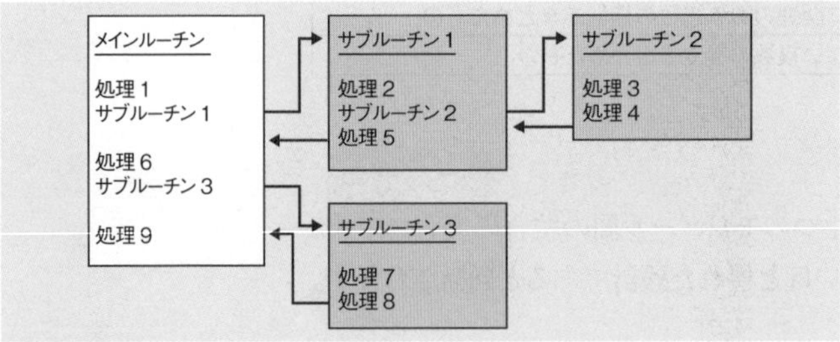

図中の「処理」が具体的な処理，「サブルーチン」が呼び出すモジュールです。「処理」や「サブルーチン」に付く数字は，実行される順番です。最初に「メインルーチン」の「処理1」が実行され，「サブルーチン1」が呼び出されます。「サブルーチン1」では，「処

理2」を実行した後,「サブルーチン2」を呼び出します。「サブルーチン2」では,「処理3」と「処理4」を実行します。

サブルーチンが終了すると,呼び出したモジュールの次の行を実行します。図では,「サブルーチン2」を呼び出した「サブルーチン1」で「処理5」が実行されます。「サブルーチン1」の実行が終わったら,「メインルーチン」に戻ります。

戻った「メインルーチン」では,「サブルーチン1」を呼び出した次の行の「処理6」を実行します。その後,「サブルーチン3」を呼び出して,「処理7」と「処理8」を実行します。最後にまた「メインルーチン」に戻って「処理9」を実行して終了です。

プログラムを1行ずつ実行して,処理を確認していくことを**トレース**といいます。1行ずつ順番に実行していくだけですが,複数のモジュールが関係すると,処理の流れを追うのが困難になります。どの順番で実行しているのか,トレースしながらプログラムを読んでいくことが大切です。

関連
トレースを中心とした既存のプログラムを読むことについては,「3-1-1 既存のプログラムを読むこと」で改めて詳しく取り扱います。

POINT!

- システムは,段階的詳細化を行い,モジュール単位に分割する
- メインルーチンからサブルーチンを呼び出すことで,プログラムを実行する

2-1-2 手続と関数

手続も関数も，一連の処理の流れをまとめて記述したものです。関数では，引数でデータを入力し，戻り値でデータを出力します。

手続と関数

手続も関数も，「2-1-1 プログラム構造」で学んだモジュールを表現するための手段です。モジュールで実行する処理を順番に記述します。どちらも，**引数**というかたちで，特定の値や値の組を入力として関数に引き渡すことができます。関数では，**戻り値**というかたちで，特定の値や値の組を出力として，呼び出したモジュールに返すことができます。

基本情報技術者試験の擬似言語における「手続又は関数」の記述形式は，次のとおりです。

【構文】手続又は関数の記述形式

手続名又は関数名 (*引数*, …)

「手続又は関数」についての説明は，次のとおりです。

手続又は関数を呼び出し，*引数*を受け渡す。

引数は，複数指定することができます。また，引数を使用しないこともあります。

戻り値は，return文を使用します。「return *戻り値*」の形式で，呼出元のモジュールに値を渡します。return文を実行すると関数の処理を終了するので，return文以降の処理は実行されません。

発展

基本情報技術者試験の擬似言語では，サンプル問題を見る限り，戻り値で値を返す（return）場合に「関数」，単純に処理を記述するだけの場合に「手続」と使い分けています。本書では，その例に倣って記述しています。しかし，この区別は厳密なものではなく，手続は引数も渡さないものと定義することもあります。また，関数で戻り値を返すことは必須ではないので，値を返さないこともあります。

手続と関数の利用目的

手続や関数を利用することで，様々な引数に対して同じ処理を何度も実行させることが容易になります。また，同じ目的で行う処理の単位をまとめることで，プログラムを簡単に理解できるようになります。

関数では，その計算結果を戻り値として出力させることができます。そのため，呼出元のモジュールで値を受け取り，プログラムでの次の処理に活用することが可能です。関数のデータ型には，戻り値のデータ型を指定します。

例えば，三角形の面積（area）を，底辺（basc）と高さ（height）を用いて計算する関数triangleAreaは，次のようになります。

【例】三角形の面積を計算する関数triangleArea

```
○実数型: triangleArea(実数型: base, 実数型: height)
  area ← base × height ÷ 2
  return area
```

作成した関数を使用するには，関数名 (引数，…) のかたちで実行します。関数名の前に変数を設定すると，その変数に戻り値が格納されます。上記の関数triangleAreaを実行すると，次のようになります。

【例】関数triangleAreaの実行

```
実数型: area ← triangleArea(5.0, 3.0)
area を出力
```

実行結果

```
7.5
```

引数には，配列など複数の要素をもつデータ型も指定できます。また，処理の中でif文やfor文などで複雑な処理の流れを記述することができます。

配列を引数にして，その中に要素を1つずつ取り出すためには，関数内でfor文を使用します。また，引数の値によって処理を変える場合には，関数内でif文を使用します。

例えば，文字型の配列（digitArray）を引数にして，そのリストの中のそれぞれの要素の値が数値に変換できる場合にだけ数値に変換して合計する関数sumArrayは，次のように記述できます。ここで，配列の要素番号は1から始まります。また，次の2つの関数は，あらかじめ用意されているものとします。

関数	説明
isDigit(digit)	digitが"0"から"9"までの数字を表す文字の場合にはtrue,そうでない場合にはfalseを返す
int(digit)	文字を数値に変換して返す

【例】文字列のリストを数値に変換して合計する関数sumArray

```
○整数型: sumArray(文字型の配列: digitArray)
  整数型: sumDigit ← 0
  for (i を 1 から digitArrayの要素数 まで 1 ずつ増やす)
    if (isDigit(digitArray[i]) が true)
      sumDigit ← sumDigit + int(digitArray[i])
    endif
  endfor
  return sumDigit
```

あらかじめ用意されている関数を利用することで，効率的に新しい関数を作成できます。

この関数を実行すると，次のようになります。

【例】関数sumArray(digitArray)の実行

```
文字型の配列: digitArray = {"1", "4", "a"}
整数型: gSumDigit ← sumArray(digitArray)
gSumDigit を出力
```

実行結果

```
5
```

"a"は数字ではなく，isDigit関数でfalseと判定されます。そのため，関数sumArrayでは，"1", "4"だけを合計して返却します。

局所変数と大域変数

変数は，その定義の方法によって使用可能な範囲が変わってきます。手続や関数の中で定義した変数は**局所変数**といい，定義した手続や関数の中でしか使用できません。全体で使用できるように定義した変数を**大域変数**といい，複数の手続や関数で利用することができます。

例えば，次のようなかたちで，大域変数gValを使用する手続countUpがあるとします。大域変数は,手続は戻り値がないので，型の宣言は行いません。

【例】大域変数 gVal

```
大域：整数型：gVal
○countUp(整数型：n)
  整数型：lVal ← n
  lValを出力
  gVal ← gVal + n
```

この手続を次のように呼び出して実行した結果を示します。

【例】大域変数gValを使用する手続を実行

```
countUp(1)
countUp(2)
countUp(3)
gValを出力
```

実行結果

```
1
2
3
6
```

大域変数gValの値は，手続や関数が実行した後でも保持されます。局所変数lValの値は，呼び出された手続や関数内でだけ有効です。

大域変数は便利ですが，予期しない手続や関数が内容を上書きするおそれがあるので，注意が必要です。そのため，大域変数を利用できないプログラミング言語も存在します。

POINT!

- 関数は引数でデータを入力し，戻り値でデータを出力する
- 大域変数は，複数の手続や関数でデータを共有できる

2-1-3 演習問題

問1 モジュール結合度 CHECK ▶ □□□

モジュール結合度が最も弱くなるものはどれか。

ア 一つのモジュールで，できるだけ多くの機能を実現する。
イ 二つのモジュール間で必要なデータ項目だけを引数として渡す。
ウ 他のモジュールとデータ項目を共有するためにグローバルな領域を使用する。
エ 他のモジュールを呼び出すときに，呼び出したモジュールの論理を制御するための引数を渡す。

問2 再帰的に定義される関数 CHECK ▶ □□□

自然数nに対して，次のとおり再帰的に定義される関数f(n)を考える。f(5)の値はどれか。

```
f(n)：if n≦1 then return 1 else return n+f(n−1)
```

ア 6　　イ 9　　ウ 15　　エ 25

問3 計算を行う2つの関数 CHECK ▶ □□□

関数calcXと関数calcYは，引数inDataを用いて計算を行い，その結果を戻り値とする。関数calcXをcalcX(1)として呼び出すと，関数calcXの変数numの値が，1→3→7→13と変化し，戻り値は13となった。関数calcYをcalcY(1)として呼び出すと，関数calcYの変数numの値が，1→5→13→25と変化し，戻り値は25となった。プログラム中のa，bに入れる字句の適切な組合せはどれか。

〔プログラム1〕

```
○整数型: calcX(整数型: inData)
  整数型: num, i
  num ← inData
  for (i を 1 から 3 まで 1 ずつ増やす)
    num ← [ a ]
  endfor
  return num
```

〔プログラム2〕

```
○整数型: calcY(整数型: inData)
  整数型: num, i
  num ← inData
  for ([ b ])
    num ← [ a ]
  endfor
  return num
```

	a	b
ア	2 × num + i	i を 1 から 7 まで 3 ずつ増やす
イ	2 × num + i	i を 2 から 6 まで 2 ずつ増やす
ウ	num + 2 × i	i を 1 から 7 まで 3 ずつ増やす
エ	num + 2 × i	i を 2 から 6 まで 2 ずつ増やす

演習問題の解説

問1 （基本情報技術者試験（科目A試験）サンプル問題セット 問39）**《解答》イ**

モジュール結合度は，二つのモジュール間の結合の度合いです。結合度の種類は6種類に分けられ，弱いほど良いとされています。最も弱い結合はデータ結合で，単一データの変数を引数として受け渡すものです。二つのモジュール間で必要なデータ項目だけを引数として渡すことは，データ結合に該当します。したがって，**イ**が正解です。

ア　一つのモジュールの機能はできるだけ少なく，単一の機能とするのが理想です。

ウ　外部結合に該当します。

エ　制御結合に該当します。

問2 （基本情報技術者試験（科目A試験）サンプル問題セット 問8）**《解答》ウ**

再帰的に定義される関数とは，関数f(n)の中で関数f(n − 1)を呼び出すように，自身と同じ関数を新たに呼び出すことができる関数です。

問題文のプログラムでf(5)を実行すると，次のような順序で再帰的に関数を呼び出します。

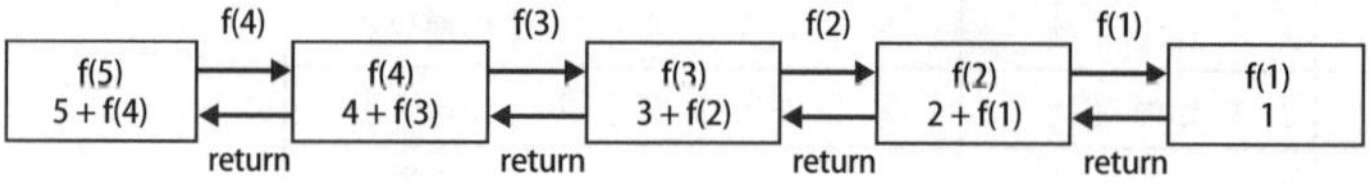

f(5)を実行すると，nは5になります。if文のn≦1の条件には当てはまらないのでelse句を実行し，「5 + f(4)」となります。ここで，再帰でもう一度関数をf(4)として呼び出します。

f(4)を実行すると，nは4になります。if文のn≦1の条件には当てはまらないのでelse句を実行し，「4 + f(3)」となります。ここで，再帰でもう一度関数をf(3)として呼び出します。

f(3)を実行すると，nは3になります。if文のn≦1の条件には当てはまらないのでelse句を実行し，「3 + f(2)」となります。ここで，再帰でもう一度関数をf(2)として呼び出します。

f(2)を実行すると，nは2になります。if文のn≦1の条件には当てはまらないのでelse句を実行し，「2 + f(1)」となります。ここで，再帰でもう一度関数をf(1)として呼び出します。

f(1)を実行すると，nは1になります。if文のn≦1の条件に当てはまったのでthen句を実行し，「return 1」となり，1を呼出元の関数に返します。

呼出元はf(2)なので，f(1) = 1となり，「2 + f(1) = 2 + 1 = 3」となります。そのため，3を呼出元の関数に返します。

呼出元はf(3)なので，f(2) = 3となり，「3 + f(2) = 3 + 3 = 6」となります。そのため，6を呼出元の関数に返します。

呼出元はf(4)なので，f(3) = 6となり，「4 + f(3) = 4 + 6 = 10」となります。そのため，10を呼出元の関数に返します。

呼出元はf(5)なので，f(4) = 10となり，「5 + f(4) = 5 + 10 = 15」となります。そのため，15が最終的なf(5)の結果です。

したがって，**ウ**が正解となります。

2

問3 （令和4年度 ITパスポート試験 問96）《解答》エ

関数calcXとcalcYについて，空欄a，bに当てはまる字句を考えます。このとき，空欄aはcalcXとcalcYの両方に，空欄bはcalcYだけにあるので，calcXの空欄aから考えると解きやすいです。また，空欄a，空欄bそれぞれの選択肢は2種類しかないので，実際にあてはめてみるのが簡単です。

それぞれの空欄について考えると，次のようになります。

空欄a

〔プログラム1〕の関数calcXで，変数numの値が，1→3→7→13と変化するような演算を考えます。空欄aを囲んでいるfor文の制御構造は，「i を 1 から 3 まで 1 ずつ増やす」なので，i は {1, 2, 3} の順に増えていきます。

inDataの値はcalcX(1)として呼び出しているので，引数の1となります。「num ← inData」としているので，numの初期値も1です。

選択肢にある2種類の字句「2 × num + i」と「num + 2 × i」について，実際に値を入れて実行してみると，次のようになります。

・「2 × num + i」の場合

i	num	2×num+i
1	1	2×1+1=3
2	3	2×3+2=8
3	7	2×8+3=19

変数numの値が1→3→8→19と変化しているので，問題文の結果が異なります。

・「num + 2 × i」の場合

i	num	num+2×i
1	1	1+2×1=3
2	3	3+2×2=7
3	7	7+2×3=13

変数numの値が1→3→7→13と変化しているので，問題文の結果と同じです。

そのため，空欄aは「**num＋2×i**」だと考えられます。

空欄b

〔プログラム2〕の関数calcYで，変数numの値が，1→5→13→25と変化するようなfor文の制御構造を考えます。空欄aには，関数calcXで考えた「2×num＋i」が入ります。

inDataの値はcalcY(1)として呼び出しているので，引数の1となります。「num ← inData」としているので，numの初期値も1です。

選択肢にある2種類の字句「i を 1 から 7 まで 3 ずつ増やす」と「i を 2 から 6 まで 2 ずつ増やす」について，実際に値を入れて実行してみると，次のようになります。

・「i を 1 から 7 まで 3 ずつ増やす」の場合

for文の制御構造が，「i を 1 から 7 まで 3 ずつ増やす」の場合，iが3ずつ増えるので，iは{1, 4, 7}の順に増えていきます。この値で空欄aの「num＋2×i」を計算すると，次のようになります。

i	num	num＋2×i
1	1	1＋2×1＝3
4	3	3＋2×4＝11
7	11	11＋2×7＝25

変数numの値が1→3→11→25と変化しているので，問題文の結果が異なります。

・「i を 2 から 6 まで 2 ずつ増やす」の場合

for文の制御構造が,「i を 2 から 6 まで 2 ずつ増やす」の場合,iが2ずつ増えるので,iは{2, 4, 6}の順に増えていきます。この値で空欄aの「num＋2×i」を計算すると，次のようになります。

i	num	num＋2×i
2	1	1＋2×2＝5
4	5	5＋2×4＝13
6	13	13＋2×6＝25

変数numの値が1→5→13→25と変化しているので，問題文の結果と同じです。

そのため，空欄bは「**i を 2 から 6 まで 2 ずつ増やす**」だと考えられます。

したがって，空欄aは「num＋2×i」，空欄bは「i を 2 から 6 まで 2 ずつ増やす」となり，組合せの正しい**エ**が正解です。

2-2 オブジェクト指向

オブジェクト指向では，システムをオブジェクト同士のやりとりで表現します。オブジェクト指向のプログラミングでは，クラスを定義してオブジェクトを作成することで，様々な処理を実現できます。

2-2-1 オブジェクト指向とは

オブジェクト指向とは，オブジェクトを作成し，オブジェクト同士の相互作用としてシステムを作成する設計手法です。

オブジェクト指向

オブジェクト指向とは，プログラムをデータとそのデータに対する操作を含むオブジェクトと呼ばれる独立した単位に分割する設計方法です。オブジェクトの単位を適切に切り分けることで，プログラムの保守性と再利用性を上げることができます。

関数だけによるプログラムでは，大域変数の内容が意図しない別の関数で書き換えられたりして不具合を起こすことがあります。そこで，共通で同じ変数を使用する関数をまとめて，クラスを作成していきます。

ここでは，オブジェクト指向における代表的な考え方を説明します。

①クラス

クラスは，オブジェクト指向の基本単位です。

メンバ変数（属性，プロパティ，変数，データ）と**メソッド**（関数，操作）が記述されます。クラスを表すクラス図では，クラス名とメンバ変数，メソッドは次のように表現されます。

●クラス図の例

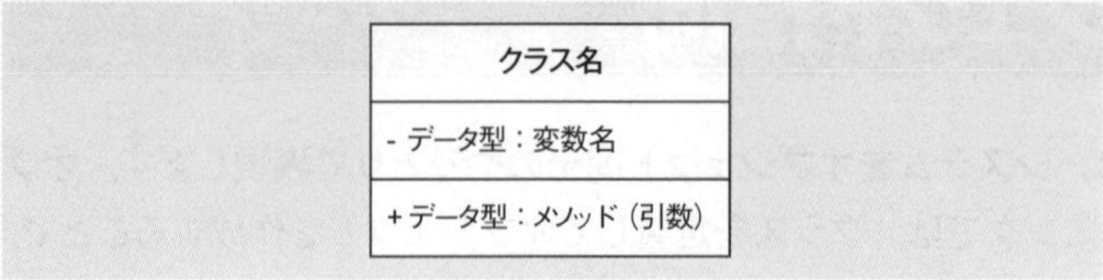

クラス自体は抽象的なデータ型で，クラスから生成したインスタンス（オブジェクト）が実際の処理を行います。

②カプセル化

クラスに定義されたメンバ変数やメソッドにアクセス権を指定することで，クラスの外からのアクセスを制限することを**カプセル化**といいます。カプセル化を行うことで，内部のメンバ変数やメソッドを変更してもクラスの外部には影響を与えずにすみます。

③継承（インヘリタンス）

あるクラスを基にして別のクラスを作ることを**継承**といいます。継承の基となったクラスをスーパークラス，継承してできたクラスをサブクラスといいます。

④多相性（ポリモーフィズム）

同一の呼出しに対して，受け取った側のクラスの違いに応じて多様な振舞いを見せる性質のことを**多相性**または**ポリモーフィズム**といいます。多態性，多様性とも呼ばれます。例えば，「図形を描画する」という同じメソッドを呼び出しても，そのクラスが三角だったら△を描画し，四角だったら□を描画するといったように，クラスによって別の振舞いを起こすような動作です。

⑤オブジェクトコンポジション

オブジェクトをまとめる，あるいは取り込むことによって，より複雑な新しい機能を作ることです。機能を再利用するための，継承以外の方法であり，継承をis-a関係というのに対し，コンポジションはhas-a関係と呼ばれます。また，取り込んだオブジェクトに処理を任せることを**委譲**といいます。

オブジェクト指向に対応したプログラミング言語では，これらの性質をプログラムで実装することができます。

POINT!

- 多相性を用いることで，同じメソッドで異なるクラスに異なる動作をさせる
- 集約（コンポジション）で，クラスの中に別のクラスをもつことができる

2-2-2 クラスとインスタンス

クラスは，インスタンスを生成して使用します。擬似言語では，クラスからインスタンスを生成して，メンバ変数やメソッドを利用することができます。

参考
基本情報技術者試験の科目Bでは，クラスを作成することよりも，クラスを利用してインスタンスを生成し，処理を実行することが求められます。実際に使いながら，少しずつ概念を理解していきましょう。

クラスとインスタンス

クラスは，オブジェクト指向の基本単位です。クラスで使用する変数が**メンバ変数**で，クラスで使用する関数が**メソッド**です。クラスはデータ型で，クラスで定義したデータ型を実体化して使えるようにしたものを**インスタンス**といいます。

インスタンスを生成するには，**コンストラクタ**と呼ばれる命令を実行します。メンバ変数を参照するときには，「インスタンス名.メンバ変数」のかたちで，間に「.」(ドット)を使用して記述します。メソッドも同様に，「インスタンス名.メソッド(引数名,…)」のかたちでドットを使用して記述します。

例えば，次のようなクラスDogが定義されているとします。

●クラスDogの説明

メンバ変数	型	説明
name	文字列94型	犬の名前

コンストラクタ	説明
Dog(文字列型： qName)	引数qNameでメンバ変数nameを初期化する

メソッド	戻り値	説明
cry()	文字列型	"ワン"を返す

クラスDogを使ってインスタンスpochiを作成し，メソッドcry()の内容を表示させる例は，次のとおりです。

【例】クラスDogの利用

```
pochi ← Dog("ポチ")
pochi.cry() の戻り値を出力
```

実行結果

```
ワン
```

同じクラスのインスタンスは，複数作成することができます。クラスDogを使ってインスタンスshiroとchobiを作成すると，次のようになります。

【例】クラスDogで複数のインスタンスを作成

```
shiro ← Dog("シロ")
chobi ← Dog("チョビ")
shiro.cry() の戻り値を出力
chobi.cry() の戻り値を出力
```

実行結果

```
ワン
ワン
```

このままだと犬の区別がつかないので，新たに飼い主(Owner)のクラスを考えます。

例えば，次のようなクラスOwnerが定義されているとします。

●クラスOwnerの説明

メンバ変数	型	説明
name	文字列型	飼い主の名前
dog	Dog	飼っている犬

コンストラクタ	説明
Owner(文字列型： qName, Dog： qDog)	引数qNameでメンバ変数nameを，引数qDogでメンバ変数dogを初期化する

メソッド	戻り値	説明
explain()	文字列型	"私は{self.name}です。この犬は{dog.name}という名前です。"と返す

ここで, selfとは, 自分自身（この場合はOwnerのインスタンス）を指します。

クラスOwnerを使って先ほどの犬達に飼い主を設定すると, 次のようになります。

【例】クラスOnwerとクラスDogのインスタンスを紐付け

```
shinnosuke ← Owner("しんのすけ", shiro)
masaki ← Owner("公輝", chobi)
shinnosuke.explain() の戻り値を出力
masaki.explain() の戻り値を出力
```

実行結果

```
私はしんのすけです。この犬はシロという名前です。
私は公輝です。この犬はチョビという名前です。
```

このように, クラス同士を結び付けて関係を表すことができます。

POINT!

- クラスからインスタンスを作成するときに, コンストラクタを使用
- 「インスタンス名.メンバ変数」や「インスタンス名.メソッド(引数)」のかたちで使用

2

2-2-3 演習問題

問1　クラスとインスタンスとの関係　CHECK ▶ □□□

オブジェクト指向におけるクラスとインスタンスとの関係のうち，適切なものはどれか。

ア　インスタンスはクラスの仕様を定義したものである。
イ　クラスの定義に基づいてインスタンスが生成される。
ウ　一つのインスタンスに対して，複数のクラスが対応する。
エ　一つのクラスに対して，インスタンスはただ一つ存在する。

問2　オブジェクトの実装を見えなくすること　CHECK ▶ □□□

オブジェクト指向プログラムにおいて，データとメソッドを一つにまとめ，オブジェクトの実装の詳細をユーザから見えなくすることを何と呼ぶか。

ア　インスタンス　　イ　カプセル化　　ウ　クラスタ化　　エ　抽象化

問3　オブジェクト指向における“委譲”　CHECK ▶ □□□

オブジェクト指向における“委譲”に関する説明として，適切なものはどれか。

ア　あるオブジェクトに対して操作を適用したとき，関連するオブジェクトに対してもその操作が自動的に適用される仕組み
イ　あるオブジェクトに対する操作を，その内部で他のオブジェクトに依頼する仕組み
ウ　下位のクラスが上位のクラスの属性や操作を引き継ぐ仕組み
エ　複数のオブジェクトを部分として用いて，新たな一つのオブジェクトを生成する仕組み

演習問題の解説

問1 (平成30年秋 基本情報技術者試験 午前 問47) 《解答》イ

オブジェクト指向では，まずクラスを定義します。クラスの定義に基づいて，インスタンスを必要な数だけ生成します。したがって，**イ**が正解です。

ア　クラスがインスタンスの仕様を定義したものです。

ウ，エ　一つのクラスに対して複数のインスタンスが対応します。

問2 (基本情報技術者試験 (科目A試験) サンプル問題セット 問38) 《解答》イ

オブジェクト指向プログラムでは，データとメソッドを一つにまとめてクラスにします。クラスのデータやメソッドにアクセス権を設定し，オブジェクトの実装の詳細をユーザから見えなくすることをカプセル化といいます。したがって，**イ**が正解です。

ア　インスタンスは，クラスで定義したデータ型を実体化して使えるようにしたものです。

ウ　クラスタ化はオブジェクト指向の用語ではなく，複数のサーバなどを一つの集合にして全体として稼働させることです。

エ　抽象化は，具体的な概念を抽象的に表現することです。継承で，スーパークラスを作成するときに用いられます。

問3 (平成30年秋 基本情報技術者試験 午前 問49) 《解答》イ

オブジェクト指向における“委譲”とは，あるオブジェクトが他のオブジェクトをもっているhas-a関係にあるときに，内部の他のオブジェクトに操作を依頼する仕組みです。したがって，**イ**が正解です。

ア　委譲では，あるオブジェクトに対して操作を適用したときに，自動的にではなく明示的に，関連するオブジェクトに対して操作を実行します。

ウ　継承の説明です。

エ　集約の説明です。

2-3 問題演習

ここでは，第2章までで学んだ範囲について，科目B問題を解いてみましょう。実際に解いてみることで，理解が深まります。

2-3-1 問題

問1

次のプログラム中の［　　　　］に入れる正しい答えを，解答群の中から選べ。

関数calcは，正の実数xとyを受け取り，$\sqrt{x^2 + y^2}$の計算結果を返す。関数calcが使う関数powは，第1引数として正の実数aを，第2引数として実数bを受け取り，aのb乗の値を実数型で返す。

〔プログラム〕

```
○実数型: calc(実数型: x, 実数型: y)
  return ［　　　　］
```

解答群

ア　(pow(x, 2) + pow(y, 2)) ÷ pow(2, 0.5)
イ　(pow(x, 2) + pow(y, 2)) ÷ pow(x, y)
ウ　pow(2, pow(x, 0.5)) + pow(2, pow(y, 0.5))
エ　pow(pow(pow(2, x), y), 0.5)
オ　pow(pow(x, 2) + pow(y, 2), 0.5)
カ　pow(x, 2) × pow(y, 2) ÷ pow(x, y)
キ　pow(x, y) ÷ pow(2, 0.5)

（基本情報技術者試験（科目B試験）　サンプル問題セット 問5）

■問2

関数checkDigitは，10進9桁の整数の各桁の数字が上位の桁から順に格納された整数型の配列originalDigitを引数として，次の手順で計算したチェックデジットを戻り値とする。プログラム中のaに入れる字句として，適切なものはどれか。ここで，配列の要素番号は1から始まる。

〔手順〕

(1) 配列originalDigitの要素番号1～9の要素の値を合計する。

(2) 合計した値が9より大きい場合は，合計した値を10進の整数で表現したときの各桁の数字を合計する。この操作を，合計した値が9以下になるまで繰り返す。

(3) (2)で得られた値をチェックデジットとする。

〔プログラム〕

```
○整数型: checkDigit(整数型の配列: originalDigit)
  整数型: i, j, k
  j ← 0
  for (i を 1 から originalDigitの要素数 まで 1 ずつ増やす)
    j ← j + originalDigit[i]
  endfor
  while (j が 9 より大きい)
    k ← j ÷ 10 の商 /* 10進9桁の数の場合，jが2桁を超えることはない */
    [    a    ]
  endwhile
  return j
```

ア　j ← j－10×k

イ　j ← k＋(j－10×k)

ウ　j ← k＋(j－10)×k

エ　j ← k＋j

（令和4年度 ITパスポート試験 問78）

問3

次の記述中の［　　　　］に入れる正しい答えを，解答群の中から選べ。

優先度付きキューを操作するプログラムである。優先度付きキューとは扱う要素に優先度を付けたキューであり，要素を取り出す際には優先度の高いものから順番に取り出される。クラスPrioQueueは優先度付きキューを表すクラスである。クラスPrioQueueの説明を図に示す。ここで，優先度は整数型の値1，2，3 のいずれかであり，小さい値ほど優先度が高いものとする。

手続prioSchedを呼び出したとき，出力は［　　　　］の順となる。

コンストラクタ	説明
PrioQueue()	空の優先度付きキューを生成する。

メソッド	戻り値	説明
enqueue(文字列型: s，整数型: prio)	なし	優先度付きキューに，文字列sを要素として，優先度prioで追加する。
dequeue()	文字列型	優先度付きキューからキュー内で最も優先度の高い要素を取り出して返す。最も優先度の高い要素が複数あるときは，そのうちの最初に追加された要素を一つ取り出して返す。
size()	整数型	優先度付きキューに格納されている要素の個数を返す。

図　クラスPrioQueue の説明

〔プログラム〕

```
○prioSched()
  PrioQueue: prioQueue ← PrioQueue()
  prioQueue.enqueue("A", 1)
  prioQueue.enqueue("B", 2)
  prioQueue.enqueue("C", 2)
  prioQueue.enqueue("D", 3)
  prioQueue.dequeue()  /* 戻り値は使用しない */
  prioQueue.dequeue()  /* 戻り値は使用しない */
  prioQueue.enqueue("D", 3)
  prioQueue.enqueue("B", 2)
  prioQueue.dequeue()  /* 戻り値は使用しない */
  prioQueue.dequeue()  /* 戻り値は使用しない */
  prioQueue.enqueue("C", 2)
  prioQueue.enqueue("A", 1)
  while (prioQueue.size() が 0 と等しくない)
    prioQueue.dequeue() の戻り値を出力
  endwhile
```

解答群

ア “A”, “B”, “C”, “D”

イ “A”, “B”, “D”, “D”

ウ “A”, “C”, “C”, “D”

エ “A”, “C”, “D”, “D”

（基本情報技術者試験（科目B試験） サンプル問題セット 問8）

2-3-2 解答と解説

問1 距離の計算　《解答》オ

正の実数xとyを受け取り，$\sqrt{x^2+y^2}$の計算結果を返す関数calcを考えます。

関数powは，第1引数として正の実数aを，第2引数として実数bを受け取り，aのb乗の値を実数型で返します。そのため，x^2やy^2は，pow(x, 2)やpow(y, 2)で表すことができます。

ここで，平方根を使用した$\sqrt{a}$は，2乗するとaになる値を求める演算です。$(\sqrt{a})^2 = a$なので，$(a^{0.5})^2 = a$と表すことができ，$\sqrt{a} = a^{0.5}$です。そのため，関数powを使ってpow(a, 0.5)とすると，平方根を表すことができます。

つまり，$\sqrt{x^2+y^2}$は，pow(pow(x, 2) + pow(y, 2), 0.5)で表すことが可能となります。したがって，オが正解です。

問2 チェックデジット　《解答》イ

関数checkDigitは，10進9桁の整数の各桁の数字が上位の桁から順に格納された整数型の配列originalDigitを引数とします。例えば，10進9桁の整数 314159265 が配列originalDigitに格納されているとすると，次のようになります。ここでは，問題文のとおり，配列の要素番号は1から始まります。

例：配列originalDigit

要素番号	1	2	3	4	5	6	7	8	9
要素の値	3	1	4	1	5	9	2	6	5

〔手順〕と〔プログラム〕を順に対応させると，〔手順〕(1)の「配列originalDigitの要素番号1～9の要素の値を合計する」は，〔プログラム〕の最初の4行，for文に対応します。

```
j ← 0
for (i を 1 から originalDigitの要素数 まで 1 ずつ増やす)
  j ← j + originalDigit[i]
endfor
```

最初に「j ← 0」があるので，変数jの初期値は0です。

ここで，例の値を用いて計算すると，配列originalDigitの要素数が9なので，for文を変数iを用いて9回繰り返し，次のようになります。

i	originalDigit[i]	j
1	3	3
2	1	4
3	4	8
4	1	9
5	5	14
6	9	23
7	2	25
8	6	31
9	5	36

変数jの値は36になります。

次に，〔手順〕(2)の「合計した値が9より大きい場合は，合計した値を10進の整数で表現したときの各桁の数字を合計する。この操作を，合計した値が9以下になるまで繰り返す」について考えます。〔プログラム〕の次の4行，while文に対応します。

```
while (j が 9 より大きい)
  k ← j ÷ 10 の商 /* 10進9桁の数の場合，jが2桁を超えることはない */
  [      a      ]
endwhile
```

while文の最初の行で，j÷10の商を求め，変数kに代入しています。これは，例にある変数jの36で計算すると，

```
k ← 36 ÷ 10 の商 = 3
```

となり，10の位の桁の数字と一致します。そのため，空欄aでは，1の位の桁の数字を求めて合計すると目的の値が求まります。具体的には，jの1の位の桁の数字は，jを10で割った余りで求まります。選択肢に余りを求める演算子はないので，変数kを使って，

```
j - 10 × k
```

とすることで，余りの数字を求めることができます。まとめると，

```
j ← k + (j - 10 × k)
```

で，各桁の数字を合計することができます。したがって，**イ**が正解です。

問3 優先度付きキュー 《解答》エ

優先度付きキューを操作するプログラムで，〔プログラム〕手続prioSchedを呼び出したときの出力について考えます。クラスPrioQueueについては，プログラムは示されていないので，図の説明をもとに，コンストラクタやメソッドを利用していきます。

〔プログラム〕手続prioSchedでは，最初の行「PrioQueue: prioQueue ← PrioQueue()」で，コンストラクタPrioQueue()を実行し，空の優先度付きキューprioQueueを生成します。

2行目から13行目までは，メソッドenqueueとdequeueを順に実行していきます。1行ずつ実行結果を確認すると，次のようになります。

```
prioQueue.enqueue("A", 1)
```

enqueueを利用して，優先度付きキューprioQueueに，文字列"A"を要素として，優先度1で追加します。追加後のprioQueueは，次のようになります。

要素	A
優先度	1

```
prioQueue.enqueue("B", 2)
```

enqueueを利用して，優先度付きキューprioQueueに，文字列"B"を要素として，優先度2で追加します。追加後のprioQueueは，次のようになります。

要素	A	B
優先度	1	2

```
prioQueue.enqueue("C", 2)
```

enqueueを利用して，優先度付きキューprioQueueに，文字列"C"を要素として，優先度2で追加します。追加後のprioQueueは，次のようになります。

要素	A	B	C
優先度	1	2	2

```
prioQueue.enqueue("D", 3)
```

enqueueを利用して，優先度付きキューprioQueueに，文字列"D"を要素として，優先度3で追加します。追加後のprioQueueは，次のようになります。

要素	A	B	C	D
優先度	1	2	2	3

```
prioQueue.dequeue() /* 戻り値は使用しない */
```

dequeueを利用して，優先度付きキューprioQueueから，最も優先度の高い要素を取り出して返します。現在prioQueueにある要素のうち，最も優先度が高いのは要素Aの優先度1なので，取り出して返します。戻り値は使用しないので，取り出し後のprioQueueは，次のようになります。

要素	B	C	D
優先度	2	2	3

```
prioQueue.dequeue() /* 戻り値は使用しない */
```

dequeueを利用して，優先度付きキューprioQueueから，最も優先度の高い要素を取り出して返します。現在prioQueueにある要素のうち，最も優先度が高いのは要素BとCの優先度2です。図に，「優先度の高い要素が複数あるときは，そのうちの最初に追加された要素を一つ取り出して返す」とあるので，最初に追加された要素Bを取り出して返します。戻り値は使用しないので，取り出し後のprioQueueは，次のようになります。

要素	C	D
優先度	2	3

```
prioQueue.enqueue("D", 3)
```

enqueueを利用して，優先度付きキューprioQueueに，文字列"D"を要素として，優先度3で追加します。追加後のprioQueueは，次のようになります。

要素	C	D	D
優先度	2	3	3

```
prioQueue.enqueue("B", 2)
```

enqueueを利用して，優先度付きキューprioQueueに，文字列"B"を要素として，優先度2で追加します。追加後のprioQueueは，次のようになります。

要素	C	D	D	B
優先度	2	3	3	2

prioQueue.dequeue() /* 戻り値は使用しない */

dequeueを利用して，優先度付きキューprioQueueから，最も優先度の高い要素を取り出して返します。現在prioQueueにある要素のうち，最も優先度が高いのは要素CとBの優先度2で，最初に追加された要素はCです。そのため，要素Cの方を取り出して返します。戻り値は使用しないので，取り出し後のprioQueueは，次のようになります。

要素	D	D	B
優先度	3	3	2

prioQueue.dequeue() /* 戻り値は使用しない */

dequeueを利用して，優先度付きキューprioQueueから，最も優先度の高い要素を取り出して返します。現在prioQueueにある要素のうち，最も優先度が高いのは要素Bの優先度2なので，取り出して返します。戻り値は使用しないので，取り出し後のprioQueueは，次のようになります。

要素	D	D
優先度	3	3

prioQueue.enqueue("C", 2)

enqueueを利用して，優先度付きキューprioQueueに，文字列"C"を要素として，優先度2で追加します。追加後のprioQueueは，次のようになります。

要素	D	D	C
優先度	3	3	2

prioQueue.enqueue("A", 1)

enqueueを利用して，優先度付きキューprioQueueに，文字列"A"を要素として，優先度1で追加します。追加後のprioQueueは，次のようになります。

要素	D	D	C	A
優先度	3	3	2	1

最後に，while文でprioQueueの内容を出力します。このとき，prioQueue.size()は要素の個数で，13行目まで終わった時点で4個です。prioQueue.dequeue()を使用して順に4回戻り値を出力すると，次のようになります。

1回目 prioQueue.dequeue()

優先度が最も高いのは，優先度1の要素Aです。そのため最初に“A”を出力します。

2回目 prioQueue.dequeue()

次に優先度が高いのは，優先度2の要素Cです。そのため最初に“C”を出力します。

3回目 prioQueue.dequeue()

次に優先度が高いのは，優先度3の要素Dが2つです。最初に入れた“D”を出力します。

4回目 prioQueue.dequeue()

最後に残った優先度3の要素Dを“D”として出力します。

したがって，出力順は“A”，“C”，“D”，“D”となり，**エ**が正解です。

第3章

プログラミングの実践

実務で役立つプログラムを作成するためには，文法や手法を知るだけでは不十分です。他の人が書いたプログラムを改善し，変更することで，プログラムの書き方を身に付けることができます。また，プログラムを読むことも重要で，さまざまなプログラムを解読することで，良い書き方を知ることができます。
また，プログラムは最初は動かないことが多いので，テストやデバッグの方法を知ることが不可欠です。

3-1 既存のプログラムの解読と変更

既存のプログラムを解読するときには，まずそのプログラムの変数に着目する必要があります。そのあと，プログラムを順に解読します。変更するときには，解読した後で変更箇所を特定します。

3-1-1 既存のプログラムを読むこと

既存のプログラムを解読するときには，変数の役割を理解することが必要です。また，プログラムの流れを追って，変数の値の変化をトレースすることも大切です。

プログラムを読むことの大切さ

プログラミングを学ぶときには，「どのように書くか」ということに注意を向けがちです。文法や具体的なプログラミングの手法などを学んで書けるようにすることはもちろん大切です。しかし，実際のプログラミングの作業や，開発に関連する仕事では，プログラムを読む機会が多くあります。

例えば，既存のプログラムに新たな機能を追加するため，バグを探して修正するため，巨大なシステムを理解するためなど，さまざまな状況が考えられます。プログラミングを実際に行うためには，プログラムを読むことが不可欠なのです。

基本情報技術者試験のプログラミング問題では，問題文のプログラムを「読むこと」が求められます。これは，既存のプログラムを読むことが多い実務に合わせた，実務能力を問う問題です。プログラムの解読に慣れることは，試験対策としても，実務に役立てるためにも重要です。

プログラムを読むために大切なこと

プログラムを読むために大切なことは，まず，プログラムの「変数」が何をするものなのかを知ることです。その上で，プログラムを「トレース」して，変数の動きを探っていきます。

変数

プログラムの中にある変数は，最初に宣言されることが多いです。擬似言語でも，最初にデータ型とともに宣言されます。変数が何をしようとしているのかを知ることが，プログラミングを理解するときの最初の一歩になります。

例として，次のようなプログラムを考えます。ここで，配列の要素番号は1から始まります。

〔プログラム〕

```
○整数型: findMax(実数型の配列: array)
  整数型: i, maxPos
  maxPos ← 1
  for (i を 2 から array の要素数 まで 1 ずつ増やす)
    if (array[i] が array[maxPos] より大きい)
      maxPos ← i
    endif
  endfor
  return maxPos
```

このプログラムに出てくる変数は最初の2行で宣言されており，次の3つです。

変数	データ型	説明
array	実数型の配列	関数findMaxの引数として渡される配列
i	整数型	繰返しで使用するステッパー
maxPos	整数型	最大値が格納されている配列の要素番号を格納するための変数

ここで，**ステッパー**とは，for文で繰返すときに使用する変数です。配列の要素番号で，最初から最後まで処理を繰返すとき，「for (i を 1 から array の要素数 まで 1 ずつ増やす)」といったかたちで使用します。

このプログラムで最も重要な変数は，maxPosです。変数maxPosが何をしているのかを理解することが，プログラムを理解する鍵となります。

トレース

プログラムを順に追って，変数の値の変化を確認することをトレースといいます。具体的な値を入れて，プログラムがどのように動くのかを検証していきます。

例えば，先ほどのプログラムに関数の引数として実数型の配列arrayの値を次のように設定して実行する場合を考えます。

要素番号	1	2	3	4	5
arrayの値	3.5	2.5	4.2	1.8	0.4

プログラムでは，for文の前に，「maxPos ← 1」で変数maxPosに1を代入しています。次のfor文では，制御記述が「i を 2 から arrayの要素数 まで 1 ずつ増やす」となっているので，最初の変数iの値は2です。arrayの要素数は5なので，2から5までの4回繰り返します。

次のif文の条件「array[i] が array[maxPos] より大きい」での変数の値とif文の判定は次のようになります。

変数	i	maxPos	array[i]	array[maxPos]	判定
値	2	1	2.5	3.5	false

array[2]の値2.5はarray[1]の値3.5より大きくないので，if文の条件は成り立ちません。この場合には，if文が実行されず，次の繰返しに入ります。

2番目の繰返しでは，iが1増えて3になるので，if文の判定は次のようになります。

変数	i	maxPos	array[i]	array[maxPos]	判定
値	3	1	4.2	3.5	true

array[3]の値4.2はarray[1]の値3.5より大きいので，if文の条件は成り立ちます。この場合には，if文が実行され，「maxPos ← i」でmaxPosにiの値3が代入され，次の繰返しに入ります。

3番目の繰返しでは，iが1増えて4になるので，if文の条件は次のようになります。

変数	i	maxPos	array[i]	array[maxPos]	判定
値	4	3	1.8	4.2	false

array[4] の値1.8はarray[3] の値4.2より大きくないので，if文の条件は成り立ちません。この場合には，if文が実行されず，次の繰返しに入ります。

4番目の繰返しでは，iが1増えて5になるので，if文の判定は次のようになります。

変数	i	maxPos	array[i]	array[maxPos]	判定
値	5	3	0.4	4.2	false

array[5] の値0.4はarray[3] の値4.2より大きくないので，if文の条件は成り立ちません。この場合には，if文が実行されません。

ここで次の繰返しに入ろうとしますが，iがarrayの要素数5を超えるので終了です。最後に，maxPosの値3が，戻り値で返却されます。

プログラムの理解

トレースすることで，変数maxPosは，最大値となるarray[3] の値4.2が入っている要素番号だということが分かります。

maxPosでは，最大値そのものではなく，**最大値が入っている配列の位置**を管理していることに注意する必要があります。array[maxPos] という変数の使い方は，いろいろなプログラムを読んで慣れていく必要がある，直感的に理解しづらい部分です。

for文のステッパーとなる変数iが1で始まらないのは，maxPosに最初に1を代入して，**取り急ぎ最大値を1番目の値ということにしているから**です。プログラムの繰返しでは，最初の値を仮に設定しておき，残りをチェックして，もっと大きい値が出てきたらそれを最大値にする，ということで全体の最大値を見つけます。

このように，プログラムを理解するためには，変数の値をトレースし，その意味を確認していくことが大切です。

プログラムを読むときの手がかり――ビーコン

プログラムの読解を容易にするためには，プログラムの手がかりを探すことが有効です。プログラマーがプログラムを理解するのに役立つプログラムの部分を**ビーコン**といいます。熟達したプログラマーは，ビーコンを多く使うことでプログラムを読みやすくしています。

ビーコンには，次のようなものがあります。

・コメント：プログラムの説明
・変数名，クラス名：意味が分かりやすい名前
・関数名，メソッド名：何をやるのかが分かりやすい名前
・for文の変数，初期値，増分値，境界値

例えば，先ほどのプログラムでは，変数名をmaxPosとすることで，この変数には最大値(Value)ではなく最大値の位置(Position)が格納されていることを示しています。通常のプログラムでは，このように適切な変数名を設定することが重要です。

基本情報技術者試験の科目B問題など，試験問題では，ヒントを与えないようにあえて変数名を分かりにくくしている場合もあります。

POINT!

・ 変数の役割を1つ1つ確認する
・ 変数の値をトレースし，プログラムを理解する

コラム

変数の11の役割

プログラムの中にはさまざまな変数が出てきます。プログラムを読むときに，変数がどのような情報を保持しているかを知ることは，理解の鍵になります。ここでは，東フィンランド大学のヨルマ・サヤニエミ（Jorma Sajaniemi）教授が提唱する「変数の役割（role of valuables）」フレームワークを紹介します。このフレームワークでは，ほとんどの変数が以下の11の役割に分類できるとしています。

1. 固定値

初期化された後，値が変化しない変数です。円周率や，データベースから取得した値などが該当します。

2. ステッパー

繰返しで使用する，繰返しのたびに値が変更される変数です。for文で使用される変数iなどが該当します。

3. フラグ

何かが発生したことを示したり，何かの情報が含まれていることを表す変数です。真偽値（trueかfalse）を利用することが一般的です。

4. ウォーカー

ステッパーと同様に繰返しのたびに値が変更されますが，その変更内容があらかじめ分からない変数です。例えば，リストを順に辿るときの参照などが該当します。

5. 直近の値の保持者

一連の値を順に処理するときに最新の値を保持する変数です。直前に読み込んだ行や，最後に参照した配列の要素などを保持します。

6. 最も重要な値の保持者

ある特定の値を探すときに，これまで見つかった中で最も適切な値を保持する変数です。例えば，最大値を求めるときに，途中で最大の値を保持する変数が該当します。

7. 収集者

データを1つの値にまとめるときに使う変数です。例えば，合計を求めるときに，繰返しの中で順に値を加算する際に使う変数が該当します。

8. コンテナ

複数の要素を含み，追加や削除が可能なデータ構造をコンテナといいます。リスト，配列，スタック，木などを表す変数が該当します。

※次ページに続く

9. フォロワー

アルゴリズムで，前の値や次の値を保持しておく必要があるときに使用する変数です。例えば，リストを探索するときの1つ前の要素を表す参照を格納する変数が該当します。

10. オーガナイザー

処理を進めるときに変数を変換するための変数です。データ型を変更したり，配列の値を並べ直したりするときに使用します。一般的には次のテンポラリ変数でもあります。

11. テンポラリ

短期間だけ一時的に使われる変数です。temp，tmp，tといった変数名がよく使用されます。変数の値を入れ替えたり，メソッドや関数内で計算結果を保持するために使われたりします。

次の図は，プログラム中の各変数を判定するためのフローチャートです。

・プログラム中の各変数の役割を決めるフローチャート

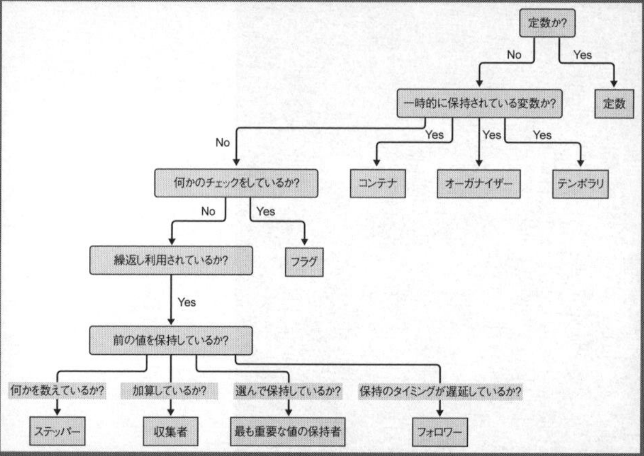

出典：『プログラマー脳』（Felience Hermans著，秀和システム）5.1「変数の役割」フレームワーク

3-1-2 既存のプログラムの変更

既存のプログラムを変更することで，別の目的のプログラムを作成することができます。少しの変更で，全体的な動きは大きく変わっていきます。

最大値プログラムを最小値に変更

前項の最大値を求めるプログラムを再掲します。

〔最大値を求めるプログラム〕

```
○整数型: findMax(実数型の配列: array)
  整数型: i, maxPos
  maxPos ← 1
  for (i を 2 から array の要素数 まで 1 ずつ増やす)
    if (array[i] が array[maxPos] より大きい)
      maxPos ← i
    endif
  endfor
  return maxPos
```

このプログラムをなるべく少ない変更で最小値を求めるプログラムにするには，どのように変更すればよいでしょうか。

最大値は「一番大きい値」で，最小値は「一番小さい値」です。そのため，if文の条件を「より大きい」から「より小さい」にすると，最小値を求めるプログラムとなります。

〔最小値を求めるプログラム1〕

```
○整数型: findMax(実数型の配列: array)
  整数型: i, maxPos
  maxPos ← 1
  for (i を 2 から array の要素数 まで 1 ずつ増やす)
    if (array[i] が array[maxPos] より小さい)
      maxPos ← i
    endif
  endfor
  return maxPos
```

しかしこのままでは，findMaxやmaxPosという，Max（最大値）の意味が含まれる関数名や変数名に違和感があります。変数の名前は，読んだ人に伝わりやすくすることが大切です。そのため，関数名と変数名を変更し，次のようにします。

〔最小値を求めるプログラム2〕

```
○整数型: findMin(実数型の配列: array)
  整数型: i, minPos
  minPos ← 1
  for (i を 2 から array の要素数 まで 1 ずつ増やす)
    if (array[i] が array[minPos] より小さい)
      minPos ← i
    endif
  endfor
  return minPos
```

変数名を変えるときには，見落としなどがないよう，すべて一度に置換する必要があります。

これで，最小値を求めるプログラムが完成しました。

抽出する最小値の場所の変更

最小値を求めるプログラムで，最小値が複数あったときに，どの要素番号を選択するのかについて考えます。

例えば，関数の引数として，実数型の配列arrayの値を次のように設定して実行する場合を考えます。

要素番号	1	2	3	4	5
arrayの値	0.4	0.4	4.2	1.8	3.5

要素番号1と要素番号2に最小値0.4が格納されています。先ほどの〔最小値を求めるプログラム2〕を上の配列arrayで実行してみると，次のようになります。

プログラムでは，for文の前に，「minPos ← 1」で，変数minPosに1を代入しています。次のfor文では，制御記述が「i を 2 から

arrayの要素数 まで 1 ずつ増やす」となっているので，最初の変数iの値は2です。

次のif文の条件「array[i] が array[minPos] より小さい」における，変数の値とif文の判定は次のようになります。

変数	i	minPos	array[i]	array[minPos]	判定
値	2	1	0.4	0.4	false

先ほどの〔最小値を求めるプログラム2〕では，if文の条件が「array[i] が array[minPos] より小さい」場合にだけ，minPosが入れ替わります。ここでは，**同じ値ですがより小さいわけではない**ので，minPosの値は変わりません。

同じ値のときに，minPosの要素番号を入れ替えたい場合には，**より小さい**を**以下**に変更します。

if文の条件を「array[i] が array[minPos] 以下」とした場合，変数の値とif文の判定は次のようになります。

変数	i	minPos	array[i]	array[minPos]	判定
値	2	1	0.4	0.4	true

判定がtrueとなるので，「minPos ← i」が実行され，minPosの値が2で上書きされることになります。

このように，「以上(≧)」と「より大きい(>)」，「以下(≦)」と「より小さい(<)」の違いで，プログラムの動きが変わってきます。この部分を**境界値**といい，プログラムでミスが出やすいところです。境界値を意識してプログラミングを行うことは，正しく動くプログラムを作成する上で大切になります。

POINT!

- 既存のプログラムを変更することで，新しいプログラムができる
- 「以上(≧)」と「より大きい(>)」，「以下(≦)」と「より小さい(<)」の違いは要チェック

3-1-3 演習問題

問1 文字列の連結プログラム CHECK ▶ □□□

長さm，nの文字列をそれぞれ格納した配列X，Yがある。〔プログラム〕は，配列Xに格納した文字列の後ろに，配列Yに格納した文字列を連結したものを，配列Zに格納するプログラムである。図中のa，bに入れる処理として，正しいものはどれか。ここで，配列の要素番号は1から始まり，1文字が一つの配列要素に格納されるものとする。

〔プログラム〕

```
○文字型の配列: X, Y, Z
  整数型: k, m, n
  m ← 配列Xの要素数
  n ← 配列Yの要素数
  for (k を 1 から m まで 1 ずつ増やす)
    [    a    ]
  endfor
  for (k を 1 から n まで 1 ずつ増やす)
    [    b    ]
  endfor
```

解答群

	a	b
ア	Z[k] ← X[k]	Z[m+k] ← Y[k]
イ	Z[k] ← X[k]	Z[n+k] ← Y[k]
ウ	Z[k] ← Y[k]	Z[m+k] ← X[k]
エ	Z[k] ← Y[k]	Z[n+k] ← X[k]

3

問2 手続を実行した結果 CHECK ▶ □□□

xとyを自然数とするとき，次のプログラムで表される手続を実行した結果として，適切なものはどれか。

〔プログラム〕

```
○整数型: x, y
 整数型: q, r
 q ← 0
 r ← x
 while (r が y 以上)
   r ← r - y
   q ← q + 1
 endwhile
```

解答群

	qの値	rの値
ア	x ÷ y の余り	x ÷ y の商
イ	x ÷ y の商	x ÷ y の余り
ウ	y ÷ x の余り	y ÷ x の商
エ	y ÷ x の商	y ÷ x の余り

問3 画像を回転させる操作 CHECK ▶ □□□

配列Aが図2の状態のとき，図1のプログラムを実行すると，配列Bが図3の状態になった。図1の a に入れる操作はどれか。ここで，配列A，Bの要素をそれぞれA[i][j]，B[i][j]とする。

```
○文字型配列の配列: A, B /* 値の設定は省略 */
 整数型: i, j
 for (i を 0 から 7 まで 1 ずつ増やす)
   for (j を 0 から 7 まで 1 ずつ増やす)
     [   a   ]
   endfor
 endfor
```

図1 プログラム

i＼j	0	1	2	3	4	5	6	7
0		*	*	*	*	*	*	
1		*						
2		*						
3		*	*	*	*			
4		*						
5		*						
6		*						
7		*						

図2 配列Aの状態

i＼j	0	1	2	3	4	5	6	7
0								
1	*	*	*	*	*	*	*	*
2					*			*
3					*			*
4					*			*
5								*
6								*
7								

図3 実行後の配列Bの状態

ア B[7-i][7-j] ← A[i][j]　　イ B[7-j][i] ← A[i][j]

ウ B[i][7-j] ← A[i][j]　　エ B[j][7-i] ← A[i][j]

演習問題の解説

問1 (平成26年春 基本情報技術者試験 午前 問8改) 《解答》ア

プログラムの説明に，「配列Xに格納した文字列の後ろに，配列Yに格納した文字列を連結したものを，配列Zに格納する」とあるので，配列Zの前半に格納されるのは，配列Xの値となります。そのため，空欄aはZ[k] ← X[k]として，配列Xの値を同じ要素番号でそのままコピーします。

配列Yは，配列Xをコピーした後に連結します。問題文の最初に「長さm，nの文字列をそれぞれ格納した配列X，Yがある」とあり，配列Xの長さはmです。そのため，配列Yは長さm分だけ要素をずらして，配列Zにコピーする必要があります。そして，空欄bはZ[m+k] ← Y[k]として，配列Yの値を配列Zに，配列Xの要素数mだけずらした場所にコピーします。

したがって，組合せの正しい**ア**が正解です。

問2 (平成28年春 基本情報技術者試験 午前 問8改) 《解答》イ

x，yに値を設定してトレースしてみます。例えば，xに7，yに3を設定して，値がどのように変化するのかを確認してみましょう。

最初の「q ← 0」「r ← x」で初期値が設定されるので，while文に入るときの変数q，rの値と，while文の継続判定は，次のようになります。ここで，yの値は3なので，「r が 3 以上」が継続条件です。

変数	q	r	r が y 以上
値	0	7	true

継続条件がtrueなので，「r ← r - y」「q ← q + 1」の2行を実行し，rとqを更新します。2回目の繰返しにおける，変数q，rの値と，while文の継続判定は，次のようになります。

変数	q	r	r が y 以上
値	1	4	true

継続条件がtrueなので，「r ← r - y」「q ← q + 1」の2行を実行し，rとqを更新します。3回目の繰返しにおける，変数q，rの値と，while文の継続判定は，次のようになります。

変数	q	r	r が y 以上
値	2	1	false

rが1となり，yの3より小さくなるので終了です。このとき，「7 ÷ 3 = 2 余り 1」なので，xに7，yに3を設定したときの商がq，余りがrに格納されています。つまり，変数qはx ÷ yの商，変数rはx ÷ 7の余りです。したがって，組み合わせの正しいイが正解となります。

問3 （基本情報技術者試験（科目A試験）サンプル問題セット 問6改）《解答》エ

図2と図3を比較し，値をトレースすることで，空欄aに当てはまる式を考えていきます。

図2の配列Aと図3の配列Bでは,「＊」で示された“F”の画像が90度右に回転しています。A，Bそれぞれの配列で，同じ場所に該当する要素がどのように対応しているかを順に考えてみます。

iが0の場合，つまり配列Aの1番上の行で，jが1ずつ増えたときの対応を見ていくと，次のようになります。

- A[0][0] → B[0][7]
- A[0][1] → B[1][7]
- A[0][2] → B[2][7]
- A[0][3] → B[3][7]
- A[0][4] → B[4][7]
- A[0][5] → B[5][7]
- A[0][6] → B[6][7]
- A[0][7] → B[7][7]

これを見ると，Aの2番目の要素番号と，Bの1番目の要素番号が一致しています。そのため，A[i][j]と表したときの2番目のjの要素番号が，B[j][?]といったかたちでBの1番目の要素番号に設定されると想定されます（「?」の部分は次で考えます）。

もう1つ，jが0の場合，つまり配列Aの1番左の列で，iが1ずつ増えたときの対応を見ていくと，次のようになります。

・A[0][0] → B[0][7]
・A[1][0] → B[0][6]
・A[2][0] → B[0][5]
・A[3][0] → B[0][4]
・A[4][0] → B[0][3]
・A[5][0] → B[0][2]
・A[6][0] → B[0][1]
・A[7][0] → B[0][0]

これを見ると，Aの1番目の要素番号が1増えるごとに，Bの2番目の要素番号が1減ってます。2つの値は0＋7＝7，1＋6＝7，……といったかたちとなり，7で一定です。そのため，A[i][j]と表したときの1番目のiの要素番号が，B[j][7-i]といったかたちで1番目の要素番号に設定されると想定されます。

つまり，空欄aで，B[j][7-i] ← A[i][j]と代入することで，図2から図3への変換を実現できます。したがって，**エ**が正解です。

3-2 処理の流れや変数の変化の想定

プログラムを読んで処理の流れを確認することで，プログラムで何を行っているのか分かるようになります。配列の要素番号の変化や，繰返しの終了条件など，定番の間違えやすい場所があります。

3-2-1 変数の動きのトレース

変数の動きをトレースしてプログラムの内容を理解することは，単純なプログラムでは簡単です。しかし，プログラムが長くなるとトレースするのが難しくなります。特に，配列や参照など複雑なデータ型になってくると，難易度が上がります。

科目B問題のトレース

以下の問題は，科目Bサンプル問題の1つ（サンプル問題セットの問3）です。

問題 次の記述中の［　　　］に入れる正しい答えを，解答群の中から選べ。ここで，配列の要素番号は 1 から始まる。

関数makeNewArrayは，要素数2以上の整数型の配列を引数にとり，整数型の配列を返す関数である。関数makeNewArrayをmakeNewArray({3, 2, 1, 6, 5, 4})として呼び出したとき，戻り値の配列の要素番号5の値は［　　　］となる。

〔プログラム〕

```
○整数型の配列: makeNewArray(整数型の配列: in)
  整数型の配列: out ← {} // 要素数0の配列
  整数型: i, tail
  outの末尾 に in[1]の値 を追加する
  for (i を 2 から inの要素数 まで 1 ずつ増やす)
    tail ← out[outの要素数]
    outの末尾 に (tail + in[i]) の結果を追加する
  endfor
  return out
```

解答群

ア 5　　イ 6　　ウ 9　　エ 11　　オ 12
カ 17　　キ 21

（基本情報技術者試験（科目B試験）サンプル問題セット 問3）

この問題は純粋なトレース問題で，プログラムを正確に追っていくことができれば解けます。

しかし，この問題は次のような点で理解しづらいプログラムとなっています。

1. 変数，配列の名前から内容を推測しづらい

in, out, tail が入力，出力，末尾であることは推測できるが，何のための変数なのか。

2. 配列outの長さが変わる

最初は要素数0で，途中でoutの要素数が変わるので，どれくらいの大きさになるのかが見えない。

そのため，実際に少しずつトレースしながら，意味を確認していく必要があります。

値のトレース

最初に，関数makeNewArrayをmakeNewArray({3, 2, 1, 6, 5, 4})として呼び出したとき，1行目で引数inに{3, 2, 1, 6, 5, 4}が代入されます。

2行目の「out ← {}」で，配列outは要素数0の配列として初期化されます。

3行目で整数型の変数iとtailが宣言されますが，値は設定されません。

ここまでが初期化部分です。

4行目「outの末尾 に in[1]の値 を追加する」とあるので，in[1]の値3を，outの末尾に追加します。outはまだ空なので，最初のout[1]が追加されます。

4行目が終わった時点で，inとoutの値は次のとおりです。

要素番号	1	2	3	4	5	6
inの値	3	2	1	6	5	4
outの値	3					

5行目はfor文で，制御記述は「i を 2 から inの要素数 まで 1 ずつ増やす」です。inは引数で要素数は6です。繰返しの数を数えるステッパーとなる変数iは2, 3, 4, 5, 6と順に増えて，合計5回繰返し処理を行います。

1回目の繰返し (i＝2)

for文で6行目「tail ← out[outの要素数]」を実行します。4行目の時点でoutの要素数は1になっているので，out[1]の値3をtailに代入します。

7行目「outの末尾 に (tail + in[i]) の結果を追加する」では，i＝2でin[2]は2なので，tail＋in[2]＝3＋2＝5となります。outの末尾out[2]に,5を追加します。1回目の繰返しが終わった時点で，outの値は次のとおりです。

要素番号	1	2	3	4	5	6
outの値	3	5				

2回目の繰返し (i＝3)

for文で6行目「tail ← out[outの要素数]」を実行します。1回目の繰返しでoutの要素数は2になっているので，out[2]の値5をtailに代入します。

7行目「outの末尾 に (tail + in[i]) の結果を追加する」では，i＝3でin[3]は1なので，tail＋in[3]＝5＋1＝6となります。outの末尾out[3]に6を追加します。1回目の繰返しが終わった時点で，outの値は次のとおりです。

要素番号	1	2	3	4	5	6
outの値	3	5	6			

このまま繰返しを5回実行すれば，outの値をすべて求めることができます。

ここでちょっとストップ！

プログラムをトレースする場合，値を単純に追っていくことが最も確実ですが，それだと大変なことも多くあります。特に，実務でプログラムを読むときには10回以上繰り返すことも多いので，全部を読むというのは現実的ではありません。

そのため，「途中で推測する」ことで，プログラムを理解し，値を予測することが大切になります。

3

繰返しをするときに，変数tailにはout[outの要素数]が代入されるので，1つ前の繰返しでoutに追加した値が使われます。そこに，in[i]で，inのi番目の値を取得して，tailを加えてoutにout[i]として追加する，という流れです。

2回目の繰返し終了時点におけるinとoutの値を比較すると，次のようになります。

要素番号	1	2	3	4	5	6
inの値	3	2	1	6	5	4
outの値	3	5	6			

outを追加するときの計算は，1つ前のoutの値と，同じ要素番号のinの値を合計します。つまり，out[4]はout[3]とin[4]の合計で，6 + 6 = 12となると予測できます。同様に，out[5]はout[4]とin[5]の合計で，12 + 5 = 17，out[6]はout[5]とin[6]の合計で，17 + 4 = 21となります。まとめると，次のとおりです。

要素番号	1	2	3	4	5	6
inの値	3	2	1	6	5	4
outの値	3	5	6	12	17	21

最初のout[1]はin[1]と同じ値なので，out[i]の値は，「要素番号1からiまでのinの値を合計した値」ということもできます。

この問題で問われているのは，戻り値の配列の要素番号5の値なので，**カ**の17が正解になります。

このように，トレースの途中で値の変化の法則に気づくと，効率的にプログラムを読み解くことができるようになります。

最初はなかなか分からないので，トレースに慣れていくことと，トレースを行うだけでなく「パターンを探す」ことを意識して，演習を繰り返していきましょう。

POINT!

- 変数が分かりにくいときには，トレースして意味を推測する
- トレースの途中でパターンが分かったら，最後まで予測できる

3-2-2 初期値と終値

プログラムで最もミスが起こりやすいところは，繰返しで使用する初期値や終値です。きちんとトレースして適切に初期値と終値を設定することで，プログラムのミスをなくすことができます。

初期値と終値

繰返しを行うときに，その繰返しの数を数える変数の役割を**ステッパー**といいます。数を数えるときの最初の値が**初期値**，最後の値が**終値**です。

例えば，変数iをステッパーとして使って，iを1から3まで増やし，その数を出力するプログラムは，次のようになります。

【例】初期値が1，終値が3のfor文

```
○整数型：i
 for (i を 1 から 3 まで 1 ずつ増やす)
   i を出力
 endfor
```

for文の制御記述では，1が初期値，3が終値となります。「1ずつ増やす」の部分は**増分**と呼ばれます。増分は1ずつ増やすことが多いですが，2ずつ，3ずつなど値が変わることもあり，逆に3，2，1と値が減っていくこともあります。

このプログラムでは，for文は3回実行され，以下のような出力となります。

実行結果

```
1
2
3
```

配列と初期値，終値

繰返しで処理することが最も多いのが，配列の要素です。ステッパーを要素番号にして，配列の要素を参照します。

例えば，次のように配列arrayを作成します。

【例】配列array

```
○整数型の配列：array ← {1, 2, 3, 4, 5}
```

配列の要素が**1から始まる**場合には，arrayの要素番号と値の対応は，次のようになります。

要素番号	1	2	3	4	5
要素の値	1	2	3	4	5

配列arrayの要素数は5なので，次のようなプログラムを記述すると，arrayの要素の内容をすべて出力できます。

【例】配列arrayの要素をすべて出力（要素番号が1から始まる場合）

```
○整数型：i
  for (i を 1 から arrayの要素数 まで 1 ずつ増やす)
    array[i] を出力
  endfor
```

このプログラムでは，for文は3回実行され，以下のような出力となります。

実行結果

```
1
2
3
4
5
```

しかし，このプログラムの配列arrayの要素番号が**0から始まる**場合には，うまく動きません。配列の要素が**0から始まる**場合には，arrayの要素番号と値の対応は，次のようになります。

要素番号	0	1	2	3	4
要素の値	1	2	3	4	5

この状態で，先ほどと同じプログラムを実行すると，次のような結果になります。

実行結果

```
2
3
4
5
エラー：array[5] は存在しません
```

配列の先頭と末尾の要素番号が異なるので，初期値と終値がずれることになり，エラーにつながります。要素番号が0で始まる場合には，for文を次のように修正する必要があります。

【例】要素番号が0で始まる場合のfor文の修正

```
for (i を 0 から arrayの要素数-1 まで 1 ずつ増やす)
```

初期値が**0**，終値が**arrayの要素数-1**と1つずつずれます。増分は同じです。このように，初期値や終値や状況によって変わるので，注意が必要です。

要素番号が0で始まるか1で始まるかは，プログラミング言語によって異なり，**擬似言語では明記**されています。要素番号については，必ず確認するようにしましょう。

配列の先頭から始まらない場合

配列に対して繰返し処理を行うとき，繰返しが必ず配列の先頭から始まるとは限りません。「3-2-1 変数の動きのトレース」で取り上げた関数makeNewArrayは，ステッパーとなる変数iは2から始まっています。

for文の前後だけ再掲すると，次のようになっています。

```
outの末尾 に in[1]の値 を追加する
for (i を 2 から inの要素数 まで 1 ずつ増やす)
  tail ← out[outの要素数]
  outの末尾 に (tail + in[i]) の結果を追加する
endfor
```

このプログラムのように，繰返しの前にout[1]の値を設定して，その後out[2]以降の値を繰返し設定する，という方法をとることはよくあります。最初の行でoutの値を追加せず，for文のiを1からにしてしまうと，「tail ← out[outの要素数]」の部分で，outの要素数が0なのでエラーとなってしまいます。

プログラムの初期値や終値は，正しく設定しないと不具合を引き起こします。そのため，プログラムをテストするときにも，重点的に確認を行います。プログラムを記述するときに注意が必要な部分です。

POINT!

- 繰返しの最初の値が初期値，最後の値が終値
- 配列の要素番号が0で始まるか1で始まるかで，初期値と終値が違う

3-2-3 演習問題

問1　関数fの実行結果　CHECK ▶ □□□

関数fが次のとおり定義されているとき，f（775, 527）の値は幾らか。ここで，x mod y は x を y で割った余りを返す。

```
○整数型: f(整数型:x, 整数型:y)
  if (y = 0)
    return x
  else
    return f(y, x mod y)
```

ア　0　　イ　31　　ウ　248　　エ　527

問2　印字される数字の順番　CHECK ▶ □□□

再帰的に定義された手続 proc で，proc（5）を実行したとき，印字される数字を順番に並べたものはどれか。

〔プログラム〕

```
○手続: proc(n)
  if (n＝0)
    return
  else
    nを印字する
    proc(n－1)
    nを印字する
  return
  endif
```

ア　543212345　　イ　5432112345　　ウ　54321012345　　エ　543210012345

問3 アルゴリズムの実行回数 CHECK ▶ □□□

$0 \leqq x \leqq 1$の範囲で単調に増加する連続関数$f(x)$が$f(0) \leqq 0 \leqq f(1)$を満たすときに，区間内で$f(x) = 0$であるxの値を近似的に求めるアルゴリズムにおいて，(2)は何回実行されるか。

〔アルゴリズム〕

(1) $x_0 \leftarrow 0$，$x_1 \leftarrow 1$とする。

(2) $x \leftarrow \dfrac{x_0 + x_1}{2}$とする。

(3) $x_1 - x < 0.001$ならばxの値を近似値として終了する。

(4) $f(x) \geqq 0$ならば$x_1 \leftarrow x$として，そうでなければ$x_0 \leftarrow x$とする。

(5) (2)に戻る。

ア　10　　イ　20　　ウ　100　　エ　1,000

演習問題の解説

問1　（平成29年春 基本情報技術者試験 午前 問6改）《解答》イ

自分自身を呼び出す再帰関数のトレース問題です。順に値を設定して計算していきます。

1. f（775, 527）

最初の呼出しで，x = 775，y = 527となります。y = 0ではないので，else句を実行します。775 ÷ 527 = 1 … 248なので，余り248を設定してf（527, 248）を呼び出します。

2. f（527, 248）

2回目の呼出しで，x = 527, y = 248となります。y = 0ではないので，else句を実行します。527 ÷ 248 = 2 … 31なので，余り31を設定してf（248, 31）を呼び出します。

3. f（248, 31）

3回目の呼出しで，x = 248，y = 31となります。y = 0ではないので，else句を実行します。248 ÷ 31 = 8 … 0なので，余り0を設定してf（31, 0）を呼び出します。

4. f（31, 0）

4回目の呼出しで，x = 31，y = 0となります。y = 0となったので，return xでxの値31を返却して終了します。

したがって，値は31となるので**イ**が正解です。なお，この計算は，最大公約数を求めるアルゴリズムとなっています。

問2　（平成25年秋 応用情報技術者試験 午前 問8改）《解答》イ

再帰的に定義された手続procで，proc(5)を実行したとき，印字される数字を順番に並べます。順番に実行すると，次のようになります。

1. proc(5)

n = 5で，0ではないので，次の3行を実行します。

　5を印字する
　proc(4)を呼び出す
　5を印字する

最初の5の印字のあとproc(4)を呼び出すので，2回目の5の印字は手続proc(4)から戻ってきてからになります。

3

2. proc(4)

n = 4で，0ではないので，次の3行を実行します。

4を印字する

proc(3)を呼び出す

4を印字する

最初の4の印字のあとproc(3)を呼び出すので，2回目の4の印字は手続proc(3)から戻ってきてからになります。

3. proc(3)

n = 3で，0ではないので，次の3行を実行します。

3を印字する

proc(2)を呼び出す

3を印字する

最初の3の印字のあとproc(2)を呼び出すので，2回目の3の印字は手続proc(2)から戻ってきてからになります。

4. proc(2)

n = 2で，0ではないので，次の3行を実行します。

2を印字する

proc(1)を呼び出す

2を印字する

最初の2の印字のあとproc(1)を呼び出すので，2回目の2の印字は手続proc(1)から戻ってきてからになります。

5. proc(1)

n = 1で，0ではないので，次の3行を実行します。

1を印字する

proc(0)を呼び出す

1を印字する

最初の1の印字のあとproc(0)を呼び出すので，2回目の1の印字は手続proc(0)から戻ってきてからになります。

6. proc(0)

n = 0なので，戻ります。何も印字しません。

1～5と順に行うことで，54321と印字されます。この後，逆順で5～1に戻りながら印字を行い，12345を印字します。最終結果は**5432112345**となり，**イ**が正解です。

※この問題は，令和3年度1月期 午前免除試験の問9と同じです。

問3　(平成28年秋 応用情報技術者試験 午前 問2)《解答》**ア**

例えば，$f(0.25)=0$になる単調増加の連続関数を仮定し，〔アルゴリズム〕に沿って実際に値をx，x_0，x_1に設定していくと，次のようになります。

(1) $x_0=0$，$x_1=1$

(2) $x=\dfrac{0+1}{2}=0.5$

(3) $x_1-x=1-0.5=0.5\geqq 0.001$なので終了せず

(4) $f(x)$は単調増加関数であるため，$0=f(0.25)<f(0.5)$で$f(0.5)\geqq 0$。したがって，$x_1=0.5$

(2) $x=\dfrac{0+0.5}{2}=0.25$

(3) $x_1-x=0.5-0.25=0.25\geqq 0.001$なので終了せず

計算を続けていくと，(2)でのxの値の変化は，1/2ずつになるので，0.5，0.25，0.125…と，少しずつ小さくなります。つまり，x_1-xの値は，何回か繰り返していくと必ず0.001より小さくなります。

分数で表すと，1回目で1/2（$=1/2^1$），2回目で1/4（$=1/2^2$），3回目で1/8（$=1/2^3$）……というかたちです。このとき，繰返しの回数(1回，2回，3回)と，分母の2の累乗の数値(1乗，2乗，3乗)の値が一致していることに気づくことがポイントです。

$0.001=1/1000>1/1024=1/2^{10}$なので，10回繰返しを実行すれば，0.001より値が小さくなります。つまり，〔アルゴリズム〕の繰返しを10回実行すれば，x_1-xは0.001より必ず小さくなります。したがって，(2)の実行回数は最大10回となり，**ア**が正解です。

※この問題は，令和2年度7月期 午前免除試験 問4と同じです。

3-3 プログラムのテスト

プログラムは，テストを行うことで不具合を発見し，品質を上げることができます。適切な手法でデバッグを行うことで，効率的に不具合を検出し，修正することが可能です。

3-3-1 プログラムのテスト

プログラムのテスト手法には，ブラックボックステストとホワイトボックステストがあります。きちんと網羅したテストを行うことで，不具合を効率的に発見できます。

テストの手法

テストの手法は，**ホワイトボックステスト**と**ブラックボックステスト**の2種類に大別されます。ホワイトボックステストは，プログラムの構造を理解した上で行うテストで，ブラックボックステストは，外部から見て仕様書どおりの機能をもつかどうかをテストするものです。

それぞれの代表的なテスト設計手法は，次のとおりです。

1. ホワイトボックステスト

①制御パステスト

プログラム中のコードがすべて実行されるようにテストデータを与えるテストです。最も代表的なホワイトボックスのテスト設計手法で，どの程度のソースコードが網羅されたかをカバレッジ(網羅率)で示します。テストする経路によって，次のような様々な網羅方法があります。

・命令網羅

すべての命令を最低1回は実行するように設計します。

・**判定条件網羅**(**分岐網羅**)

すべての分岐で，その分岐経路のすべてを1回は実行するように設計します。

・**条件網羅**

すべての条件で，その可能な結果のすべてを1回は実行するように設計します。

・判定条件・条件網羅

判定条件網羅と条件網羅の両方を満たすように設計します。

・複数条件網羅

すべての条件判定の組合せを網羅するように設計します。テストケースの数は最も多くなります。

条件網羅と判定条件網羅の違いは，例えば，

```
if ( a > 0 and b > 0 )
```

という条件があったとき，andで合わせた全体が真か偽かを考えるのが判定条件網羅，それぞれの条件，つまり「a > 0」や「b > 0」について真偽を考えるのが条件網羅です。

②データフロー・パステスト

制御部分ではなく使用されるデータに焦点を当てて行うテストです。プログラムで扱うデータや変数について，定義→生成→使用→消滅の各ステップが正しく順番どおりに行われているかを調べます。

2. ブラックボックステスト

①同値分割

入力値と出力値を，システムとして動作が同じと見なせる値の範囲(**同値クラス**)に分類し，各同値クラスを代表する値に対してテストを行う方法です。

②限界値分析

同値クラスの両端の値(境界値)をテストする方法です。エラーは分岐の境界で起こりやすいので，そこを重点的にテストします。

③決定表(デシジョンテーブル)

考慮すべき条件と，その条件に対する結果のマトリックスを作成する方法です。主に，テスト項目を作成するために用いられます。

④原因・結果グラフ

入力と出力の関係を表す図や表を作成しテストを行う方法です。

ソフトウェアユニットのテスト

ソフトウェアユニットのテストは，ソフトウェアの設計で定義したテスト仕様に従って行い，要求事項を満たしているかどうかを確認します。モジュール（関数や手続など）単体でのテストになるので，ほかのモジュールと関連する部分に次のような仮のモジュールを用意します。

①ドライバ

テストするモジュールの**上位モジュール**が未完成の場合，つまり，そのモジュールを呼び出すモジュールが未完成の場合の仮のモジュールのことを**ドライバ**と呼びます。

②スタブ

テストするモジュールの**下位モジュール**が未完成の場合，つまり，そのモジュールから呼び出すモジュールが未完成の場合のモジュールのことを**スタブ**と呼びます。

テストの手法をプログラミング問題で活用

テストの手法は，プログラムを実際にテストするときだけでなく，プログラミング問題を解くときにも活用できます。

例えば，プログラムでミスが起こりやすいのは初期値，終値なども含めた境界値の周りなので，値を入れて限界値分析を行うことで，初期値や終値を正確に設定できます。このとき，同値クラスも考えると，1つ1つすべてを試すのではなく，同値クラスは1つだけ試せばいい，と労力を減らすことができます。

判定条件網羅でif文の条件を両方試すことで，条件式に設定すべき内容を把握することも可能です。

実際のプログラミングは，分野ごとに区切られているのではなく，総合的な実力が大事です。「別の分野の知識だから」と，他分野の学習をおろそかにせず，上手く活用していきましょう。

POINT!

- 分岐網羅は分岐全体の条件，条件網羅は1つ1つの条件を網羅
- 限界値分析で，同値クラスの両端をテストする

3-3-2 デバッグと修正方法の検討

プログラムのデバッグは，実際の値を入れてみて実行します。想定の値との違いを確認し，どのように修正すればいいのかを考えていきます。

デバッグの例

それでは，実際に不具合があるプログラムを例に，デバッグを行っていきましょう。

Fizz Buzzという言葉遊びがあります。2人以上のプレーヤーが1から順番に数字を発言していきます。しかし，3で割り切れる場合には「Fizz」を発言し，5で割り切れる場合には「Buzz」，3と5で割り切れる場合には「Fizz Buzz」を発言します。例えば，2人のプレーヤーA，Bが交互に発言すると，次のような流れになります。

・Fizz Buzzの正しい発言の例

```
A：1
B：2
A：Fizz
B：4
A：Buzz
B：Fizz
A：7
B：8
A：Fizz
B：Buzz
A：11
B：Fizz
A：13
B：14
A：Fizz Buzz
```

この処理を実行するために，発言する内容を返す関数fizzBuzzを作成します。ここで，配列の要素番号は1から始まります。modは，割り算の余りを求める演算です。

【例】関数fizzBuzz

```
○文字列型: fizzBuzz(整数型: num)
  文字列型: result
  if (num mod 3 が 0)
    result ← "Fizz"
  elseif (num mod 5 が 0)
    result ← "Buzz"
  elseif (num mod 15 が 0)
    result ← "Fizz Buzz"
  else
    result ← num を文字列に変換した値
  endif
  return result
```

また，プログラムのテスト用に，関数fizzBuzzに値を設定して呼び出す手続fizzBuzzTestを，次のように用意します。

【例】手続fizzBuzzTest

```
○fizzBuzzTest()
  fizzBuzz(1)    # 3でも5でも割り切れない値
  fizzBuzz(3)    # 3で割り切れて5で割り切れない値
  fizzBuzz(5)    # 3で割り切れないで5で割り切れる値
  fizzBuzz(15)   # 3でも5でも割り切れる値
```

この手続fizzBuzzTestは**ドライバ**で，すべての値ではなく，4つの同値クラスについてテストします。

手続fizzBuzzTestを実行し，関数fizzBuzzの実行結果を確認すると，次のようになります。

関数fizzBuzzの実行結果

```
1
Fizz
Buzz
Fizz
```

3番目までは正しい発言の例と同じですが，4番目の15を引数に渡したときの値が，「Fizz Buzz」となるべきところが「Fizz」となってしまっています。これは**バグ**（プログラムの誤りや欠陥）だと考えられるので，デバッグを行います。

修正内容の確認

関数fizzBuzzの条件分岐のif文だけ抽出すると，次のようになっています。

【例】関数fizzBuzzのif文

```
if (num mod 3 が 0)
  result ← "Fizz"
elseif (num mod 5 が 0)
  result ← "Buzz"
elseif (num mod 15 が 0)
  result ← "Fizz Buzz"
else
  result ← num を文字列に変換した値
endif
```

引数numの値が15のときには，else if句の「num mod 15 が 0」の条件式に当てはまり「Fizz Buzz」が出力される，というのが本来の姿です。実際，numが15の場合には，「num mod 15 が 0」の条件式に当てはまるはずです。

しかし，if文の条件は**上から順番にチェック**されます。**条件に当てはまったときには，以降の条件式は評価されず，対応する処理も実行しないのです。**

15は3でも割り切れるので，最初のif文の条件式「num mod 3 が 0」も満たします。そのため，elseif以下は評価されず，実行されません。

このような場合には，**if文での評価の順序を変更**し，確実に15で割り切れるときを評価する必要があります。関数fizzBuzzの条件分岐のif文を修正すると，次のようになります。

【例】関数fizzBuzzのif文（修正後）

```
if (num mod 15 が 0)
  result ← "Fizz Buzz"
elseif (num mod 3 が 0)
  result ← "Fizz"
elseif (num mod 5 が 0)
  result ← "Buzz"
else
  result ← num を文字列に変換した値
endif
```

このように，プログラムの流れを考え，確実に不具合を修正することが大切です。

POINT!

- プログラムに実際の値を入れて，結果を評価する
- if文では，最初の条件式に当てはまると，以降は評価されない

3-3-3 演習問題

問1　仕様書どおりか確認するテスト　CHECK ▶ □□□

モジュールの内部構造を考慮することなく，仕様書どおりに機能するかどうかをテストする手法はどれか。

ア　トップダウンテスト　　　イ　ブラックボックステスト
ウ　ボトムアップテスト　　　エ　ホワイトボックステスト

問2　分岐網羅と条件網羅を満たすテストデータ　CHECK ▶ □□□

プログラムにおいて，分岐網羅を満たし，かつ，条件網羅を満たすテストデータの組はどれか。

〔プログラム〕

```
○整数型: x, y  /* 入力するテストデータの値を設定 */
 整数型: a, b
 a ← 0
 b ← 0
 if (x ≧ 1 or y = 1)
   a ← 1
 endif
 if (y > 1)
   b ← 1
 endif
```

	x	y
ア	2	2
	1	2
イ	1	2
	0	0
ウ	1	2
	1	1
	0	1
エ	1	2
	0	1
	0	2

問3 スタブとドライバの機能 CHECK ▶ □□□

テストで使用されるスタブ又はドライバの説明のうち，適切なものはどれか。

ア　スタブは，テスト対象のモジュールからの戻り値を表示・印刷する。
イ　スタブは，テスト対象モジュールを呼び出すモジュールである。
ウ　ドライバは，テスト対象モジュールから呼び出されるモジュールである。
エ　ドライバは，引数を渡してテスト対象モジュールを呼び出す。

演習問題の解説

問1　（基本情報技術者試験（科目A試験）サンプル問題セット 問40）**《解答》イ**

テストの手法のうち，モジュールの内部構造を考慮することなく，外部から見て仕様書どおりの機能をもつかどうかをテストする手法は，ブラックボックステストといいます。したがって，**イ**が正解です。

ア　トップダウンで，最初に全体をテストしてから徐々に詳細化して行うテストです。

ウ　ボトムアップで，最初にモジュール1つ1つをテストしてから順に結合して行うテストです。

エ　モジュールの内部構造を考慮して行うテストです。

問2　（平成29年春 応用情報技術者試験 午前 問48改）**《解答》エ**

問題文のプログラムで分岐網羅を満たすには，2つのif文それぞれにおいて，true，falseの両方の条件を網羅する必要があります。また，条件網羅を満たすには，$x \geqq 1$ or $y = 1$という2つの条件それぞれ，つまり，$x \geqq 1$，$y = 1$の両方において，条件を満たす場合と満たさない場合を網羅する必要があります。

選択肢の中では，エのテストデータでは，$x = 1$，$y = 2$で両方の分岐条件でtrue，$x = 0$，$y = 1$で1つめがtrue，2つめがfalse，$x = 0$，$y = 2$で1つめがfalse，2つめがtrueとなるので，分岐網羅を満たします。また，$x \geqq 1$の条件は，$x = 1$が満たして$x = 0$が満たさないことで網羅でき，$y = 1$の条件は，$y = 1$が満たして$y = 2$が満たさないことで網羅でき，$y > 1$は，$y = 2$が満たして$y = 1$が満たさないことで網羅できます。したがって，条件網羅も満たしているので，**エ**が正解です。

ア　分岐網羅と条件網羅の要件を満たしていません。

イ　条件網羅の要件を満たしていません。

ウ　分岐網羅の要件を満たしていません。

※この問題は，令和3年度1月期 午前免除試験 問47と同じです。

問3　(平成29年秋 応用情報技術者試験 午前 問47) **《解答》エ**

スタブは，テスト対象モジュールから呼び出されるモジュールで，ドライバは，テスト対象モジュールに引数を渡して呼び出すモジュールです。したがって，**エ**が正解です。

ア　戻り値を表示・印刷するのは，ドライバの役目です。

イ　ドライバの説明です。

ウ　スタブの説明です。

3-4 問題演習

ここでは，第3章までで学んだ範囲について，科目B問題を解いてみましょう。実際に解いてみることで，理解が深まります。

3-4-1 問題

問1

次のプログラム中の [a] ～ [c] に入れる正しい答えの組合せを，解答群の中から選べ。

関数fizzBuzzは，引数で与えられた値が，3で割り切れて5で割り切れない場合は“3で割り切れる”を，5で割り切れて3で割り切れない場合は“5で割り切れる”を，3と5で割り切れる場合は“3と5で割り切れる”を返す。それ以外の場合は“3でも5でも割り切れない”を返す。

〔プログラム〕

```
○文字列型: fizzBuzz(整数型: num)
  文字列型: result
  if (num が [ a ] で割り切れる)
    result ← "[ a ] で割り切れる"
  elseif (num が [ b ] で割り切れる)
    result ← "[ b ] で割り切れる"
  elseif (num が [ c ] で割り切れる)
    result ← "[ c ] で割り切れる"
  else
    result ← "3でも5でも割り切れない"
  endif
  return result
```

解答群

	a	b	c
ア	3	3と5	5
イ	3	5	3と5
ウ	3と5	3	5
エ	5	3	3と5
オ	5	3と5	3

（基本情報技術者試験（科目B試験）サンプル問題セット 問2）

問2

次のプログラム中の [a] ～ [c] に入れる正しい答えの組合せを，解答群の中から選べ。

関数gcdは，引数で与えられた二つの正の整数num1とnum2の最大公約数を，次の(1)～(3)の性質を利用して求める。

(1) num1とnum2が等しいとき，num1とnum2の最大公約数はnum1である。

(2) num1がnum2より大きいとき，num1とnum2の最大公約数は，(num1 − num2)とnum2の最大公約数と等しい。

(3) num2がnum1より大きいとき，num1とnum2の最大公約数は，(num2 − num1)とnum1の最大公約数と等しい。

〔プログラム〕

```
○整数型: gcd(整数型: num1, 整数型: num2)
  整数型: x ← num1
  整数型: y ← num2
  [ a ]
  if ([ b ])
    x ← x − y
  else
    y ← y − x
  endif
  [ c ]
  return x
```

解答群

	a	b	c
ア	if (x ≠ y)	x < y	endif
イ	if (x ≠ y)	x > y	endif
ウ	while (x ≠ y)	x < y	endwhile
エ	while (x ≠ y)	x > y	endwhile

(基本情報技術者試験（科目B試験）サンプル問題セット 問4)

問3

次のプログラム中の［　　　　］に入れる正しい答えを，解答群の中から選べ。

関数revは8ビット型の引数byteを受け取り，ビットの並びを逆にした値を返す。例えば，関数revをrev(01001011)として呼び出すと，戻り値は11010010となる。なお，演算子∧はビット単位の論理積，演算子∨はビット単位の論理和，演算子>>は論理右シフト，演算子<<は論理左シフトを表す。例えば，value >> nはvalueの値をnビットだけ右に論理シフトし，value << nはvalueの値をnビットだけ左に論理シフトする。

〔プログラム〕

```
○8ビット型: rev(8 ビット型: byte)
  8ビット型: rbyte ← byte
  8ビット型: r ← 00000000
  整数型: i
  for (iを1から8まで1ずつ増やす)
    ［　　　　］
  endfor
  return r
```

解答群

ア　r ← (r << 1) ∨ (rbyte ∧ 00000001)
　　rbyte ← rbyte >> 1

イ　r ← (r << 7) ∨ (rbyte ∧ 00000001)
　　rbyte ← rbyte >> 7

ウ　r ← (rbyte << 1) ∨ (rbyte >> 7)
　　rbyte ← r

エ　r ← (rbyte >> 1) ∨ (rbyte << 7)
　　rbyte ← r

（基本情報技術者試験（科目B試験）サンプル問題セット 問6）

3-4-2 解答と解説

問1 関数fizzBuzz 《解答》**ウ**

関数fizzBuzzのif文の条件を順に考えていきます。
問題文の条件を順に整理すると，次の4つとなります。

1. 3で割り切れて5で割り切れない場合は，“3で割り切れる”を返す。
2. 5で割り切れて3で割り切れない場合は，“5で割り切れる”を返す。
3. 3と5で割り切れる場合は，“3と5で割り切れる”を返す。
4. それ以外の場合は，“3でも5でも割り切れない”を返す。

これらの条件のうち，3番目の3と5で割り切れる場合を最初のif文で判定して取り除くと，elseif文以下には，3と5の両方で割り切れる数はたどり着きません。そのため，1番目の条件は3で割り切れるかどうかを判定するだけで，3で割り切れて5で割り切れない数となります。同様に，2番目の条件は5で割り切れるかどうかを判定するだけで，5で割り切れて3で割り切れない数となります。

まとめると，最初のif文の空欄aで，**3と5**で割り切れるかどうかを判定し，その後のelseif文の空欄bで**3**，空欄cで**5**で割り切れるかどうかを判定することで，4つのパターンを正確に場合分けすることができます。

したがって，組合せの正しい**ウ**が正解です。

問2 最大公約数を求める関数gcd 《解答》**エ**

最大公約数を求める関数gcdで，プログラム中の空欄に当てはまる内容を考えます。それぞれの空欄について考えると，次のようになります。

空欄a，c

関数全体の処理が，選択処理（if文）か繰返し処理（while文）かについて考えます。関数gcdで利用する(1) ～ (3)の性質について，num1，num2をプログラムのとおりそれぞれx←num1，y←num2とした後で条件分けすると，次のようになります。

(1) x＝yのとき，最大公約数はx
(2) x＞yのときの最大公約数は，(x－y)とyの最大公約数
(3) x＜yのときの最大公約数は，(y－x)とxの最大公約数

つまり，最大公約数の値が求まるのは(1)の$x = y$のときだけで，$x \neq y$となる(2)と(3)はxとyの値を変えて最大公約数を求める処理を繰り返す必要があります。そのため，空欄aを**while(x≠y)**，空欄cを**endwhile**として，繰返し処理を実行します。

空欄b

繰返し処理の中での条件式(if文)の条件を考えます。先ほど考えた(2)と(3)の条件の分岐だと考えられます。条件に当てはまったときには，「$x \leftarrow x - y$」としているので，(2)の$(x - y)$とyの最大公約数を求めるための処理を行っていると考えられます。(2)は$x > y$のときなので，**x>y**が空欄bの答えとなります。

したがって，組合せの正しい**エ**が正解です。

問3 ビットの並びを逆にする関数rev 《解答》ア

関数revは8ビット型の引数byteを受け取り，ビットの並びを逆にした値を返します。〔プログラム〕の最終行で「`return r`」となっているので，ビットの並びを逆にした値は，変数rに格納されると考えられます。

〔プログラム〕を順に見ていくと，2行目で「`8ビット型: rbyte ← byte`」と変数rbyteに関数の引数byteの値を代入しています。3行目で「`r ← 00000000`」としているので，変数rの初期値はすべてのビットが0となっています。

順に値を設定するのは，空欄の前後のfor文だと考えられます。for文の制御記述(`iを1から8まで1ずつ増やす`)より，for文は8回繰り返されることが分かります。これは，1ビットずつ8回，値を設定すると考えられます。

`(rbyte ∧ 00000001)`とすると，ビットごとの論理積を計算して，変数rbyteの1番右の値だけを取り出すことができます。取り出した値を，変数rに1ビットずつ設定します。

このとき，`(r << 1)`と，変数rの値を1ビットずつ左にずらしていくことによって，一番右のビットの値が順に，一番左のビットに移動します。

rbyteの値は，「`rbyte ← rbyte >> 1`」とすることで，1ビットずつ右にずらしていくことができ，右のビットから順に，`(rbyte ∧ 00000001)`の演算で取り出すことができます。

まとめると，「**`r ← (r << 1) ∨ (rbyte ∧ 00000001)`**」として取り出した1ビットをrに設定した後に，「**`rbyte ← rbyte >> 1`**」で1ビットずつ右にずらすと，ビットの並びを逆順にした値を変数rに格納して返すことができます。したがって，**ア**が正解です。

第4章

データ構造とアルゴリズム

プログラミングを行うときに，プログラミング言語にかかわらず大切な考え方にデータ構造とアルゴリズムがあります。データ構造はデータを利用するための型で，アルゴリズムは処理の流れを記述したものです。アルゴリズムについての知識を身につけることは，プログラミングのスキルアップにとても役立ちます。

注意！
本章の擬似言語のプログラムは，実際にプログラミング言語で動かすことを想定しているため，要素番号を0から始めています。

4-1 データ構造

データ構造は，データをコンピュータ上で保持するときの形式です。配列，スタック，キュー，リストなどの様々なデータ構造があります。擬似言語では，クラスや配列，参照を使ってデータ構造を表現します。

4-1-1 データ構造とは

データ構造は，アルゴリズムと合わせて，様々なプログラムを実現するために使用します。いろいろなデータ構造を知ることで，できることの幅が広がります。

データ構造

データ構造とアルゴリズムは，プログラムに欠かせない要素です。適切なデータ構造を選んでアルゴリズムを記述することで，様々なプログラムを作成できます。

データ構造は，プログラムの各所で何度も使われるため，いったん決めると変更するのが容易ではありません。また，データ構造の選び方によって，処理速度が変わったり，変更のしやすさが変わったりするので，影響が大きい部分でもあります。そのため，「データ構造の選び方」がプログラマの腕の見せ所になります。

データ構造の種類

代表的なデータ構造には，配列，スタック，キュー，リスト，ハッシュ，グラフ，木があります。それぞれのデータ構造の特徴は次のとおりです。

①配列

変数を複数個連続させたものです。多くのデータを一度に管理することができます。文字型を連続させて文字配列とすることで，文字列を表現できます。同じデータ型のデータをあらかじめ決めた数しか収納できない**静的配列**が基本です。

異なる型のデータを収納することや，データの数に応じて可変長の配列とすることが可能な**動的配列**を使う場合もあります。

②スタック

スタックとは，**後入れ先出し**（**LIFO**：Last In First Out）のデータ構造です。データを取り出すときには，最後に入れたデータが取り出されます。スタックにデータを入れる操作を**push操作**，データを取り出す操作を**pop操作**と呼びます。

●スタック

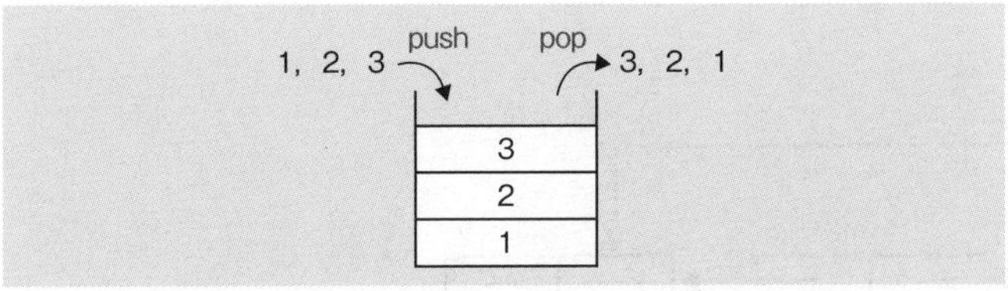

③キュー（待ち行列）

キュー（**待ち行列**）は，**先入れ先出し**（**FIFO**：First In First Out）のデータ構造です。データを取り出すときには，最初に入れたデータが取り出されます。キューにデータを入れる操作を**enqueue《エンキュー》操作**，データを取り出す操作を**dequeue《デキュー》操作**と呼びます。キューは，プリンタの出力やタスク管理など，順番どおりに処理する必要がある場合に用いられます。データに優先度を付け，優先度を考慮して順番を決定する**優先度付きキュー**もよく用いられます。

●キュー

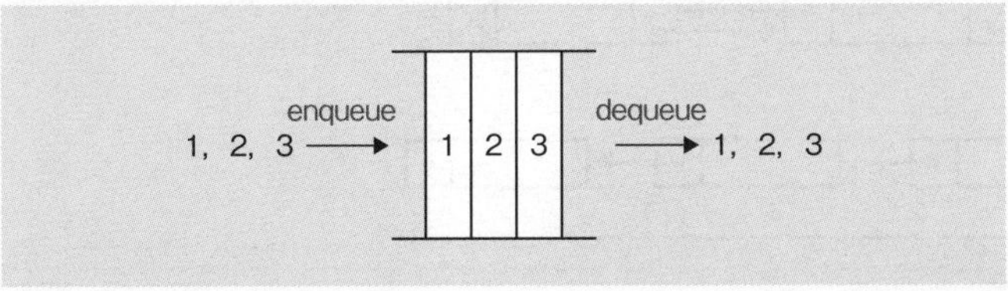

④リスト

リストは，**線形リスト**ともいい，順序づけられたデータの並びです。データ構造としては，データそのものを格納する**データ部**

と，データの順番を管理するために参照する**ポインタ部**を合わせて管理します。ポインタとは，データがある位置を参照するためのもので，次のデータや前のデータへの情報を格納します。

データの先頭を指し示すために，**先頭ポインタ**を使用し，管理します。また，先頭ポインタだけでなく，**末尾ポインタ**を用いて，最後方のデータに簡単にたどりつけるようにすることもあります。

●データ部とポインタ部

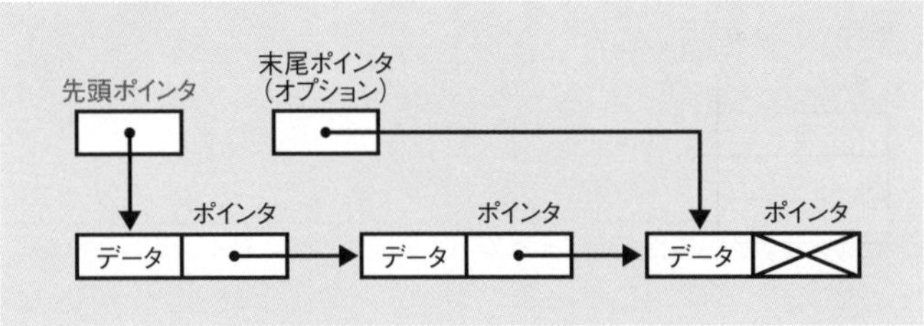

リストには，次のデータへのポインタのみをもつ**単方向リスト**と，前へのポインタと次へのポインタをもつ**双方向リスト**があります。また，最後尾のデータから先頭に戻って環状につなげる**環状リスト**などもあります。

●リストの種類

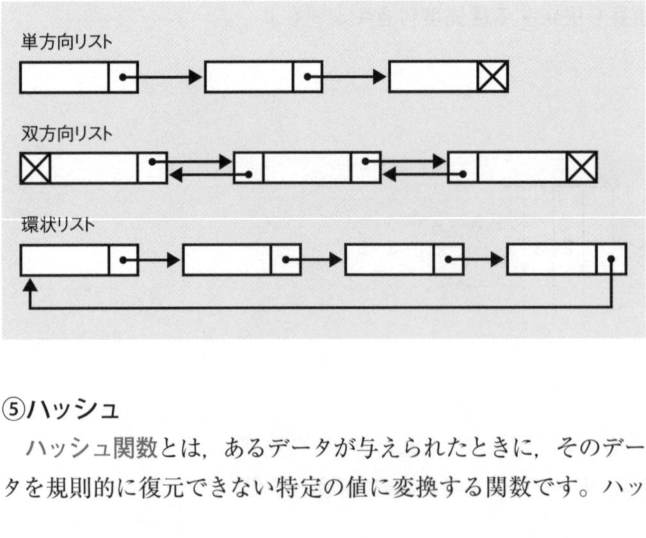

⑤ハッシュ

ハッシュ関数とは，あるデータが与えられたときに，そのデータを規則的に復元できない特定の値に変換する関数です。ハッ

シュ関数 $y = h(x)$ があった場合，$x \rightarrow y$ には変換できても，$y \rightarrow x$ には復元できない演算で，一方向性の関数となります。ハッシュ関数の典型例には，割り算の余りを求める関数 $h(x) = x \bmod n$ などがあります。

ハッシュ関数で求められた値のことを**ハッシュ値**または単に**ハッシュ**といいます。

⑥グラフ

グラフとは，**ノード**（節点）と**エッジ**（枝，辺）から構成されるデータ構造です。ノードとノードの間をエッジでつなぎます。

●グラフ

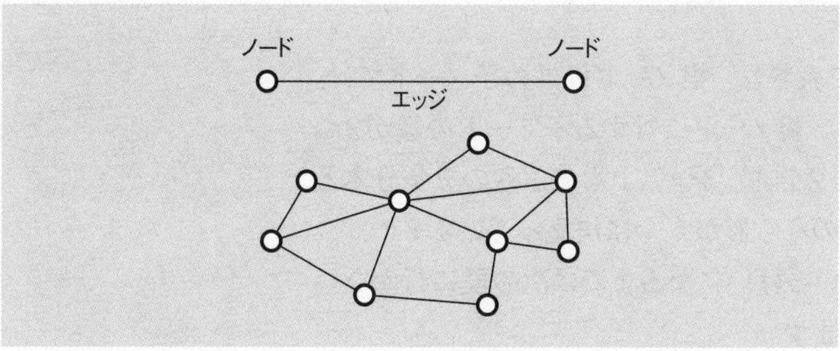

グラフには，方向性のある**有向グラフ**と，方向性のない**無向グラフ**の2種類があります。A→Bには行けるがB→Aには行けないことがあるという場合は有向グラフ，どちらからも行けるという場合には無向グラフを用います。

●有向グラフと無向グラフ

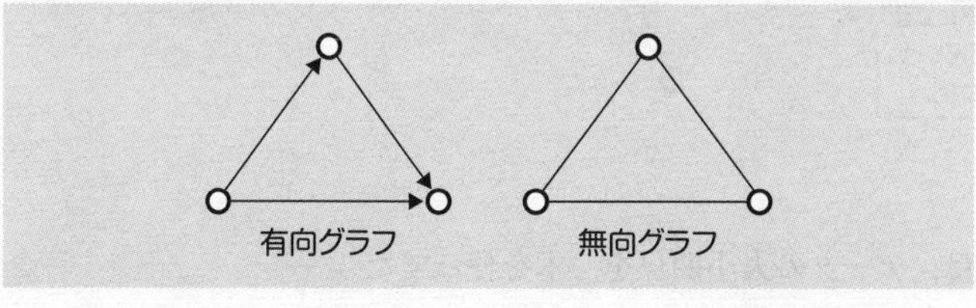

そして，グラフの種類の1つに，**木**という概念があります。

⑦木

木（木構造）とは，グラフの中での木の構造をしたデータ構造です。木は，**閉路（ループ）をもたないグラフ**で，頂点となる**根**（root）と，途中の**節点**（ノード：node），及び枝葉となる**葉**（leaf）をもちます。

●木

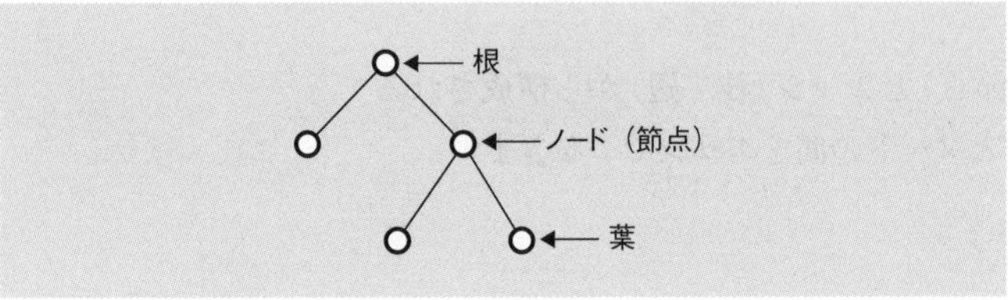

ノード間は親子関係で表され，根ノード以外の子ノードでは，親ノードは必ず1つです。親ノードに対する子ノードの数が2つまでに限定されるものを**2分木**，3つ以上もてるものを**多分木**と呼びます。また，2分木のうち形が完全に決まっているもの，つまり，1つの段が完全にいっぱいになるまでは次の段に行かないものを完全2分木といいます。

●2分木

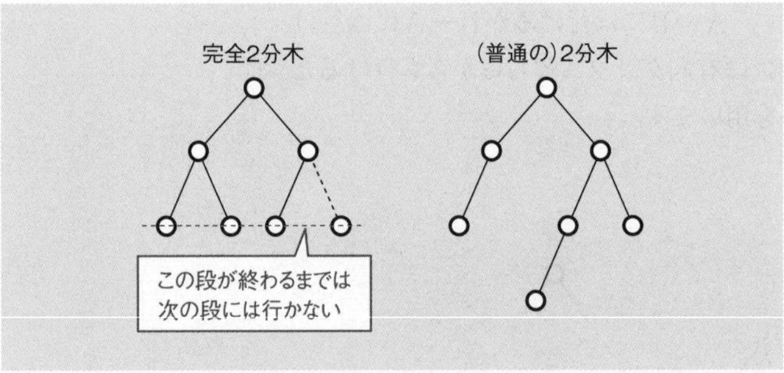

2分木の実用例としては，データの大小関係を，木を使ってたどっていく**2分探索木**や，構文や文法を表現する**構文木**などがあります。完全2分木の実用例としては，2分探索木を完全2分木に変換したAVL木や，根から葉に向けてだけデータを整列させた**ヒープ**などがあります。多分木の例としては，完全多分木

で2分探索木の多分木バージョンである**B木**などがあります。まとめると，次のように分類することができます。

●**木構造の分類**

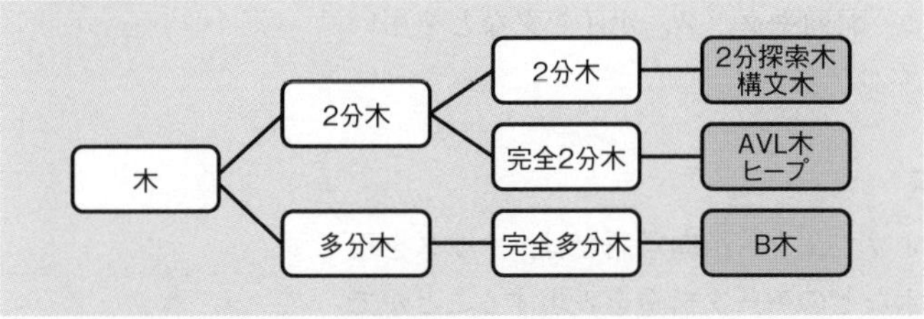

POINT!

- データ構造には，スタック，キュー，リスト，ハッシュなど様々なものがある
- グラフの中で，ループをもたないデータ構造が木

4-1-2 データ構造の表現

アルゴリズムで取り扱うデータ構造には，配列，スタック，キュー，リストなどの様々なデータ構造があります。基本情報技術者試験の擬似言語では，配列やクラス，ポインタなどを用いてデータ構造を表現します。

データ構造とクラス

JavaやPythonなどのオブジェクト指向言語では，クラスを用いてスタックやキュー，木などのデータ構造を表現することができます。擬似言語でも，データ構造を表すクラスを利用し，実行することができます。

例えば，次のようなキューを表すクラスQueueを利用して，enqueue操作やdequeue操作をメソッドとして実行することができます。

メソッド	戻り値	説明
enqueue(文字列型：s)	なし	キューに文字列sを要素として追加する
dequeue()	文字列型	キューから最初に追加された要素を1つ取り出して返す

コンストラクタ	説明
Queue()	空のキューを生成する

●図 クラスQueueの説明

関連

配列やリストなどのデータ型については，「1-2-3 基本データ型」や「1-2-4 応用データ型」で詳しく説明しています。この節では，クラスなどのデータ型を用いて，データ構造をどのように表現するのかを学びます。

プログラムでは，次のようなかたちでインスタンスを作成し，メソッドを実行します。

【例】enqueue，dequeueを用いたキューの表現

```
Queue: queue ← Queue()
queue.enqueue("A")
queue.enqueue("B")
queue.dequeue() を出力
```

実行結果

```
A
```

dequeueメソッドの戻り値では，キューの先頭の値"A"が返されます。

グラフ構造の表現

グラフ構造をプログラム上で表現する方法には，**隣接行列**と**隣接リスト**の2種類があります。

隣接行列

隣接行列とは，各ノード間のエッジの情報を行列で表現する方法です。例として，次のようなグラフ構造を考えます。

●グラフ構造の例

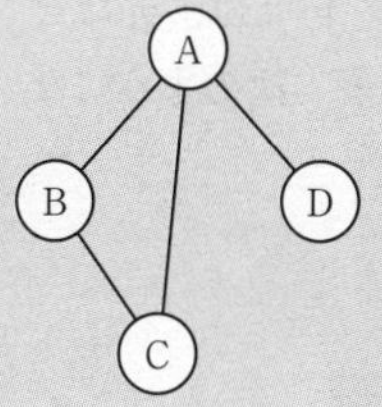

各ノード間のエッジの有無を整理すると，次のような表となります。

●各ノード間でのエッジの有無のテーブル

	A	B	C	D
A	無	有	有	有
B	有	無	有	無
C	有	有	無	無
D	有	無	無	無

※有：エッジがある　無：エッジがない

これを行列で表したものが隣接行列です。「有」（エッジがある）を「1」，「無」（エッジがない）を「0」として隣接行列を表すと，次のようになります。

●隣接行列の例

$$
\begin{array}{c|cccc}
 & A & B & C & D \\
\hline
A & 0 & 1 & 1 & 1 \\
B & 1 & 0 & 1 & 0 \\
C & 1 & 1 & 0 & 0 \\
D & 1 & 0 & 0 & 0
\end{array}
$$

この行列を，擬似言語で二次元配列を用いて，整数型の配列を入れるgraphとして表現すると，次のようになります。

【例】二次元配列での隣接行列の表現

```
graph = {{0, 1, 1, 1}, {1, 0, 1, 0},
         {1, 1, 0, 0}, {1, 0, 0, 0}}
```

隣接リスト

隣接リストとは，ノードごとにエッジの情報をまとめたものです。隣接するノードをリストとして保持します。例えば，先ほどのグラフ構造に対してエッジの情報をまとめると，次のようになります。

●ノードごとのエッジ情報のテーブル

	エッジ情報
A	→B, →C, →D
B	→A, →C
C	→A, →B
D	→A

このリストを，Aから順に配列を並べることで，文字列の配列の配列としてgraphを表現すると，次のようになります。

【例】二次元配列での隣接リストの表現

```
graph = {{"B", "C", "D"}, {"A", "C"},
         {"A", "B"},{"A"}}
```

POINT!

- 配列やクラスを用いることで，様々なデータ構造を表現できる
- グラフ構造を表現する方法には，隣接行列と隣接リストがある

4-1-3 演習問題

問1　スタック　CHECK ▶ □□□

A, C, K, S, Tの順に文字が入力される。スタックを利用して, S, T, A, C, Kという順に文字を出力するために, 最小限必要となるスタックは何個か。ここで, どのスタックにおいてもポップ操作が実行されたときには必ず文字を出力する。また, スタック間の文字の移動は行わない。

ア　1　　イ　2　　ウ　3　　エ　4

問2　グラフ　CHECK ▶ □□□

ノードとノードの間のエッジの有無を, 隣接行列を用いて表す。ある無向グラフの隣接行列が次の場合, グラフで表現したものはどれか。ここで, ノードを隣接行列の行と列に対応させて, ノード間にエッジが存在する場合は1で, エッジが存在しない場合は0で示す。

	a	b	c	d	e	f
a	0	1	0	0	0	0
b	1	0	1	1	0	0
c	0	1	0	1	1	0
d	0	1	1	0	0	0
e	0	0	1	0	0	1
f	0	0	0	0	1	0

ア

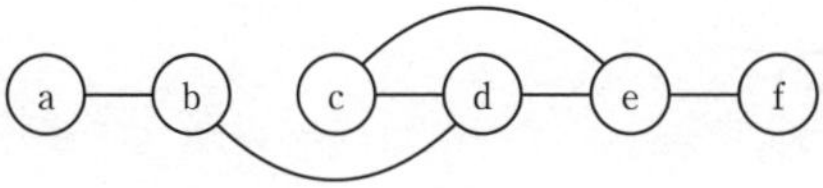

イ

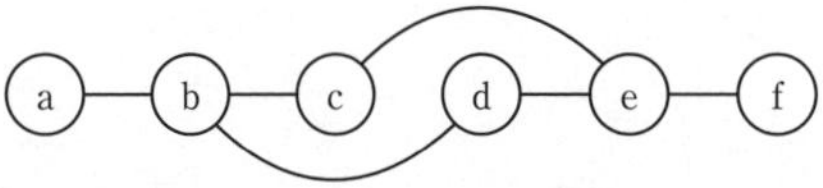

ウ

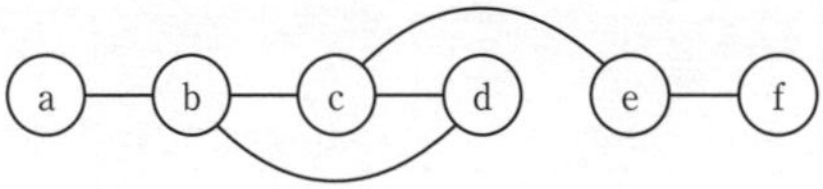

エ

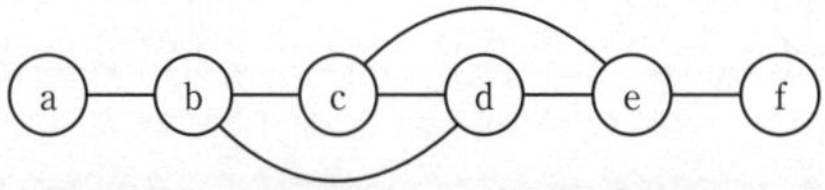

問3 2分探索木 CHECK ▶ □□□

2分探索木として適切なものはどれか。ここで，数字1～9は，各ノード(節)の値を表す。

ア

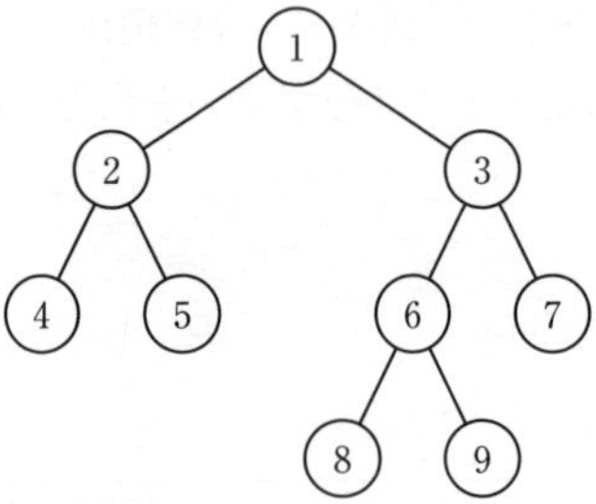

イ

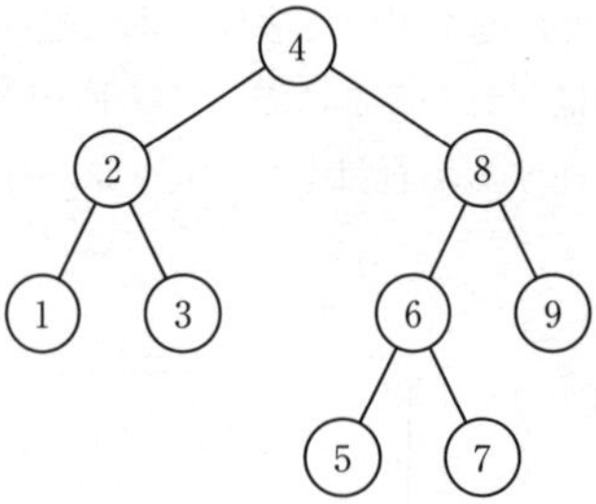

ウ

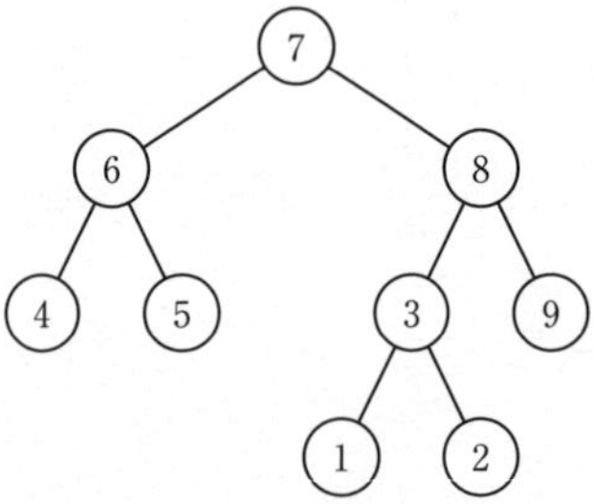

エ

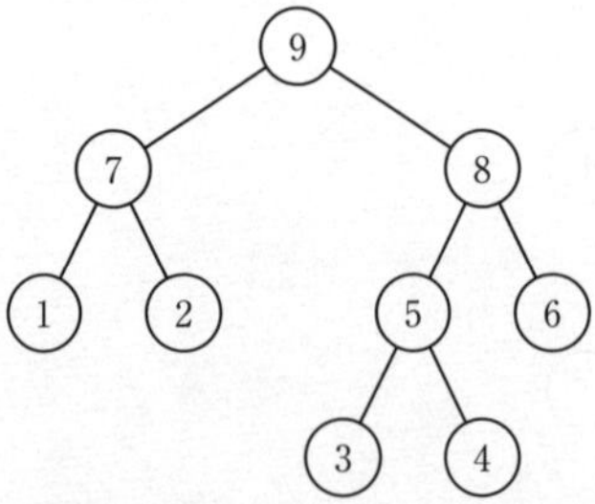

演習問題の解説

問1 （令和元年秋 基本情報技術者試験 午前 問8）《解答》ウ

A，C，K，S，Tの順に文字が入力されたときに，スタックを利用してS，T，A，C，Kという順に文字を出力するときを考えます。

まずスタックが1つだけのときには，最初のSを出力するために，

A，C，K，S

と順にスタックに入れる必要があります。このとき，Sを出力した後にTを入力，出力するところまでは可能ですが，3文字目のAを出力するときのスタックの状態は，

A，C，K

となっており，最後のKを先に出力せずにAを出力することができません。

スタックが2つのときは，Aを出力可能とするために，C，Kとスタックを分けて，

A C，K

といったかたちで2つのスタックに入力できます。このとき，S，Tは入力してすぐに出力するので，どちらのスタックに入れても構いません。しかし，3番目にAを取り出した後，残っているスタックの状態が，

(空) C，K

となっており，最後のKを先に出力せずにCを出力することができません。ポップ操作の後にもう1つのスタックに値を入れることが可能なら2つでも大丈夫ですが，「スタック間の文字の移動は行わない」とあるので不可能です。

スタックが3つのときには，3つのスタックに，

A C K

といったかたちで別々に値を格納できるので，S，Tと入力してすぐ取り出した後に，A，C，Kの順に取り出すことが可能です。したがって，**ウ**の3が正解となります。

4

問2 （令和元年秋 基本情報技術者試験 午前 問3）《解答》ウ

ノードとノードの間のエッジの有無を表す隣接行列で，1（ノード間にエッジが存在する）となっている組合せは次の6つです。

a－b（b－a），b－c（c－b），b－d（d－b），c－d（d－c），c－e（e－c），e－f（f－e）

このとき，無向グラフなので，a－bとb－aは両方とも同じ値で，対角線を挟んで対称の値となっています。他の組合せも同様です。

グラフでは，これらの6つのエッジに線を引くので，a－b－c－dとe－f，b－dとc－eに線を記入した**ウ**が正解です。

問3 （平成31年春 基本情報技術者試験 午前 問5）《解答》イ

2分探索木は，データを探索するための木です。根や節となるデータの左側にはそのデータよりも小さい値，右側にはそのデータよりも大きい値が格納されます。そのため，根には左部分木のすべての値よりも大きい値，右部分木のすべての値よりも小さい値が入る必要があります。

イの2分木では，根の4より左側は1～3で，右側は5～9なので条件を満たしています。それぞれの部分木でも，左部分木＜節＜右部分木の条件を満たしているので，2分探索木であるといえます。したがって，**イ**が正解です。

ア　幅優先順で，根から順に値を入れた2分木です（幅優先探索については，「4-3-2 グラフのアルゴリズム」を参照）。

ウ，エ　部分木によって順番が異なり，不特定なかたちの2分木です。

4-2 基本アルゴリズム

コンピュータで様々な問題を処理するためには，いろいろなアルゴリズムを用います。アルゴリズムを学習すると，プログラムを効率的に書けるようになります。

4-2-1 アルゴリズムとは

アルゴリズムには，いろいろな種類があります。様々なアルゴリズムについて学ぶことで，プログラミングのスキルを向上させることができます。

アルゴリズムとは

アルゴリズは，処理の流れや手順を順に記述したものです。プログラムの骨組みともいえるもので，どのようにプログラムを組むのか，その方法を示します。データの整列や探索など，それぞれの処理内容ごとにアルゴリズムが考案されます。

アルゴリズムには，よく使用される定番アルゴリズムがあり，定番アルゴリズムを知ることで，効率良くプログラムが書けるようになります。

アルゴリズムの表現方法

アルゴリズムを記述するときに使用される方法に，プログラムの基本3構造である順次，選択，反復があります。また，データを格納する変数や，一連の処理を実行する関数を定義することができます。

基本情報技術者試験の科目B問題では，擬似言語を使用します。選択や繰返しは，if文やwhile文，for文で表現します。変数や関数の宣言は，○のあとに，○整数型関数:，○整数型: などと記述します。関数を利用する場合は，手続(引数，…)のかたちで記述します。

計算量（オーダ）

計算量とは，あるプログラム（アルゴリズム）を実行するのにどれくらいの時間がかかるかを，入力データに対する増加量で表したものです。計算量を表すときには，O-記法という表記法で，O（オーダ）という考え方が用いられます。

例えば，入力データの数（n）が増加したとき，その計算量もnに比例して増加していくときのことを，$O(n)$と表します。n^2に比例して増加する場合は，$O(n^2)$です。

オーダは，nが非常に大きいときの計算量を考えるので，数値が小さい場合には無視し，定数も無視します。例えば，入力データの数（n）が増加したとき，$3n^2 + n + 2$に比例して計算量が大きくなるときには，nが大きくなってもあまり増加しない$n + 2$の部分や，比例定数3の部分は無視されて，$O(n^2)$となります。

以下に，基本情報技術者試験によく出てくる代表的なO（オーダ）とその計算量で実行されるアルゴリズムの例を示します。

●代表的なO（オーダ）とその例

O（オーダ）	例（アルゴリズム）
$O(1)$	ハッシュ
$O(\log n)$	2分探索
$O(n)$	線形探索
$O(n \log n)$	クイックソート，シェルソート
$O(n^2)$	バブルソート，挿入ソート

関連

表中のアルゴリズムについては，「4-2-2 探索のアルゴリズム」と「4-2-3 整列のアルゴリズム」で解説します。

POINT!

・アルゴリズムを学習することで，効率的なプログラムを書くことができる

・プログラムの計算量は，O（オーダ）を用いて表現する

4-2-2 探索のアルゴリズム

定番アルゴリズムの代表的なものに探索のアルゴリズムがあります。データを探索する手法には様々なものがあります。

探索アルゴリズム

探索のアルゴリズムは，データの並びの中から目的のデータを見つけ出すという最も基本的な定番アルゴリズムです。主な探索アルゴリズムは，線形探索，2分探索，ハッシュ表探索の3つです。それぞれについて，詳しく見ていきましょう。

①線形探索

データを先頭から順番に探索していく単純なアルゴリズムです。データがランダムに並んでいる場合，探索するデータは先頭にあることも最後尾にあることもありますが，平均すると大体真ん中くらいで見つかると考えられます。そのため，n個のデータで探索を行うと，平均探索回数は(n+1)／2回，計算量はO(n)となります。

例えば，擬似言語で線形探索を行う関数searchを記述すると，次のようになります。ここで，配列の要素番号は，**0から**始まります。

【例】線形探索を行う関数search

```
○整数型: search(整数型の配列: data, 整数型: target)
  整数型: i
  for (i を 0 から dataの要素数-1 まで 1 ずつ増やす)
    if (data[i] = target)
      return i
    endif
  endfor
  return -1 /* 見つからなかったときは-1を返す */
```

この関数に，データdataと探索する値targetを設定して実行すると，次のようになります。

【例】関数searchの実行

```
整数型の配列: data ← {2, 3, 5, 6, 7, 8, 9}
整数型: target ← 7
search(data, target) を出力
```

実行結果

```
4
```

②2分探索

2分探索は，**あらかじめ整列させてあるデータ**を使用するアルゴリズムです。最初に真ん中のデータと探索するデータを比較します。2つのデータの関係から大小どちらのグループに目的のデータがあるかを予測し，そのグループの真ん中のデータと比較します。例えば，次のようなデータがある場合を考えます。

探索されるデータ	1 2 3 4 5 6 7 8 9
探索するデータ	3

2分探索で探索する場合には，次のように実行します。

1. 真ん中のデータ「5」と探索するデータ「3」を比較します。5＞3なので，探索するデータは「5」より前のグループ「1 2 3 4」の中にあることが分かります。
2. グループ「1 2 3 4」について再度，真ん中の値を求めます。このとき，「2」と「3」はどちらも真ん中なのでどちらをとってもいいのですが，今回は前の値「2」をとります。このとき，2＜3なので，探索するデータは「2」より後ろにあることが分かります。
3. 2より後ろのグループ「3 4」の真ん中（前の方）のデータ「3」と比較し，3＝3でデータが見つかります。

このように，半分にデータを絞って探索を行うため，n回の探索で2^nまでのデータ数に対応できます。したがって，計算量は$O(\log n)$となります。

2分探索のアルゴリズムで，先ほどの関数searchを書き換える

と，次のようになります。配列の要素番号は**0から**始まります。実行結果は線形探索の場合と同じです。

【例】2分探索を行う関数search

```
○整数型: search(整数型の配列: data, 整数型: target)
  整数型: start ← 0
  整数型: end ← dataの要素数 - 1
  while (start ≦ end)
    i ← (start + end) ÷ 2 の商
    if (data[i] = target)
      return i
    elseif (data[i] < target)
      start ← i + 1
    else
      end ← i - 1
    endif
  endwhile
  return -1 /* 見つからなかったときは-1を返す */
```


③ハッシュ表探索

ハッシュ関数を利用し，データからハッシュ値を求めることによって探索します。例えば，ハッシュ関数として h（x）= x mod 5（modは余りを計算する演算子）を設定し，データの格納場所を次のとおり5つ用意します。

●ハッシュ表の例

ハッシュ値	データ
0	25
1	11
2	7
3	13
4	4

ここで，探索するデータが「7」のとき，h（7）= 7 mod 5 = 2となり，ハッシュ値が「2」の場所を見るとデータ「7」が見つかります。

この方法は演算ですぐに格納場所が見つかるので，データ量に関係なく計算量は$O(1)$となります。ただし, 違うデータでハッシュ値が重なる**シノニム**という問題が発生することがあり，その場合には次の位置に格納すると取り決めるなどの工夫が必要です。

POINT!

- 定番の探索アルゴリズムは，線形，2分，ハッシュ表探索の3つ
- 2分探索では，あらかじめデータを整列させておく必要がある

4-2-3 整列のアルゴリズム

整列のアリゴリズムも，代表的な定番アルゴリズムの1つです。整列の手法には，様々なものがあります。

整列アルゴリズム

整列のアルゴリズムは，昇順（小さい順）または降順（大きい順）にデータを並べ替えるアルゴリズムです。

整列のアルゴリズムには，**安定ソート**とそうでないものがあります。安定ソートとは，同じ値のときにソート前の順番が変わらないソートのことです。安定ソートでない場合は，同じ値があったときにソート前と順番が変わってしまうおそれがあります。整列アルゴリズムの種類によっては，安定ソートとならないものもあります。また，同じ整列アルゴリズムでも，やり方によっては安定ソートとならない場合があります。

代表的な整列アルゴリズムは，次の7つです。

基本的なソート	応用ソート
バブルソート	クイックソート
挿入ソート	シェルソート
選択ソート	ヒープソート
	マージソート

基本的なソートであるバブルソート，挿入ソート，選択ソートは，単純なアルゴリズムで分かりやすいですが，速度が遅くなります。応用ソートは様々な工夫を行ったもので，データの種類に合わせて，高速な整列を実現できます。

ソートでは値の入れ替えが多く発生するので，それぞれのアルゴリズムを実行する前に，あらかじめ関数swapを次のように作成し，配列の特定の位置の値を入れ替えられるようにしておきます。

勉強のコツ

整列アルゴリズムは，文章やソースで読んでも理解しにくい部分があるかもしれません。筆者が公開しているサイト「わくわくアカデミー」では，「基礎理論」で3つの探索，7つの整列のアルゴリズムを**動画で解説していますので，ご活用ください。**動画は，随時追加予定です。
http://www.wakuwakuacademy.net/itcommon/1/

発展

PythonやJavaなどのプログラミング言語で使用されるアルゴリズムは，Timsortです。Timsortは，高速な安定ソートアルゴリズムで，Androidプラットフォームなどでも使用されています。Timsortは，クイックソートの改良版とマージソートを組み合わせたアルゴリズムです。

関数swap

```
○整数型の配列: swap(整数型の配列: data, 整数型:i, 整数型:j)
  整数型: tmp
  tmp ← data[i]
  data[i] ← data[j]
  data[j] ← tmp
  return data
```

それでは，それぞれの整列アルゴリズムについて確認していきましょう。

①バブルソート

隣り合う要素を比較して，大小の順が逆であれば，その要素を入れ替える操作を繰り返すアルゴリズムです。隣同士を繰り返しすべて比較するので，計算量は$O(n^2)$となります。

擬似言語でバブルソートを行う関数sortを記述すると，次のようになります。ここで，配列の要素番号は**0から**始まります。

【例】バブルソートを行う関数sort

```
○整数型の配列: sort(整数型の配列: data)
  整数型: i, j
  for (i を dataの要素数-1 から 0 まで 1 ずつ減らす)
    for (j を 0 から i-1 まで 1 ずつ増やす)
      if (data[j] > data[j+1])
        data ← swap(data, j, j+1)
      endif
    endfor
  endfor
  return data
```

この関数の実行例を示します。

【例】関数sortの実行

```
data = {1, 3, 2, 5, 4, 2, 1}
sort(data) を出力
```

実行結果

```
{1, 1, 2, 2, 3, 4, 5}
```

②挿入ソート

整列された列に，新たに要素を1つずつ適切な位置に挿入する操作を繰り返すアルゴリズムです。挿入位置を決めるのに線形探索を行うため，計算量は$O(n^2)$となります。

擬似言語で挿入ソートを行う関数sortを記述すると，次のようになります。ここで，配列の要素番号は**0から**始まります。

【例】挿入ソートを行う関数sort

```
○整数型の配列: sort(整数型の配列: data)
  整数型: i, j
  for (i を 1 から dataの要素数-1 まで 1 ずつ増やす)
    for (j を i-1 から 0 まで 1 ずつ減らす)
      if (data[j] > data[j+1])
        data ← swap(data, j, j+1)
      else
        break  /* 最も内側のfor文を終了 */
      endif
    endfor
  endfor
  return data
```

ここでbreak文は，最も内側のfor文を途中で終了する命令です。挿入ソートでは，ループごとに適切な位置が見つかって値を入れ替える必要がなくなったら，終了して次のループを実行します。

発展

バブルソートや挿入ソートは，やり方によって安定ソートにならないことがあります。例えば，例のバブルソートの関数sortで，if文の条件式を
(data[j] ≧ data[j+1])
とすると，同じ値のデータの場合に順番が入れ替わります。挿入ソートの関数sortのif文も同様です。

③選択ソート

未整列の部分列から最大値（または最小値）を検索し，それを繰り返すことで整列させていくアルゴリズムです。最小値の探索を毎回行うため，計算量は$O(n^2)$となります。

擬似言語で選択ソートを行う関数sortを記述すると，次のよ

うになります。ここで，配列の要素番号は**0から**始まります。

【例】選択ソートを行う関数sort

```
○整数型の配列: sort(整数型の配列: data)
  整数型: i, j, min_i
  for (i を 1 から dataの要素数-2 まで 1 ずつ増やす)
    min_i ← i
    for (j を i+1 から dataの要素数-1 まで 1 ずつ増やす)
      if (data[min_i] > data[j])
        min_i ← j
      endif
    endfor
    data ← swap(data, min_i, j)
  endfor
  return data
```

④シェルソート

ある一定間隔おきに取り出した要素から成る部分列をそれぞれ整列させ，さらに間隔を狭めて同様の操作を繰り返し，最後に間隔を1にして完全に整列させるというアルゴリズムです。挿入ソートの発展形で，ざっくり整列させてから細かくしていくので効率が良くなります。間隔は，15，7，3，1……と，2^n-1でnを1つずつ減らして狭めていくので，計算量はO(n log n)となります。

擬似言語でシェルソートを行う関数sortを記述すると，次のようになります。ここで，配列の要素番号は**0から**始まります。

【例】シェルソートを行う関数sort

```
○整数型の配列: sort(整数型の配列: data)
  整数型の配列: gaps ← {7, 3, 1}  /* 間隔をあらかじめ設定 */
  整数型: start, gap, i, j
  for (gap を 1 から gapsの要素数-1 まで 1 ずつ増やす)
    for (start を 0 から gaps[gap]-1 まで 1 ずつ増やす)
      for (i を start から dataの要素数-1 まで gap ずつ増やす)
        for (j を i-gap から 0 まで gap ずつ減らす)
          if (data[j] > data[j+gap])
            data ← swap(data, j, j+gap)
          else
            break  /* 最も内側のfor文を終了 */
          endif
        endfor
      endfor
    endfor
  endfor
  return data
```

⑤ヒープソート

ヒープとは，2分木の一種で，根から葉に向けてだけデータを整列させたデータ構造です。例えば，図1のような2分木は，根から葉までがすべて降順に整列されているのでヒープです。

●図1　ヒープの例

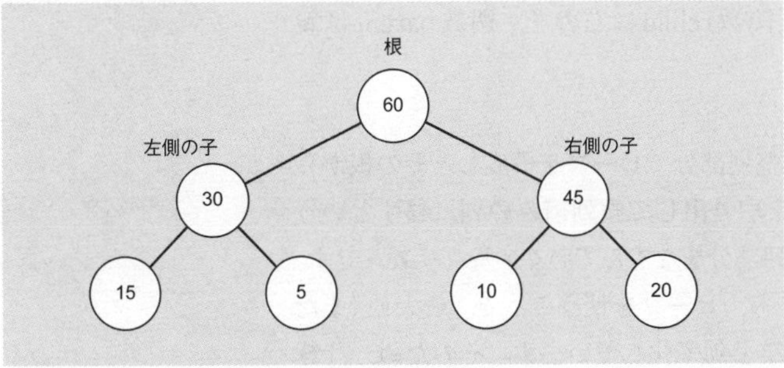

※平成30年秋 基本情報技術者試験 午後 問8より

ヒープは完全2分木なので，データを配列で順番に格納することができます。例えば，図1の2分木を配列heapに格納した場合の例は，図2のとおりです。ここで，配列の要素番号は**0から**始まります。

●図2　図1のヒープの例に対応した配列heapの内容

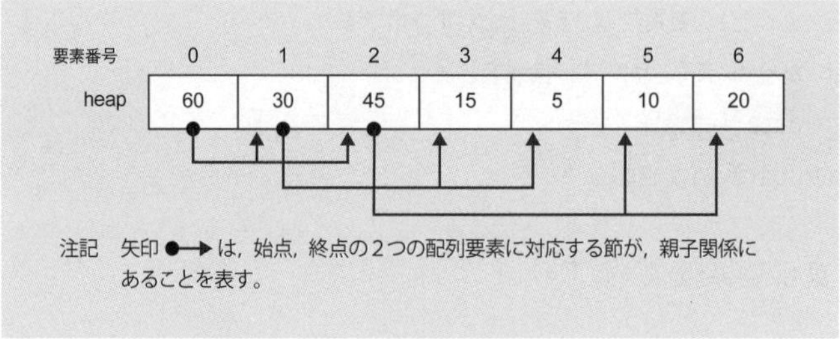

※平成30年秋 基本情報技術者試験 午後 問8より

ここで，親の要素番号と子の要素番号を対応付けるために，次の3つの関数を定義することができます。

【例】親の要素番号と子の要素番号の対応付け

```
○整数型: lchild(整数型: i)  /*左側の子の要素番号 */
  return 2×i+1
○整数型: rchild(整数型: i)  /*右側の子の要素番号 */
  return 2×i+2
○整数型: parent(整数型: i)  /*親の要素番号 */
  return (i-1)÷2 の小数点以下を切り捨てた値
```

関数lchildは左の子，関数rchildは右の子，関数parentは親の要素番号を返します。

ヒープソートとは，未整列部分でヒープを構成し，その根から最大値（または最小値）を取り出して整列済みの列に移すという操作を繰り返して，未整列部分をなくしていくアルゴリズムです。選択ソートの発展形であり，ヒープを使うことで，最大値（または最小値）を検索する作業を効率化しています。そのため，計算量はO(n *log* n)となります。

擬似言語でヒープソートを行う関数sortを記述すると，次のようになります。ヒープソートでは，先にヒープを作成する必要があるので，ヒープを作成する関数makeHeapを作成します。これまでに定義したswap，rchild，lchild，parentの4つの関数を使用します。ここで，配列の要素番号は**0から**始まります。

【例】ヒープを作成する関数makeHeap

```
○整数型の配列: makeHeap(整数型の配列: data)
  整数型の配列: heap ← {dataの要素数 個の未定義の配列}
  整数型: i, k
  for (i を 0 から dataの要素数-1 まで 1 ずつ増やす)
    heap[i] ← data[i]
    k ← 1
    while (k > 0)
      if (heap[k] > heap[parent(k)])
        heap ← swap(heap, i, parent(k))
        k ← parent(k)
      else
        break  /* 内側のwhile文を終了 */
      endif
    endwhile
  endfor
```

【例】ヒープソートを行う関数sort

```
○整数型の配列: sort(整数型の配列: data)
  整数型: last, hlast, n, tmp
  data ← makeHeap(data)
  for (last を dataの要素数-1 から 1 まで 1 ずつ減らす)
    data ← swap(data, 0, last)
    n ← 0
    hlast ← last-1
    while(lchild(n) ≦ hlast)
      tmp ← lchild(n)
      if (rchild(n) ≦ hlast)
        if (heap[tmp] ≦ heap[rchild(n)])
          tmp ← rchild(n)
        endif
      endif
      if (heap[tmp] > heap[n])
        data ← swap(data, n, tmp)
      else
        break  /* 内側のwhile文を終了 */
      endif
      n ← tmp
    endwhile
  endfor
  return data
```

⑥クイックソート

最初に中間的な**基準値**を決めて，それよりも大きな値を集めた部分列と小さな値を集めた部分列に要素を振り分けます。

その後，それぞれの部分列の中で基準値を決めて，同様の操作を繰り返すアルゴリズムです。ランダムなデータの場合には，計算量はO(n *log* n)となります。

クイックソートでは再帰を使うので，詳しくは「4-3-1 再帰のアルゴリズム」で説明します。

⑦マージソート

未整列のデータ列を前半と後半に分ける分割操作を，これ以上分割できない，大きさが1の列になるところまで繰り返します。

その後，分割した前半と後半をマージ（併合）して，整列済のデータ列を作成することを繰り返し，最終的に全体をマージするアルゴリズムです。計算量はO (n log n)と効率的ですが，マージするための領域が必要となるので，作業領域（メモリ量）を多く消費することが欠点です。

マージソートでは再帰を使うので，詳しくは「4-3-1 再帰のアルゴリズム」で説明します。

POINT!

- 基本のアルゴリズムに，バブル，挿入，選択ソートがある
- 効率的な整列アルゴリズムに，シェル，ヒープ，クイック，マージソートがある

4-2-4 演習問題

問1 2分探索が適しているもの CHECK ▶ □□□

顧客番号をキーとして顧客データを検索する場合，2分探索を使用するのが適しているものはどれか。

ア 顧客番号から求めたハッシュ値が指し示す位置に配置されているデータ構造
イ 顧客番号に関係なく，ランダムに配置されているデータ構造
ウ 顧客番号の昇順に配置されているデータ構造
エ 顧客番号をセルに格納し，セルのアドレス順に配置されているデータ構造

問2 ハッシュ表探索 CHECK ▶ □□□

表探索におけるハッシュ法の特徴はどれか。

ア 2分木を用いる方法の一種である。
イ 格納場所の衝突が発生しない方法である。
ウ キーの関数値によって格納場所を決める。
エ 探索に要する時間は表全体の大きさにほぼ比例する。

問3 バブルソート CHECK ▶ □□□

バブルソートの説明として，適切なものはどれか。

ア ある間隔おきに取り出した要素から成る部分列をそれぞれ整列し，更に間隔を詰めて同様の操作を行い，間隔が1になるまでこれを繰り返す。
イ 中間的な基準値を決めて，それよりも大きな値を集めた区分と，小さな値を集めた区分に要素を振り分ける。次に，それぞれの区分の中で同様の操作を繰り返す。
ウ 隣り合う要素を比較して，大小の順が逆であれば，それらの要素を入れ替えるという操作を繰り返す。
エ 未整列の部分を順序木にし，そこから最小値を取り出して整列済の部分に移す。この操作を繰り返して，未整列の部分を縮めていく。

演習問題の解説

問1　（平成29年春 基本情報技術者試験 午前 問7）《解答》ウ

2分探索は，最初に真ん中のデータと探索するデータを比較するアルゴリズムです。2つのデータの関係から大小どちらのグループに目的のデータがあるかを予測し，そのグループの真ん中のデータと比較します。顧客番号をキーとして顧客データを検索する場合，2分探索を使用するためには，あらかじめ顧客番号の昇順または降順にデータが整列されている必要があります。したがって，**ウ**が正解です。

ア　ハッシュ表探索が適しています。
イ，エ　線形探索が適しています。

問2　（平成30年春 基本情報技術者試験 午前 問7）《解答》ウ

表探索におけるハッシュ法（ハッシュ表探索）では，ハッシュ関数を用いて，キーに対して関数値を計算し，その内容で格納場所を決めます。したがって，**ウ**が正解です。

ア　2分探索の説明です。
イ　ハッシュ関数の計算によって，格納場所の衝突が発生します。
エ　線形探索の説明です。

問3　（令和３年秋 応用情報技術者試験 午前 問5）《解答》ウ

バブルソートとは，隣り合う要素を比較して，大小の順が逆であれば，それらの要素を入れ替えるという操作を繰り返すアルゴリズムです。単純なアルゴリズムですが，隣同士を繰り返しすべて比較するので，計算量は$O(n^2)$となり，計算量が大きくなります。したがって，**ウ**が正解です。

ア　シェルソートの説明です。
イ　クイックソートの説明です。
エ　ヒープソートの説明です。

※この問題は，令和4年度12月期 午前免除試験 問8と同じです。

4-3 応用アルゴリズム

コンピュータで複雑な処理を高速に実行するために，応用的なアルゴリズムを用います。再帰やグラフを利用したアルゴリズムをうまく活用すると，様々なプログラムが効率的に書けるようになります。

4-3-1 再帰のアルゴリズム

再帰とは，再び帰る，つまり，自分自身をもう一度呼び出すようなアルゴリズムです。関数などで，呼び出した関数自身を呼び出す場合が再帰に当たります。再帰をうまく活用できると，プログラミングの幅が広がり，効率的に自由なプログラムが書けるようになります。

再帰の書き方

再帰関数の書き方は簡単で，関数の中で自分自身の関数名を記述して呼び出すだけです。

例えば，基本情報技術者試験の午前問題で出題された次のような再帰関数を表現する場合を考えます。

```
f(n) : if n≦1 then return 1 else return n+f(n-1)
```

（令和元年秋 基本情報技術者試験 午前 問11より）

擬似言語でこれと同じ動作を行う関数f(n)を作成すると，次のようになります。

【例】再帰関数f

```
○整数型: f(整数型: n)
  if (n ≦ 1)
    return 1
  else
    return n + f(n-1)
  endif
```

関数f(n)の中で関数f(n-1)を呼び出すことで，再帰を実現しています。

なお，実際の問題では「f(5)の値はどれか」と問われているので，nに5を設定して実行すると，次のようになります。

【例】再帰関数fの実行

```
f(5) を出力
```

実行結果

```
15
```

f(5)を実行すると，n≦1ではないので，n + f(n-1)が再帰的に実行されます。戻り値の内容を記載すると，5+f(4)となります。ここで，f(4)が再帰呼び出しされ，f(4)が実行されます。

return文で再帰的に実行される内容を順に記述すると，次のようになります。

$f(5) = 5 + f(4)$
$f(4) = 4 + f(3)$
$f(3) = 3 + f(2)$
$f(2) = 2 + f(1)$
$f(1) = 1$

再帰の実行がf(1)の部分まで進むと,n ≦ 1に当てはまるため,return 1で1が戻されます。

ここから，再帰で実行した関数を逆にたどっていくと，次のようになります。

$$f(2) = 2 + f(1) = 2 + 1 = 3$$
$$f(3) = 3 + f(2) = 3 + 3 = 6$$
$$f(4) = 4 + f(3) = 4 + 6 = 10$$
$$f(5) = 5 + f(4) = 5 + 10 = 15$$

したがって，実行結果は「15」となります。

再帰の例

再帰を使ったプログラムには様々なものがあります。基本情報技術者試験の問題でよく見かけるものに，「4-2-3 整列アルゴリズム」で取り上げたクイックソートやマージソートがあります。

擬似言語におけるそれぞれのプログラム例は，次のようになります。

再帰を使ったクイックソート

クイックソートでは，基準値よりも大きな値を集めた部分列と小さな値を集めた部分列に要素を振り分けます。この部分列で再帰を用いて，クイックソートを行います。

擬似言語で再帰を用いてクイックソートを行う関数sortを記述すると，次のようになります。ここでは，基準値として真ん中の値を使用しています。配列の要素番号は**0**から始まります。

【例】再帰を用いてクイックソートを行う関数sort

```
○整数型の配列: sort(整数型の配列: data)
  整数型の配列: left ← {}
  整数型の配列: right ← {}
  整数型の配列: middle ← {}
  整数型: i
  整数型: pivot ← data[dataの要素数 ÷ 2 の商]
  /* 3つのグループleft, right, middleに分割 */
  for (i を 0 から dataの要素数-1 まで 1 ずつ増やす)
    if (data[i] < pivot)
      leftの末尾に data[i] を追加する
    elseif (data[i] > pivot)
      rightの末尾に data[i] を追加する
```

```
    else
      middleの末尾に data[i] を追加する
    endif
  endfor
  /* 再帰関数で，部分列を整列 */
  if (leftの要素数 が 1以上)
    left ← sort(left)
  endif
  if (rightの要素数 が 1以上)
    right ← sort(right)
  endif
  data ← left + middle + right  /* 3つの配列を連結させる */
  return data
```

配列dataのそれぞれの値について，基準値pivotを基準に，基準値より小さい値はleft，大きい値はright，同じ値はmiddleの配列に振り分けます。leftとrightは部分列で，再帰関数として，sort(left)とsort(right)を実行します。

なお，クイックソートは，この例の関数sortのように，部分列middleを作成せず，leftとrightのどちらかに振り分ける方法を使う場合があります。leftとrightだけでは，同じ値だったときの対応が難しく，処理の順番によってデータの順番が変わってしまうことがあるため，安定ソートとならないことがあります。

再帰を使ったマージソート

未整列のデータ列を前半と後半に分ける分割操作を繰り返し，あとで結合していくのがマージソートです。

擬似言語で再帰を用いてマージソートを行う関数sortを記述すると，次のようになります。ここで，配列の要素番号は**0から**始まります。

【例】再帰を用いてマージソートを行う関数sort

```
○整数型の配列: sort(整数型の配列: data)
  整数型の配列: left ← {}
  整数型の配列: right ← {}
  整数型の配列: merge ← {}
  整数型: l ← 0
  整数型: r ← 0
  整数型: mid ← dataの要素数 ÷ 2 の商
  /* 分割操作 */
  left ← dataの要素番号 0 から mid-1 までの部分列
  right ← dataの要素番号 mid から dataの要素数-1 までの部分列
  /* 再帰関数で，部分列を整列 */
  left ← sort(left)
  right ← sort(right)
  /* 結合操作 */
  while (l < leftの要素数 and r < rightの要素数)
    if (left[l] ≦ right[r])
      mergeの末尾に left[l] を追加する
      l ← l + 1
    else
      mergeの末尾に right[r] を追加する
      r ← r + 1
    endif
  endwhile
  if (l < leftの要素数)
    mergeの末尾に leftの要素番号l以降を結合
  elseif (r < rightの要素数)
    mergeの末尾に rightの要素番号r以降を結合
  endif
  data ← merge
  return data
```

配列の中心の要素番号midを基準に，部分列leftとrightに分割し，それぞれで再帰的に関数sortを実行します。それぞれの列が整列されているので，結合操作では，先頭から順に2つの値を比較していくことで，全体の結合（マージ）が実現できます。

また，マージソートは先頭から順にマージを行っていくため，安定ソートを実現できます。

POINT!

- 再帰関数は，自分自身を関数内で呼び出す関数
- クイックソートやマージソートは，部分列を作って再帰処理を行う

コラム

再帰のマスターはプログラミングの登竜門

定番のアルゴリズムでは，再帰をよく利用します。再帰は自分自身を呼び出す関数で，うまく使いこなせれば少ないプログラムの行数で多くのことができるからです。しかし，再帰の考え方は難しく，理解して使いこなすまでに時間がかかります。

再帰は実務に役に立つ考え方で，理解していることでプログラミングのスキルアップにつながります。そのため，基本情報技術者試験をはじめとしたプログラミングの試験では，定番の出題内容となっています。

再帰のプログラムを理解するときには，何度も呼び出される関数それぞれで，関数内の「変数」がどのような値になっているのかと，今どの「行」を実行しているのかを，別々に整理することが必要になります。この項の最初に取り上げた関数 `f(n)` については，`f(5)`，`f(4)`，`f(3)`，`f(2)`，`f(1)` それぞれについて，別々に変数を確認することが大切です。

実際に値を入れてトレースしてみたり，プログラムを書いて実行し，変数の中身や実行している行を確認することで，考え方がだんだん身に付いていきます。

再帰をマスターすれば中級者レベルともいわれます。数多くの問題を解きながら，あせらず，少しずつ理解を深めていきましょう。

4-3-2 グラフのアルゴリズム

グラフのアルゴリズムには，木構造のデータを探索するアルゴリズムや，グラフの中の最短経路を探索するアルゴリズムなどがあります。

木の探索

木構造のグラフを探索する方法には，大きく分けて**幅優先探索**と**深さ優先探索**の2種類があります。どちらも，木の頂点からたどり，データを探索していきます。

幅優先探索

幅優先探索は，根から順に横に幅を広げて浅いところから順に深いところを探索していく方法です。次のような木は図のように矢印の順に探索が行われ，数字のとおりの探索順となります。

●幅優先探索の例

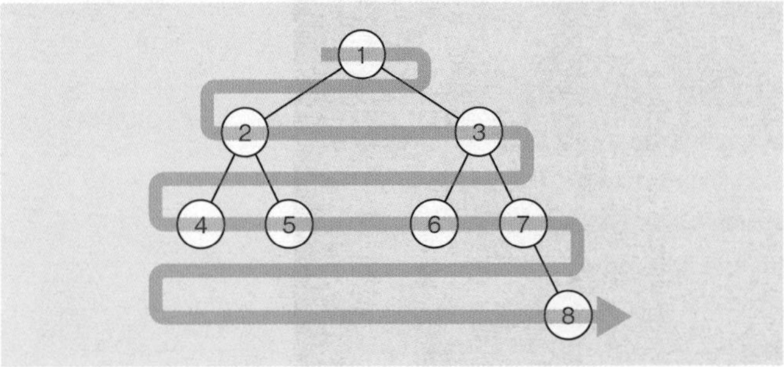

幅優先探索の実装方法

幅優先探索をプログラムで実装する場合には，キュー（待ち行列）を用いるのが一般的です。根のノードから探索し，探索しているノードとの間にエッジのあるノードをキューに追加します。

ここでは，次のようなキューを表すクラスQueueを利用して，enqueue操作やdequeue操作をメソッドとして実行します。

メソッド	戻り値	説明
enqueue(数値型： d)	なし	キューに数値dを要素として追加する
dequeue()	数値型	キューから最初に追加された要素を1つ取り出して返す。 取り出した要素はキューから削除する
isEmpty()	真偽型	キューが空の場合はtrue，そうでない場合はfalseを返す

コンストラクタ	説明
Queue()	空のキューを生成する

●図　クラスQueueの説明

例えば，先ほどの幅優先探索の木を隣接リストedgeで表現すると次のようになります。

【例】幅優先探索の木を隣接リストedgeで表現

```
整数型配列の配列： edge ← {{1}, {2, 3}, {4, 5},
                          {6, 7},{}, {}, {}, {8}}
```

二次元配列の要素番号は，号番号，列番号の順に“,”で区切って指定します。

このとき，edge[0,0]には根の番号が入っているので，キューqueueを作成し，最初に挿入します。

【例】キューを作成し，根を追加

```
○クラスQueueのインスタンス： queue ← Queue()
  queue.enqueue(edge[0,0])
```

エッジのあるノードを追加しながら表示していくプログラムは，次のようになります。

【例】エッジのあるノードを追加しながら表示

```
整数型: i, j
while (queue.isEmpty() が false)
  i ← queue.dequeue()
  i を改行せずに出力
  if i < edgeの要素数
    for (j を 0 から edge[i]の要素数-1 まで 1 ずつ増やす)
      queue.enqueue(edge[i,j])
    endfor
  endif
endwhile
```

実行結果

```
1 2 3 4 5 6 7 8
```

edgeには，子要素がある場合に子要素のリストがあるので，親を出力したあとに，子(1つまたは2つ)の要素をqueueに追加します。

深さ優先探索

深さ優先探索は，根から葉まで順に，行き止まりになるまで探索する方法です。このとき，木構造になっているすべてのノードを1回ずつ体系的に調査していくことを走査といいます。深さ優先探索では，走査をするときのやり方が複数あり，これを**走査順**といいます。

深さ優先探索での木の走査順には，**先行順**，**中間順**，**後行順**の3種類があります。

●走査順

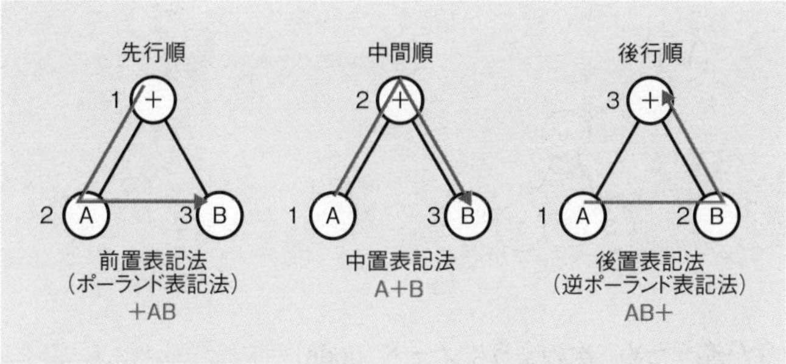

先行順，中間順，後行順でノードの内容を順に表記する方法をそれぞれ，前置表記法(**ポーランド表記法**)，中置表記法，後置表記法(**逆ポーランド表記法**)といいます。

3つの走査順のうち，深さ優先探索(先行順)で探索していく場合，次のように矢印の順に探索が行われ，数字のとおりの探索順となります。

●深さ優先探索(先行順)の例

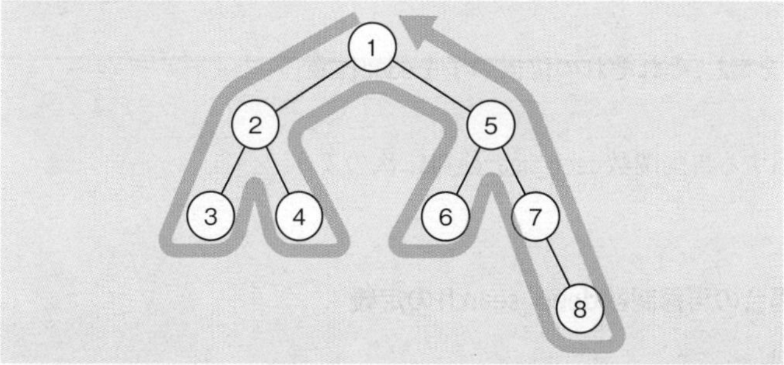

深さ優先探索の実装方法

深さ優先探索を行う場合には，再帰を用いるのが一般的です。走査を行う関数を定義し，その関数内で再帰を使って同じ関数を呼び出します。

ここでは，次のような構文木を考えます。構文木とは，数式や文などの構造を表した木です。

●構文木

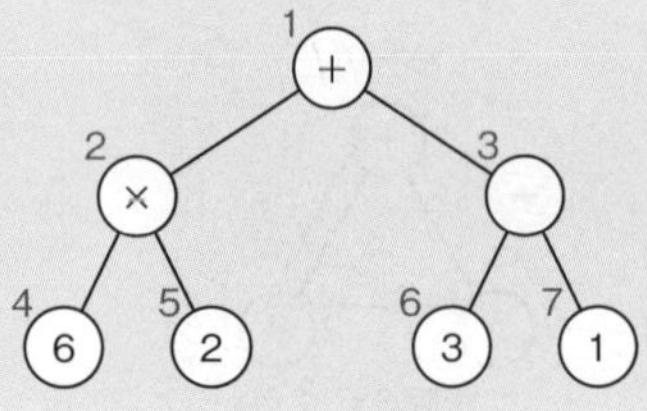

木の順番とノードの中身が違うため，次のようにノード(node)を順にリストで定義し，エッジ(edge)を隣接リストで定義します。ここで，nodeとedgeは関数外から使用できる大域変数として定義し，配列の要素番号は0から始まります。

【例】ノードをリストで，エッジを隣接リストで定義

```
大域: 文字型の配列: node ← {"", "+", "×", "-",
                             "6", "2", "3", "1"}
大域: 整数型の配列の配列: edge ← {{1}, {2, 3},
                                 {4, 5}, {6, 7}}
```

edge[0, 0]が根の位置を指し，それぞれの位置の子をedge[位置]の配列で示します。

先行順で走査して表示する再帰関数deep_searchは，次のように定義します。

【例】先行順で操作する場合の再帰関数deep_searchの定義

```
○deep_search(整数型: i)
  node[i] を改行せずに出力
  if (i < edgeの要素数)
    deep_search(edge[i, 0])  /* 左部分木を探索 */
  endif
  if (i < edgeの要素数 and edge[i]の要素数 = 2)
    deep_search(edge[i, 1])  /* 右部分木を探索 */
  endif
```

定義した関数に，初期値として根の値(edge[0, 0])を設定して呼び出すと，次のようになります。

【例】再帰関数deep_searchに根の値を設定して呼び出す

```
deep_search(edge[0, 0])
```

実行結果

```
+ × 6 2 - 3 1
```

走査順を変えて実行するときには，ノード（node[i]）の出力と，左部分木，右部分木の呼び出し順序を変えるだけです。

中間順（中置表記法）の場合は，左部分木，ノード，右部分木の順で表示するので，関数deep_searchを次のように変えます。

【例】中間順で操作する場合の再帰関数deep_searchの定義

```
○deep_search(整数型: i)
  if (i < edgeの要素数)
    deep_search(edge[i, 0])  /* 左部分木を探索 */
  endif
  node[i] を改行せずに出力
  if (i < edgeの要素数 and edge[i]の要素数 = 2)
    deep_search(edge[i, 1])  /* 右部分木を探索 */
  endif
```

すると結果は，次のようになります。

【例】中間順で走査を実行

```
deep_search(edge[0, 0])
```

実行結果

```
6 × 2 + 3 - 1
```

同様に，後行順（逆ポーランド表記法）では，次のようになります。

【例】後行順で操作する場合の再帰関数deep_searchの定義

```
○deep_search(整数型: i)
  if (i < edgeの要素数)
    deep_search(edge[i,0])  /* 左部分木を探索 */
  endif
  if (i < edgeの要素数 and edge[i]の要素数 = 2)
    deep_search(edge[i,1])  /* 右部分木を探索 */
  endif
  node[i] を改行せずに出力
```

すると，結果は次のようになります。

【例】後行順で走査を実行

```
deep_search(edge[0,0])
```

実行結果

```
6 2 × 3 1 - +
```

POINT!

- 幅優先探索では，キューを使って順番を保存する
- 深さ優先探索では，再帰を使用して根から葉まで探索する

4-3-3 その他のアルゴリズム

アルゴリズムには，文字列処理やその他の様々な分野で使われるものがあり，効率的なアルゴリズムもいろいろと考案されています。問題の解決に最適なアルゴリズムを選ぶことが大切です。

文字列処理のアルゴリズム

文字列処理のアルゴリズムには，文字列の探索，置換などがあります。置換は探索の後に行われるので，基本的に文字列探索と同じアルゴリズムです。

文字列の探索を行うアルゴリズムの代表的なものには，単純な照合方法や，BM（Boyer Moore）法などの効率的な探索方法があります。

①単純な照合方法

テキストを先頭から1文字ずつパターンと比較して，不一致の文字が現れたら，比較するテキストの位置を1文字分進めるというアルゴリズムです。この方法で，文字型の配列としてテキストとパターンを与えると，最初に一致した文字位置の要素番号を返す関数search1(text, pattern)は，次のように記述できます（一致しなかった場合には－1を返します)。ここで，配列の要素番号は**0から**始まります。

【例】単純な照合方法による文字列探索の関数search1

```
○整数型: search1(文字型の配列: text, 文字型の配列: pattern)
  整数型: i, j
  for (i を 0 から textの要素数-1 まで 1 ずつ増やす)
    for (j を 0 から patternの要素数-1 まで 1 ずつ増やす)
      if (text[i+j] = pattern[j])
        if j = len(pattern) - 1
          return i
        endif
      else
        break /* 内側のforループを抜ける */
      endif
    endfor
  endfor
  return -1
```

②BM (Boyer Moore) 法

比較位置を1文字ずつではなく，なるべく多くずらすことで比較回数を減らすアルゴリズムです。パターンを末尾から検索していき，一致しなかった場合に，特定の文字数分だけ進めます。具体的には，パターンの末尾に対応する位置にあるテキストの文字(判定文字)により，次の条件で文字数分だけ進めます。

- 判定文字がパターンに含まれていない場合には，パターンの文字数分だけ比較位置を進める
- 判定文字がパターンの末尾以外に含まれている場合には，判定文字と一致するパターンの文字が，テキストの判定文字に対応する位置に来るように比較位置を進める

例えば，パターンの文字列が "ACAB" の場合，判定文字とスキップ数(進める文字数)の関係は次のようになります。

●文字列 "ACAB"

判定文字	A	C	B	その他の文字
スキップ数	1	2	4	4

スキップ数の計算も含めた，BM法での文字列探索の関数 search2(text, pattern)は，次のように記述できます。

【例】BM法による文字列探索の関数search2

```
○整数型: search2(文字型の配列: text, 文字型の配列: pattern)
  整数型: i, j, skip
  真偽型: found
  文字型の配列: skip_char ← {pattern[0]}
  整数型の配列: skip_num ← {patternの要素数}
  /* スキップ数を計算 */
  for (i を 1 から patternの要素数-1 まで 1 ずつ増やす)
    found ← false
    for (j を 0 から skip_charの要素数-1 まで 1 ずつ増やす)
      if (pattern[i] = skip_char[j])
        skip_num[j] ← patternの要素数 - i
        found ← false
      endif
    endfor
    if (not found)
      skip_charの末尾に pattern[i] を追加
      skip_numの末尾に patternの要素数 - i を追加
    endif
  endfor
  /* 文字列の探索 */
  i ← 0
  while (i < (textの要素数 - patternの要素数))
    for (j を 0 から patternの要素数-1 まで 1 ずつ増やす)
      if (text[i+j] = pattern[j])
        if j = len(pattern) - 1
          return i
        endif
      else
        break  /* 内側のforループを抜ける */
      endif
    endfor
```

```
    /* スキップ数の決定 */
    skip ← patternの要素数
    for (j を 0 から skip_charの要素数-1 まで 1 ずつ増やす)
      if (text[i+patternの要素数-1] = skip_char[j])
        skip ← skip_num[j]
        break  /* 内側のforループを抜ける */
      endif
    endfor
    i ← i + skip
  endwhile
  return -1
```

この関数では，スキップ数について2つの配列skip_charとskip_numで保持しています。

最大公約数を求めるアルゴリズム

最大公約数(GCD：Greatest Common Divisor)を求める定番アルゴリズムに，**ユークリッドの互除法**があります。2つの自然数a，bでa≧bのとき，a mod b で求めた余りをrとします。aとbの最大公約数は，bとrの最大公約数と等しくなるという性質があります。これを利用し，今度は b mod r を求めて余りを求める，ということを繰返し，余りが0になるまで続けると，最大公約数を求めることができます。

ユークリッドの互除法で，引数で与えられた2つの正の整数aとbの最大公約数を求める関数gcdは，次のようになります。

【例】ユークリッドの互除法で最大公約数を求める関数gcd

```
○整数型: gcd(整数型: a, 整数型: b)
  整数型: r, tmp
  if (a < b)  /* a > bとなるように入れ替え */
    tmp ← a
    a ← b
    b ← a
  endif
  r ← a mod b
```

```
while (r ≠ 0)
  a ← b
  b ← r
  r ← a mod b
endwhile
return b
```

その他の定番アルゴリズム

その他のアルゴリズムの定番としては，データ圧縮のアルゴリズム，図形描画のアルゴリズム，メモリ管理のアルゴリズムなどがあります。

確率統計などの数学的なアルゴリズム，画像処理のアルゴリズムなど，データサイエンスで使用するアルゴリズムについては，第5章で取り扱います。

アルゴリズムで解くことができる問題

アルゴリズムは，解法が分かっている計算問題を解くための手順です。そのため，解法が明確に定義できないものは厳密に解くことはできません。また，計算量が膨大になり，現実的な時間内に解けないものもあります。そのような場合には，**近似アルゴリズム**を用いることで，厳密ではなくても実用的な解を得られる場合があります。

また，単独のアルゴリズムで解けない問題も，アルゴリズムを組み合わせることで解けるようになることも多くあります。

POINT!

- 文字列探索は，BM法を使って探索回数を減らすことができる
- アルゴリズムには様々なものがあり，様々な問題解決方法がある

4-3-4 演習問題

問1 再帰的に定義された関数 CHECK ▶ □□□

三つのスタックA, B, Cのいずれの初期状態も{1, 2, 3}であるとき，再帰的に定義された関数f()を呼び出して終了した後のBの値はどれか。ここで，スタックは以下のクラスStackを用いて定義することとする。

表 クラスStackの説明

メンバ変数	型	説明
data	整数型の配列	スタックの値

コンストラクタ	説明
dataStack(整数型の配列: qData)	引数qDataでメンバ変数dataを初期化する

メソッド	戻り値	説明
push(整数型: value)	なし	dataの末尾にvalueを追加する
pop()	整数型	dataの末尾を取り出して返す。取り出したデータはdataから取り除かれる
empty()	真偽型	dataの要素数が0ならtrue, 0でないならfalseを返す

〔関数f( )のプログラム〕

```
○関数: f( )
 if (A.empty())
   return
 else
   C.push(A.pop())
   f()
   B.push(C.pop())
   return
 endif
```

〔実行手順〕

```
大域: 整数型の配列 A ← {1, 2, 3}
大域: 整数型の配列 B ← {1, 2, 3}
大域: 整数型の配列 C ← {1, 2, 3}
f()
```

ア {1, 2, 3, 1, 2, 3}　　イ {1, 2, 3, 3, 2, 1}
ウ {3, 2, 1, 1, 2, 3}　　エ {3, 2, 1, 3, 2, 1}

問2 クイックソート CHECK ▶ □□□

クイックソートの処理方法を説明したものはどれか。

ア 既に整列済みのデータ列の正しい位置に，データを追加する操作を繰り返していく方法である。
イ データ中の最小値を求め，次にそれを除いた部分の中から最小値を求める。この操作を繰り返していく方法である。
ウ 適当な基準値を選び，それよりも小さな値のグループと大きな値のグループにデータを分割する。同様にして，グループの中で基準値を選び，それぞれのグループを分割する。この操作を繰り返していく方法である。
エ 隣り合ったデータの比較と入替えを繰り返すことによって，小さな値のデータを次第に端の方に移していく方法である。

問3 ユークリッドの互除法 CHECK ▶ □□□

次のプログラムは，2数A，Bの最大公約数を求めるユークリッドの互除法を，引き算の繰返しによって計算するものである。Aが876，Bが204のとき，何回while文の比較を実行して処理は終了するか。

〔プログラム〕

```
○整数型: L ← A
 整数型: S ← B
 while (L ≠ S)
   if (L > S)
     L ← (L - S)
   elif (L < S)
     S ← (S - L)
   endif
 endwhile
 A, B, Lの出力
```

ア 4　　イ 9　　ウ 10　　エ 11

演習問題の解説

問1 (平成31年春 基本情報技術者試験 午前 問6改) 《解答》ア

初期状態のA，B，Cは，次のように設定されます。

```
A = {1, 2, 3}, B = {1, 2, 3}, C = {1, 2, 3}
```

f() (1つ目)を実行すると，まず，A.empty()のメソッドで，Aが空でないかどうかを確認します。

最初はAは空ではないため,C.push(A.pop())を実行してAからpopした値をCに追加して，f() (2つ目)を呼び出します。C.push(A.pop())の後，A，B，Cは，次のように変更されています。

```
A = {1, 2}, B = {1, 2, 3}, C = {1, 2, 3, 3}
```

f() (2つ目)を実行すると，まだAは空ではないため，もう一度C.push(A.pop())を実行してから，f() (3つ目)を呼び出します。C.push(A.pop())の後，A，B，Cは次のように変更されています。

```
A = {1}, B = {1, 2, 3}, C = {1, 2, 3, 3, 2}
```

さらにf() (3つ目)を実行すると，まだAは空ではないため，もう一度C.push(A.pop())を実行してから，f() (4つ目)を呼び出します。C.push(A.pop())の後，A，B，Cは次のように変更されています。

```
A = {}, B = {1, 2, 3}, C = {1, 2, 3, 3, 2, 1}
```

f() (4つ目)では，Aが空になったので，処理をしない(return)で元の位置のf() (3つ目)に戻ります。

戻った関数f() (3つ目)の次の行には，B.push(C.pop())があるので実行します。Cからpopした値をBに追加すると，A，B，Cは次のように変更されます。

```
A = {}, B = {1, 2, 3, 1}, C = {1, 2, 3, 3, 2}
```

f() (3つ目)はすべて終了したので，元の位置のf() (2つ目)に戻ります。

戻った関数f() (2つ目)の次の行には，B.push(C.pop())があるので実行します。Cからpopした値をBに追加すると，A，B，Cは次のように変更されます。

```
A = {}, B = {1, 2, 3, 1, 2}, C = {1, 2, 3, 3}
```

f() (2つ目)はすべて終了したので，元の位置のf() (1つ目)に戻ります。

戻った関数f() (1つ目)の次の行には，B.push(C.pop())があるので実行します。Cからpopした値をBに追加すると，A，B，Cは次のように変更されます。

```
A = {}, B = {1, 2, 3, 1, 2, 3}, C = {1, 2, 3}
```

この状態でf() (1つ目)が終了し，全体の実行が完了となります。

したがって，Bの値は{1, 2, 3, 1, 2, 3}となり，**ア**が正解です。

問2 (平成30年秋 基本情報技術者試験 午前 問6) 《解答》ウ

クイックソートでは，まず適当な基準値を選び，それよりも小さな値のグループと大きな値のグループに分割していきます。この操作を再帰的に繰り返していきます。したがって，**ウ**が正解です。

ア 挿入ソートの説明です。

イ 選択ソートの説明です。

エ バブルソートの説明です。

問3 (平成31年春 基本情報技術者試験 午前 問7改) 《解答》エ

最初にAが876，Bが204で，L，Sに代入されるので，最初のwhile文を実行する時点での変数L，Sの値と，条件式L≠Sの判定は次のようになります。

回数	L	S	L≠S
1	876	204	true

次のif文で，L＞Sが成り立つので，L ← (L - S)が実行されます。L ←(L－S) = (876－204) = 672となり，次の繰返しでのLは672になります。L＞Sの間は，同じようにL ← (L

- S) を繰り返していくので，2回目～5回目は，次のようになります。

回数	L	S	L≠S
2	672	204	true
3	468	204	true
4	264	204	true
5	60	204	true

L＜Sとなったので，次はS ← (S - L) が実行されます。S ←(S－L)＝(204－60)＝144です。L＜Sの間は，同じようにS ← (S - L) を繰り返していくので，6回目～8回目は，次のようになります。

回数	L	S	L≠S
6	60	144	true
7	60	84	true
8	60	24	true

またL＞Sとなったので，L ← (L - S) が実行されます。L＞Sの間は，同じようにL ← (L - S) を繰り返していくので，9回目～10回目は，次のようになります。

回数	L	S	L≠S
9	36	24	true
10	12	24	true

またL＜Sとなったので，次はS ← (S - L) が実行されます。S ←(S－L)＝(24－12)＝12です。11回目は，次のようになります。

回数	L	S	L≠S
11	12	12	false

L＝Sとなったので，while文の条件式を満たさなくなり，処理を終了します。ここまでで，while文の判定は11回実行されています。したがって，**エ**が正解です。

4-4 問題演習

ここでは，第4章までで学んだ範囲について，科目B問題を解いてみましょう。実際に解いてみることで，理解が深まります。

4-4-1 問題

問1

次のプログラム中の [a] と [b] に入れる正しい答えの組合せを，解答群の中から選べ。

手続appendは，引数で与えられた文字を単方向リストに追加する手続である。単方向リストの各要素は，クラスListElementを用いて表現する。クラスListElementの説明を図に示す。ListElement型の変数はクラスListElementのインスタンスの参照を格納するものとする。大域変数listHeadは，単方向リストの先頭の要素の参照を格納する。リストが空のときは，listHeadは未定義である。

メンバ変数	型	説明
val	文字型	リストに格納する文字。
next	ListElement	リストの次の文字を保持するインスタンスの参照。初期状態は未定義である。

コンストラクタ	説明
ListElement(文字型: qVal)	引数qValでメンバ変数valを初期化する。

図　クラスListElementの説明

〔プログラム〕

```
大域: ListElement: listHead ← 未定義の値

○append(文字型: qVal)
  ListElement: prev, curr
  curr ← ListElement(qVal)
  if (listHead が [    a    ])
    listHead ← curr
  else
    prev ← listHead
    while (prev.next が 未定義でない)
      prev ← prev.next
    endwhile
    prev.next ← [    b    ]
  endif
```

解答群

	a	b
ア	未定義	curr
イ	未定義	curr.next
ウ	未定義	listHead
エ	未定義でない	curr
オ	未定義でない	curr.next
カ	未定義でない	listHead

(基本情報技術者試験 科目B試験サンプル問題 問3)

問2

次のプログラム中の ［　　　　］ に入れる正しい答えを，解答群の中から選べ。

関数factorialは非負の整数nを引数にとり，その階乗を返す関数である。非負の整数nの階乗はnが0のときに1になり，それ以外の場合は1からnまでの整数を全て掛け合わせた数となる。

〔プログラム〕

```
○整数型: factorial(整数型: n)
  if (n = 0)
    return 1
  endif
  return [　　　　]
```

解答群

ア (n − 1) × factorial(n)　　イ factorial(n − 1)

ウ n　　エ n × (n − 1)

オ n × factorial(1)　　カ n × factorial(n − 1)

(基本情報技術者試験（科目B試験）サンプル問題セット 問7)

問3

次の記述中の □ に入れる正しい答えを，解答群の中から選べ。ここで，配列の要素番号は1から始まる。

手続orderは，図の2分木の，引数で指定した節を根とする部分木をたどりながら，全ての節番号を出力する。大域の配列treeが図の2分木を表している。配列treeの要素は，対応する節の子の節番号を，左の子，右の子の順に格納した配列である。例えば，配列treeの要素番号1の要素は，節番号1の子の節番号から成る配列であり，左の子の節番号2，右の子の節番号3を配列{2, 3}として格納する。

手続orderをorder(1)として呼び出すと，□ の順に出力される。

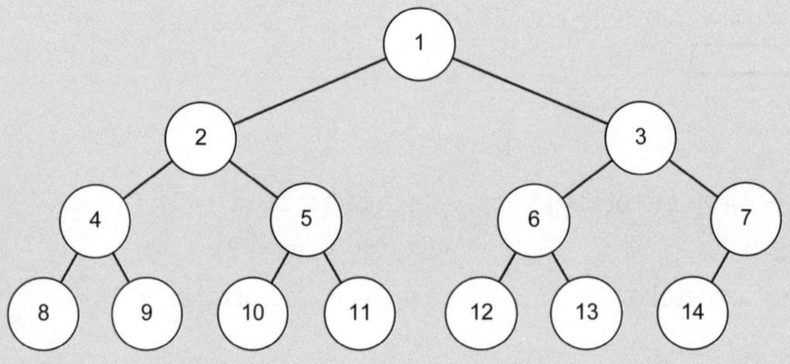

注記1　○の中の値は節番号である。
注記2　子の節が1つの場合は，左の子の節とする。

図　プログラムが扱う2分木

〔プログラム〕

```
大域：整数型配列の配列：tree ← {{2, 3}, {4, 5}, {6, 7}, {8, 9},
                              {10, 11}, {12, 13}, {14}, {}, {}, {},
                              {}, {}, {}, {}} // {}は要素数0の配列

○order(整数型：n)
  if (tree[n]の要素数 が 2 と等しい)
    order(tree[n][1])
    nを出力
    order(tree[n][2])
  elseif (tree[n]の要素数 が 1 と等しい)
    order(tree[n][1])
```

```
  nを出力
else
  nを出力
endif
```

解答群

ア　1, 2, 3, 4, 5, 6, 7, 8, 9, 10, 11, 12, 13, 14
イ　1, 2, 4, 8, 9, 5, 10, 11, 3, 6, 12, 13, 7, 14
ウ　8, 4, 9, 2, 10, 5, 11, 1, 12, 6, 13, 3, 14, 7
エ　8, 9, 4, 10, 11, 5, 2, 12, 13, 6, 14, 7, 3, 1

(基本情報技術者試験（科目B試験）サンプル問題セット 問9)

4-4-2 解答と解説

問1 文字列の単方向リスト 《解答》ア

引数で与えられた文字を単方向リストに追加する手続appendのプログラムについて考えます。リストの各要素は，図に説明のあるクラスListElementを使用します。〔プログラム〕中の空欄について，空欄a，bをそれぞれ穴埋めしていきます。

空欄a

if文の条件式でlistHeadについて判定し，条件に当てはまったら「listHead ← curr」を実行するときの条件を考えます。

変数currは，if文の直前で「curr ← ListElement(qVal)」としており，図の説明から，ListElement(qVal)はコンストラクタなので，currは，値qValを設定した新たに追加するインスタンスの参照となります。

listHeadについては，〔プログラム〕の最初の行で，手続appendより前に大域変数として定義されており，未定義の値が代入されています。問題文に，「大域変数listHeadは，単方向リストの先頭の要素の参照を格納する」とあるので，単方向リストの先頭を表します。さらに，「リストが空のときは，listHeadは未定義である」とあるので，listHeadが未定義のときにはリストが空であると判断できます。

新たに追加するインスタンスの参照currをlistHeadに設定する場合は，もともとリストに要素が存在しない空の状態です。そのため，ListHeadが**未定義**の場合に，「listHead ← curr」を実行することになります。

空欄b

if文のelse句の最後の行で，prev.nextに代入する値を考えます。

else句には，空欄aの条件に当てはまらないとき，つまりリストが空でない場合の処理が記述されています。ここで，prevには，最初に「prev ← listHead」で先頭の要素が格納されます。prev.nextで，図にあるようにメンバ変数nextを参照し，リストの次の文字を保持するインスタンスの参照が格納されています。

空欄bの直前のwhile文で，「prev.next が 未定義でない」場合に，prev ← prev.nextと，リストの次の要素をprevに代入しています。このループを抜けたということは，prev.nextは未定義で，最後の要素の参照がprevに入っていることになります。手続appendでは，最後に要素を追加するので，prev.nextに**curr**を代入します。

したがって，空欄aは未定義，空欄bはcurrとなり，組合せの正しい**ア**が正解です。

問2 階乗を返す関数factorial 《解答》**カ**

関数factorialは非負の整数nを引数にとり，その階乗を返す関数です。nの階乗とは，1からnまでのすべての整数の積で，

n! = 1 × 2 × 3 × … × (n-1) × n

となります。0! = 1と定義されています。

非負の整数nの階乗はnが0のときに1になり，それ以外の場合は1からnまでの整数を全て掛け合わせた数となります。

〔プログラム〕では，関数factorialが返す値を考えます。nの値を1から順に，どのような値を返すべきか整理すると，次のようになります。

```
factorial(1) = 1
factorial(2) = 1 × 2 = 2 × factorial(1)
factorial(3) = 1 × 2 × 3 = 3 × factorial(2)
 …
factorial(n-1) = 1 × 2 × 3 … × (n-1)
               = (n-1) × factorial(n-2)
factorial(n)   = 1 × 2 × 3 … × (n-1) × n
               = n × factorial(n-1)
```

そのため，関数factorial(n)では，「return n × factorial(n-1)」と戻り値に設定することで，関数を再帰的に表現することができます。したがって，**カ**が正解です。

ここで，factorial(1)では1 × factorial(0)と実行します。n=0ではfactorial(0)=1を返すので，プログラムの流れとしては問題ありません。

問3 2分木の探索 《解答》**ウ**

図のプログラムが扱う2分木に対して，プログラムにある手続orderをorder(1)として実行し，結果をトレースする問題です。

〔プログラム〕の最初に大域変数として，整数型配列の配列treeがあります。二次元配列treeに代入される値{{2, 3}, {4, 5}, {6, 7}, {8, 9}, {10, 11}, {12, 13}, {14}, {}, {}, {}, {}, {}, {}, {}}に要素番号を付けると，次のようになります。ここで，要素番号（左）は，tree[][]と表示するときの左側のカッコの要素番号，要素番号（右）は，右側のカッコの要素番号です。

要素番号（左）	1	2	3	4	5	6	7	8	9	10	11	12	13	14
要素番号（右）	{1, 2}	{1, 2}	{1, 2}	{1, 2}	{1, 2}	{1, 2}	{1}							
値	{2, 3}	{4, 5}	{6, 7}	{8, 9}	{10, 11}	{12, 13}	{14}	{}	{}	{}	{}	{}	{}	{}

それでは，実際にプログラムをトレースしていきましょう。

1. order(1)

order[1]は{2, 3}で，要素数は2なので，if文の最初の条件に当てはまり，次の順を実行します。

```
order(tree[1][1]) # 値は2なので，order(2)
```

2. order(2)

order[2]は{4, 5}で，要素数は2なので，if文の最初の条件に当てはまり，次の順を実行します。

```
order(tree[2][1]) # 値は4なので，order(4)
```

3. order(4)

order[4]は{8, 9}で，要素数は2なので，if文の最初の条件に当てはまり，次の順を実行します。

```
order(tree[4][1]) # 値は8なので，order(8)
```

4. order(8)

order[8]は{}で，要素数は0なので，if文のelse句を実行します。

```
8を出力
```

8を出力して，これで終わりなので，1つ前のorder(4)に戻ります。

5. order(4)

order(8)の実行が終わったので，次の行から実行します。

```
4を出力
order(tree[4][2]) # 値は9なので，order(9)
```

4を出力した後に，order(9)を実行します。

6. order(9)

order[9]は{}で，要素数は0なので，if文のelse句を実行します。

```
9を出力
```

9を出力して，これで終わりなので，1つ前のorder(4)に戻ります。

7. order(4)

order(9)の実行が終わったので，次の行から実行しますが，これで終わりなので，order(4)の呼び出し元となるorder(2)に戻ります。

8. order(2)

order(4)の実行が終わったので，次の行から実行します。

```
2を出力
order(tree[2][2]) # 値は5なので，order(5)
```

2を出力した後に，order(5)を実行します。

9. order(5)

order[5]は{10, 11}で，要素数は2なので，if文の最初の条件に当てはまり，次の順を実行します。

```
order(tree[5][1]) # 値は10なので，order(10)
```

10. order(10)

order[10]は{}で，要素数は0なので，if文のelse句を実行します。

```
10を出力
```

10を出力して，これで終わりなので，1つ前のorder(5)に戻ります。

11. order(5)

order(10)の実行が終わったので，次の行から実行します。

```
5を出力
order(tree[5][2]) # 値は11なので，order(11)
```

5を出力した後に，order(11)を実行します。

12. order(11)

order[11]は{}で，要素数は0なので，if文のelse句を実行します。

```
11を出力
```

11を出力して，これで終わりなので，1つ前のorder(5)に戻ります。

13. order(5)

order(11)の実行が終わったので，次の行から実行しますが，これで終わりなので，order(5)の呼び出し元となるorder(2)に戻ります。

14. order(2)

order(5)の実行が終わったので，次の行から実行しますが，これで終わりなので，order(2)の呼び出し元となるorder(1)に戻ります。

15. order(1)

order(2)の実行が終わったので，次の行から実行します。

```
1を出力
order(tree[1][2]) # 値は3なので，order(3)
```

1を出力した後に，order(3)を実行します。

16. order(3)

order[3]は{6, 7}で，要素数は2なので，if文の最初の条件に当てはまり，次の順を実行します。

```
order(tree[3][1]) # 値は6なので，order(6)
```

17. order(6)

order[6] は{12, 13}で，要素数は2なので，if文の最初の条件に当てはまり，次の順を実行します。

```
order(tree[6][1]) # 値は12なので，order(12)
```

18. order(12)

order[12] は{}で，要素数は0なので，if文のelse句を実行します。


```
12を出力
```

12を出力して，これで終わりなので，1つ前のorder(6) に戻ります。

19. order(6)

order(12) の実行が終わったので，次の行から実行します。

```
6を出力
order(tree[6][2]) # 値は13なので，order(13)
```

6を出力した後に，order(13) を実行します。

20. order(13)

order[13] は{}で，要素数は0なので，if文のelse句を実行します。

```
13を出力
```

13を出力して，これで終わりなので，1つ前のorder(6) に戻ります。

21. order(6)

order(13) の実行が終わったので，次の行から実行しますが，これで終わりなので，order(6) の呼び出し元となるorder(3) に戻ります。

22. order(3)

order(6) の実行が終わったので，次の行から実行します。

```
3を出力
order(tree[3][2]) # 値は7なので，order(7)
```

3を出力した後に，order(7) を実行します。

23. order(7)

order[7] は{14}で，要素数は1なので，if文のelseif句の条件に当てはまり，次の順を実行します。

```
order(tree[7][1]) # 値は14なので，order(14)
```

24. order(14)

order[14] は{}で，要素数は0なので，if文のelse句を実行します。

```
14を出力
```

14を出力して，これで終わりなので，1つ前のorder(7) に戻ります。

25. order(7)

order(14) の実行が終わったので，次の行から実行します。

```
7を出力
```

7を出力して，これで終わりなので，1つ前のorder(3) に戻ります。

26. order(3)

order(7) の実行が終わったので次の行から実行しますが，これで終わりなので，order(3) の呼び出し元となるorder(1) に戻ります。

27. order(1)

order(3) の実行が終わったので，次の行から実行しますが，これで終わりです。もともと呼び出したプログラムなので，これで終了となります。

出力を並べると，「8，4，9，2，10，5，11，1，12，6，13，3，14，7」となります。したがって，**ウ**が正解です。

なお，この手続orderの走査順は，中間順(左，根，右の順)の実行手順となります。また，選択肢は4つしかないので，6番目の「9を出力」のところまでトレースすれば，解答は一意に絞り込むことが可能です。

第5章

プログラミングの諸分野への適用

プログラミングは様々な分野に適用されます。特に，数理・データサイエンス・AI（人工知能）といった最新の分野への適用は，これからの時代の鍵となります。
データサイエンスは，データから新たな知見を得るための科学です。これからの時代のIT関連技術者にとって，データサイエンスのスキルを身に付けることは特に重要となってきています。
AIを扱う上でも，プログラミングは欠かせません。機械学習やディープラーニングなど，様々な理論を学習していきましょう。

5-1 数理・データサイエンス

プログラミングを様々な分野に適用するには，数学の理論を理解することが不可欠です。データサイエンスにおいては，データ分析のために，データの可視化，データ解析，評価など様々な作業を行う必要があります。

5-1-1 数理

世の中の現象を記述したり，予測したりするとき，関数を用いると便利です。微分積分，線形代数，確率統計は，データサイエンスを理解する基礎となります。

勉強のコツ

基本情報技術者試験の試験範囲には，ここで取り上げた関数や微分，統計学のほかに積分や指数・対数，三角関数などの高校レベルの数学も含まれます。データサイエンスを習得する場合，これらは基礎として必須なのでしっかり学習する必要があります。ただし，基本情報技術者試験での出題割合はそれほど高くないので，データサイエンスにあまり興味がない方，数学が苦手な方などは無理に取り組まなくても大丈夫です。

関数

関数(function)とは，ある値を別の値に対応させる手続きです。たとえば，

$$f(x) = 3x + 2$$

という関数は，「xの値を3倍して2足す」という手続を行います。

関数は，場合分けを使って表すこともできます。例えば，xの正負によって場合分けした次のような関数を考えることもできます。

$$f(x) = \begin{cases} x(x > 0) \\ 0(x \leqq 0) \end{cases}$$

この関数はReLU（Rectified Linear Unit，レルー）と呼ばれており，ディープラーニングの分野で活用されています。グラフで表すと，次のようになります。

●ReLUのグラフ

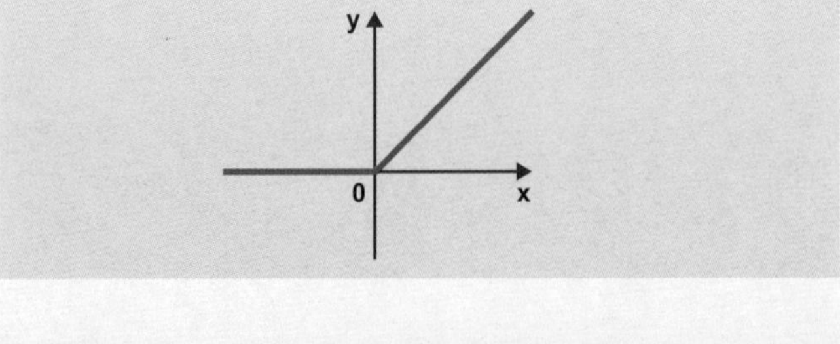

極限／微分積分

$f(x)$ を関数，a を実数とするとき，実数 x を a に近づけたときに $f(x)$ がある実数 b に近づくなら，その値 b を $f(x)$ の**極限**と呼び，次のように表します。

$$\lim_{x \to a} f(x) = b$$

微分は，極限を使って定義されます。関数 $f(x)$ と実数 a に対して，

$$\lim_{x \to a} \frac{f(x) - f(a)}{x - a} = b$$

という関係が成り立つとき，$f(x)$ は $x = a$ で微分可能です。この極限 b を $f'(a)$ または $\frac{df}{da}(a)$ と表し，$f(x)$ の a における**微分**と呼びます。

微分は，関数 $f(x)$ のグラフにおいて，x が a のときの**傾き**を指します。

実際に微分を求めるときには，微分の公式を使って計算することが一般的です。少なくとも，以下の公式は知っておきましょう。

・公式：x^n の微分

n が正の整数として $(x^n)' = nx^{n-1}$ が成り立つ。また，定数関数の微分は0である。

統計学

データサイエンスを中心としたプログラミングでは，数学の様々な分野や数値演算が用いられます。その中で最も関係が深いのが統計学です。統計学を用いて，多様なデータを分析し，その内容を解釈します。

代表値

変数 x に関する n 個のデータ $x_i (i = 1, 2, \ldots, n)$ が与えられているとき，データ全体の特性を表す値を**代表値**といいます。代表値には様々なものがありますが，代表的なものは次のとおりです。

・平均値

データの中心を表す値としては，**算術平均**と呼ばれる平均値が最もよく用いられます。算術平均 $\overline{x_A}$ は，次の式で表されます。

$$\overline{x_A} = \frac{1}{n}\sum_{i=1}^{n} x_i$$

Σ《シグマ》は，総計を表す数式で，データ$x_i(i = 1, 2, \ldots, n)$をすべて合計します。この合計をデータの個数 n で割ると，平均値が求まります。

平均値には，幾何平均や調和平均など，別の求め方もあります。

・順序統計量

データ $x_i(i = 1, 2, \ldots, n)$ を大きさの順に並べ替えて，

$$x_{(1)} \leqq x_{(2)} \leqq \cdots \leqq x_{(n)}$$

を満たす $x_{(i)}(i = 1, 2, \ldots, n)$ を**順序統計量**といいます。順序統計量を用いて，**最小値** x_{min} **最大値** x_{max} は次のように定義されます。

$$x_{min} = x_{(1)},\quad x_{max} = x_{(n)}$$

データを大きさの順に並べたときの「中央」の値を，**中央値**といいます。中央値 x_{me} は，データが奇数の場合と偶数の場合に分けて以下のように定義されます。

$$x_{me} = \begin{cases} x_{(\frac{n+1}{2})} & (n : \text{奇数}) \\ \frac{x_{(\frac{n}{2})}+x_{(\frac{n}{2}+1)}}{2} & (n : \text{偶数}) \end{cases}$$

データの中に**外れ値**と呼ばれる飛び抜けて大きな（小さな）値がある場合は，中央値の方が平均値よりもデータの中心の指標として適しています。

データを順番に並べて1／4ずつ分けたとき，1／4番目の値を**第1四分位数**，3／4番目の値を**第3四分位数**といいます。**第2四分位数**は中央値と一致します。

また，同じ値のデータの個数を数え，最も数が多いデータを**最頻値**といいます。

散らばりの指標

データの散らばり具合を表す指標の代表的なものに，データの**偏差**があります。偏差とは，データの平均 $\overline{x}$ をもとに，それぞれの値で $x_i - \overline{x}(i = 1, 2, \ldots, n)$ を求めたものです。以下の式で定義される s_x^2 を**分散**と呼びます。

$$s_x^2 = \frac{1}{n}\sum_{i=1}^{n}(x_i - \overline{x})^2$$

分散の正の平方根 $\sqrt{s_x^2}$ を**標準偏差**と呼び，σ《シグマ》で表します。

正規分布

統計で最も使われる考え方に，**正規分布**があります。繰り返し実行した場合，それが独立したランダムな事象であれば，その分布は正規分布に従うことが知られています。正規分布は，左右対称で，平均値が最も多くなる分布です。

正規分布の場合，その確率の散らばり具合によって，標準偏差（σ）が求められます。その分布が正規分布に従っていた場合には，平均から±1σ（−1σから1σ）の間に**約68%**のデータが含まれることになります。±2σの間には**約95%**，±3σの間には約99.7%のデータが含まれます。

●正規分布

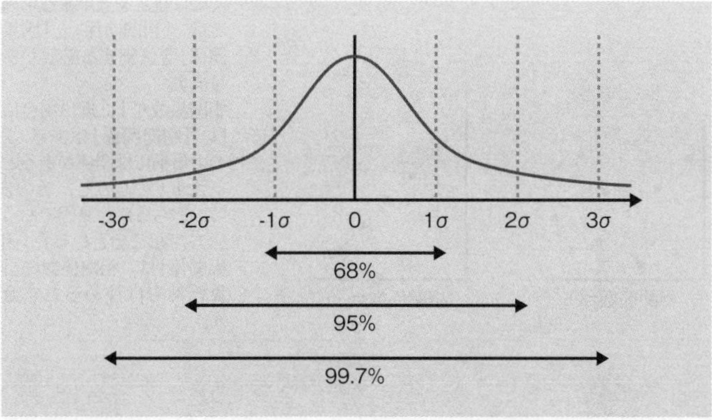

統計分析

統計学の手法でデータを解析することを**統計分析**といいます。統計分析には次のような種類があります。

・回帰分析

連続的なデータについて，$y = f(x)$ などの関数モデルを当てはめる分析です。このとき，変数となる x が1つなら単回帰分析，複数なら重回帰分析といいます。

・主成分分析

多くの変数をより少ない指標や合成変数にまとめ，要約する手法です。

・因子分析

観測された結果について，どのような潜在的な要因(因子)から影響を受けているかを探る手法です。

・相関分析

2つの変数の間にどの程度の直線的な関係があるのかを数値で表す分析です。相関分析で用いられる，データの分布がどれだけ直線に近いかを示す係数に，相関係数があります。完全に右上がりの直線上にデータが分布している場合には相関係数が1，まったく相関のない無相関な場合には相関係数が0になります。さらに，右下がりの直線上にデータが分布している場合には相関係数が−1になります。

発展

実際に統計を適用する場面では，「相関関係」と「因果関係」を区別する必要があります。
相関係数が1に近い場合には，「相関関係」はあり，2つの事柄には関係があるといえます。しかし，その2つのどちらかが原因でもう一方が起こるといった「因果関係」は，相関係数の計算だけでは決められません。

●相関係数

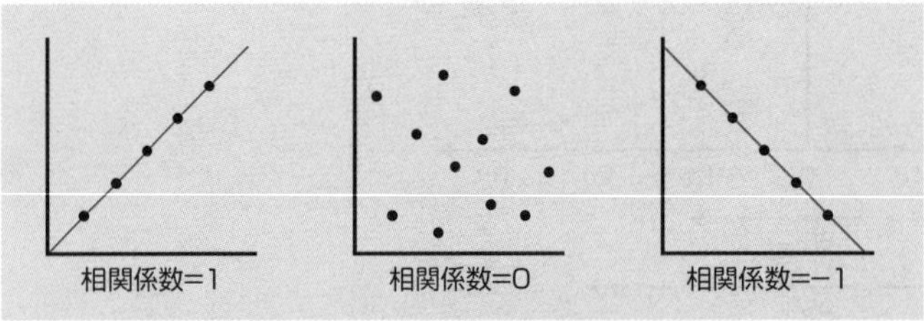

POINT!

- 微分では，$(x^n)' = nx^{n-1}$ の関係が成り立つ
- 正規分布では，平均を中心としたグラフになり，±1σに約68%が含まれる

5-1-2 データサイエンス

データサイエンスでは，データ分析を行い，その結果から新たな知見を得ます。データサイエンスを学習するには，エンジニアリングや数学，経営など，様々な周辺分野の知識が求められます。

データサイエンスとは

データサイエンスとは，データを用いて新たな知見を得るための科学的な手法です。データ分析を行い，データを実社会に役立てる応用的な面が中心となります。データサイエンスの基礎となる分野は，数学，統計学，コンピュータサイエンス（情報科学），データマイニング，データビジュアライゼーション（データの可視化）など，様々です。機械学習やディープラーニングなど，AI（人工知能）で使われる技術も，データサイエンスに含まれます。

データ分析で行うこと

データ分析は次の図のような流れで行われ，様々なタスクに取り組みます。

●データサイエンスのタスク構造

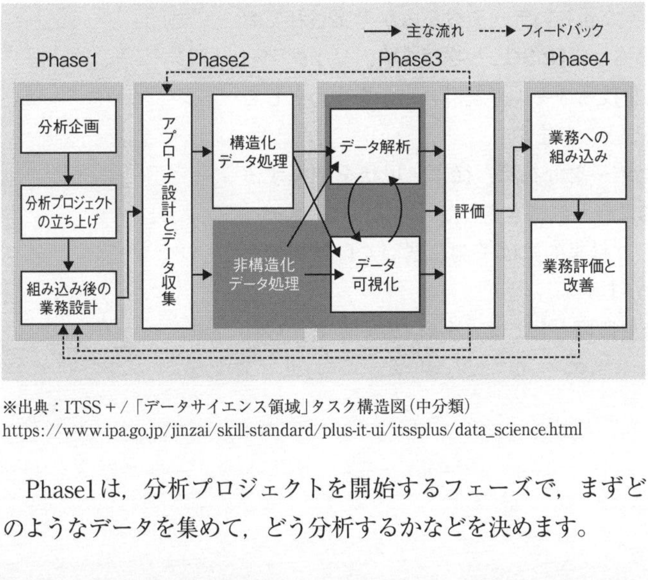

※出典：ITSS＋／「データサイエンス領域」タスク構造図（中分類）
https://www.ipa.go.jp/jinzai/skill-standard/plus-it-ui/itssplus/data_science.html

関連
データサイエンスでのモデルとは，現実世界のルールや法則を数式などのかたちでまとめたものです。統計学で導かれる数理モデルや，機械学習で作成される学習済モデルなどがあります。
機械学習での学習済モデルについては，「5-2-1 AIとは」でも取り上げています。

Phase1は，分析プロジェクトを開始するフェーズで，まずどのようなデータを集めて，どう分析するかなどを決めます。

Phase2は，一般的に「前処理」と呼ばれるタスク全般です。データを収集し，構造化データ，非構造化データそれぞれをデータ分析に適したかたちに変換します。

Phase3は「データ分析」そのものです。データを解析し，可視化することを繰り返し，その精度を上げていきます。

Phase4は，分析した結果やできあがったモデルを使い，業務に役立てるフェーズです。システムに組み込み，評価を行って，今後の改善に役立てていきます。

■ビッグデータ

ビッグデータとは，関係データベースなど通常のDBMS（Database Management System：データベース管理システム）で取り扱うことが困難な大きさのデータの集まりのことです。単にデータ量が多いだけでなく，様々な種類があり，**非構造化データ**（構造化できないデータ）や定型的でないデータなども含まれます。

ビッグデータに限らずデータを扱うときは，使用するデータはすべて元のかたちで**データレイク**に保存します。分析などで加工する前のデータをデータレイクに保存しておくことで，様々な視点での分析や利用が可能になります。

ビッグデータは，通常のDBMSでSQLを使用する処理には向きません。そのため，様々な新しいデータベースが考案されており，それらのDBMSを総称して**NoSQL**と呼びます。ビッグデータを扱うためには，高度な技術スキルや統計スキルを中心としたデータサイエンス力が必要となります。

ビッグデータを用いたデータ分析は，従来，現状を把握するための「見える化」を目的に行われてきました。今後，ビッグデータの活用を発展させると，将来的には予測に基づく自動制御などを実現できるようになります。

ビッグデータ活用の発展段階としては，次の4段階が考えられています。

- **第1段階：見える化**
  過去や現在の事実の確認（どうだったのか）
- **第2段階：自動検出**
  過去や現在の状況の解釈（どうしてそうだったのか）
- **第3段階：予測**
  将来生じる可能性がある事象の予測（どうなりそうなのか）
- **第4段階：自動制御**
  将来の施策への展開（どうしたらよいのか）

ビッグデータの活用を発展させることで，本格的なデータ活用が進み，ビジネスが推進されるようになります。

データの前処理

収集したデータを活用してデータ分析を行う場合，そのままデータを使用してしまうと，様々な問題が起こります。そのため，データでは前処理を行うことが不可欠です。前処理の作業には，次のものがあります。

データクレンジング

データが一部で取得できておらず，**欠損値**が設定されていたり，ありえない値となる**異常値**が設定されている場合など，不完全なデータが実務ではよくあります。また，正常にデータが取得できていても，他の計測値と大きく値が異なる**外れ値**があった場合，分析に含めると信頼性が下がることがあります。

このような問題を解消し，分析に適したデータに変換する処理を**データクレンジング**といいます。

データクレンジングの基本的な方法には，欠損値・異常値・外れ値を発見し，それらを取り除くという**フィルタリング処理**が最も一般的です。また，周辺の値から平均値などで値を**補完**することもあります。

POINT!

- ビッグデータの活用は，見える化だけではなく，自動制御に発展
- データの前処理として，データクレンジングを実施

5-1-3 演習問題

問1　極限　CHECK ▶ □□□

a 及び b を定数とする関数 $f(t)=\dfrac{a}{t+1}$ 及び $g(t)=\dfrac{b}{t^2-t}$ に対して，$\displaystyle\lim_{t\to\infty}\frac{g(t)}{f(t)}$ はどれか。ここで，$a\neq 0$，$b\neq 0$，$t>1$ とする。

ア　0　　イ　1　　ウ　$\dfrac{b}{a}$　　エ　∞

問2　正規分布　CHECK ▶ □□□

平均が60，標準偏差が10の正規分布を表すグラフはどれか。

ア

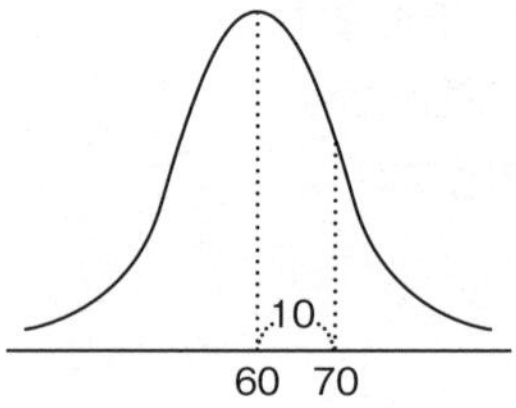

イ

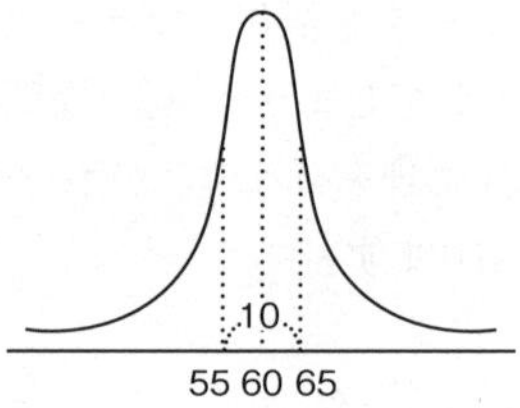

ウ

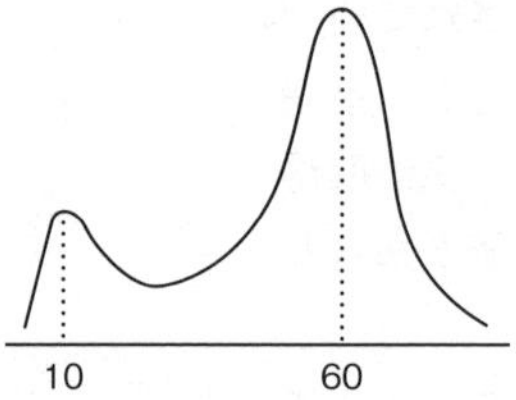

エ

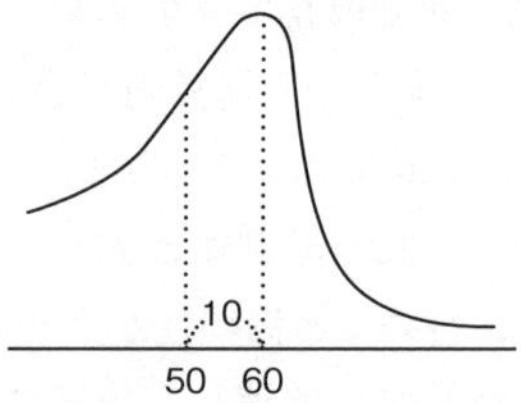

問3 ビッグデータ活用の発展過程 CHECK ▶ □□□

ビッグデータ活用の発展過程を次の4段階に分類した場合，第4段階に該当する活用事例はどれか。

〔ビッグデータ活用の発展段階〕
- ・第1段階：過去や現在の事実の確認（どうだったのか）
- ・第2段階：過去や現在の状況の解釈（どうしてそうだったのか）
- ・第3段階：将来生じる可能性がある事象の予測（どうなりそうなのか）
- ・第4段階：将来の施策への展開（どうしたら良いのか）

ア　製品のインターネット接続機能を用いて，販売後の製品からの多数の利用者による操作履歴をビッグデータに蓄積し，機能の使用割合を明らかにする。

イ　多数の利用者による操作履歴が蓄積されたビッグデータの分析結果を基に，当初，メーカが想定していなかった利用者の誤操作とその原因を見つけ出す。

ウ　ビッグデータを基に，利用者の誤操作の原因と，それによる故障率の増加を推定し，利用者の誤操作を招きにくいユーザインタフェースに改良する。

エ　利用者の誤操作が続いた場合に想定される製品の故障率の増加を，ビッグデータを用いたシミュレーションで推定する。

演習問題の解説

問1 (令和元年秋 基本情報技術者試験 午前 問4) **《解答》ア**

関数 $f(t)$，$g(t)$ を当てはめて式を変形すると，次のようになります。

$$\lim_{t\to\infty}\frac{g(t)}{f(t)}=\lim_{t\to\infty}\frac{\frac{b}{t^2-t}}{\frac{a}{t+1}}=\lim_{t\to\infty}\frac{b(t+1)}{a(t^2-t)}$$

ここで，分母，分子ともに t^2 で割り，$t\to\infty$ とすると，次のようになります。

$$\lim_{t\to\infty}\frac{b(t+1)}{a(t^2-t)}=\lim_{t\to\infty}\frac{b(\frac{1}{t}+\frac{1}{t^2})}{a(1-\frac{1}{t})}=\frac{b(0+0)}{a(1-0)}=\frac{0}{a}=0$$

したがって，0になるので**ア**が正解です。

問2 (令和元年秋 基本情報技術者試験 午前 問5) **《解答》ア**

平均が60の正規分布では，平均値の60が最も頻度が高くなる左右対称のグラフになります。解答群ではアやイのようなかたちです。標準偏差が10ということは±10，つまり50～70の間に全体の68%が入るようなかたちになります。解答群では，アの60～70までが1標準偏差です。したがって，**ア**が正解となります。

イ　平均が60，標準偏差が5の正規分布を表すグラフです。
ウ　二山型の確率分布で，複数の要因が関わるデータなどで見られるかたちです。
エ　ポアソン分布などの，左右対称ではないかたちの確率分布です。

問3 (平成30年春 基本情報技術者試験 午前 問63) **《解答》ウ**

ビッグデータ活用の発展段階では，まず第1段階で，過去や現在の事実を確認します。解答群では，アの操作履歴を蓄積し，機能の使用割合を明らかにする事例が当てはまります。

次に，第2段階で，過去や現在の状況を解釈します。解答群では，イの利用者による操作履歴を基に誤操作の原因を見つけ出す事例が当てはまります。

さらに，第3段階で，将来生じる可能性のある事象の予測を行います。解答群では，エの誤操作と故障率をシミュレーションで推定する事例が当てはまります。

最後に第4段階で，将来の施策への展開を行います。解答群では，ウのユーザインタフェースの改良の事例が当てはまります。

問われているのは第4段階に該当する活用事例なので，**ウ**が正解です。

5-2 AI

AIや機械学習に関する技術には，ディープラーニングをはじめとした様々なものがあります。プログラミングを行うことで，機械学習やディープラーニングの様々な技術を活用できます。

5-2-1 AIとは

AI（Artificial Intelligence：人工知能）とは，人間と同様の知能をコンピュータ上で実現させるための技術です。機械学習やディープラーニングを中心に，様々な技術が実用化されています。

AI

AIは，人間の知能を完全に模倣できる「強いAI」と，知能の一部の機能を代替する「弱いAI」に大別されます。現在実用化されているのはすべて，弱いAIに分類されるものです。人間をAIで置き換えるものではありませんが，様々な技術が実用化されています。

AIの代表的な実用化事例に画像認識があり，ほかに音声認識やテキスト翻訳などの分野でも技術が大きく進歩しています。

機械学習

AIを実現する手法のうち近年よく用いられるものが**機械学習**です。機械学習とは，データからコンピュータが知識を学習することです。予測解析，統計学習，パターン認識などと呼ばれることもあります。

●機械学習のイメージ

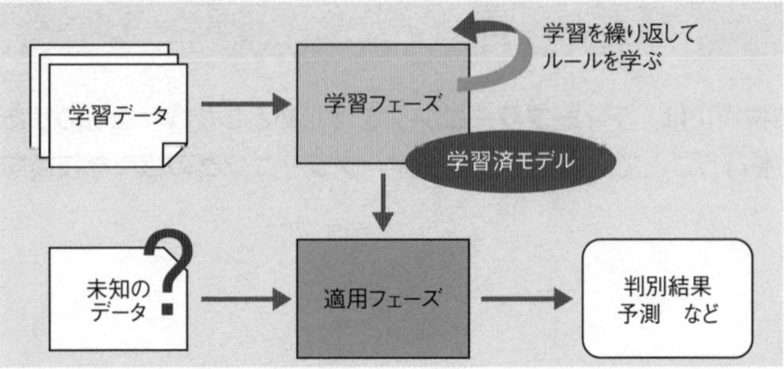

学習フェーズでは，学習データを基に学習を繰り返してルールを学びます。学んだルールを，学習済モデルといいます。例えば，「犬」と「猫」の写真を区別する学習済モデルを作るには，犬と猫の写真を大量に学習し，犬と猫の特徴をモデルとして捉えます。

適用フェーズでは，できあがった学習済モデルを未知のデータに当てはめて，計算した結果を出します。例えば，先ほど作成した犬と猫の特徴を学習した学習済モデルに「犬」の写真を当てはめてみて，それが「犬」であるという結果を出せると成功です。

機械学習での「学習」は，主に次の2つを指します。

分類

「当てはまるもの」と「そうでないもの」に分けることです。学習を行うことで，特定のものをほかのものから分けられるようになります。

●分類のイメージ

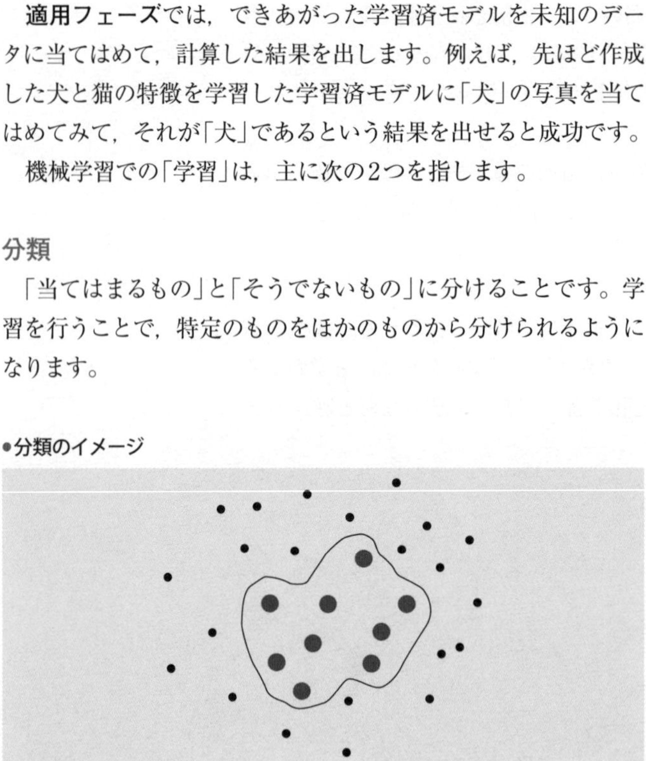

回帰

学習によって未来が予測できるようになることです。過去の結果からその傾向を学習し，未来を予測して対処できるようになります。

●回帰のイメージ

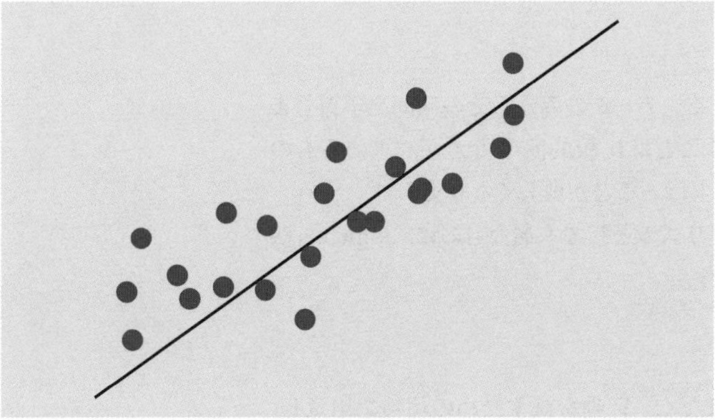

教師あり学習と教師なし学習

機械学習は，大きく教師あり学習と教師なし学習に分けられます。その間として半教師あり学習があり，強化学習はその一例です。

教師あり学習

教師あり学習は，正解（教師データ）を用意し，データと正解の関係から，その関係を表すモデル（ルール）を学習します。正解データ（ラベルともいいます）を集めることは困難ですが，正解が明確なので，精度の高い学習が可能となります。

教師あり学習のアルゴリズムには，主に次のようなものがあります。

・**線形回帰（最小二乗法）**
　誤差の二乗を最小にする直線や曲線を求める方法です。
・**決定木（Decision Tree）**
　木構造を利用した，条件のYes/noで分類や予測を行う方法です。

・サポートベクタマシン（SVM：Support Vector Machine）

各データ点との距離が最大になるように分類や回帰を行う手法です。

ディープラーニングで用いられるニューラルネットワークも，教師あり学習のアルゴリズムの1つです。

教師なし学習

正解に関する情報はなく，データのみからその傾向を学習します。学習データを集めることは比較的簡単ですが，求めるものが分かりづらく，精度を上げることが難しくなります。

教師なし学習のアルゴリズムとして有名なものに，k-means法やWard法などがあります。

強化学習

正解を用意するのではなく，行動を試すための環境を用意し，とるべき行動を自分で学習していく方法です。半教師あり学習の一例で，環境の中でいろいろ試してみることで自らデータを取得します。

ディープラーニング

教師あり学習のアルゴリズムの1つに，人間の神経回路網を模倣した方法であるニューラルネットワークがあります。ニューラルネットワークには，情報を伝えるための隠れ層と呼ばれる中間の層がありますが，その層を複数にし，より複雑な学習が可能となったものがディープラーニング（深層学習）です。ディープラーニングにより，AIの進化が加速し，様々な実用化につながっています。

AIと機械学習，ディープラーニングの関係を図示すると，次のようになります。

●AIと機械学習，ディープラーニングの関係

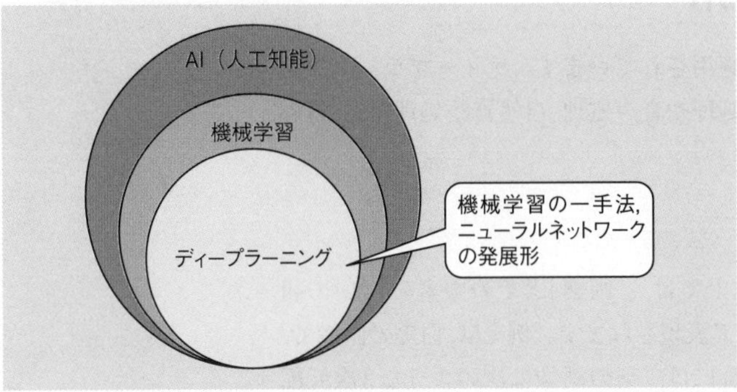

ディープラーニングは様々な分野で応用されています。

POINT!

- 機械学習には，教師あり学習と教師なし学習に加え，強化学習がある
- ディープラーニングは教師あり学習の一種

5-2-2 AIの適用

AIは，様々な場面で適用されています。ディープラーニング技術を中心として，画像処理や音声処理，自然言語処理など，様々な応用が行われています。

画像処理

画像は，コンピュータ上では，「画素」とその画素の「色」の組合せで2次元配列を使って表現されます。例えば，白黒の画像で，0が白，1が黒を表す場合には，下の画像は次のような2次元配列に表現されます。

●画像の例

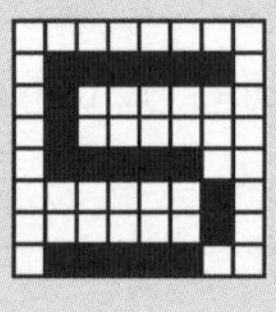

```
整数型の2次元配列: picture =
  {{0, 0, 0, 0, 0, 0, 0, 0}
   {0, 1, 1, 1, 1, 1, 1, 0}
   {0, 1, 0, 0, 0, 0, 0, 0}
   {0, 1, 0, 0, 0, 0, 0, 0}
   {0, 1, 1, 1, 1, 1, 0, 0}
   {0, 0, 0, 0, 0, 0, 1, 0}
   {0, 0, 0, 0, 0, 0, 1, 0}
   {0, 1, 1, 1, 1, 1, 0, 0}}
```

カラーの場合には，光の三原色を使ってRGB（Red, Green, Blue）の3つの色の組合せで色を表現することが一般的です。

画像処理では，配列を行列として処理し，行列演算を行います。

画像認識とディープラーニング

AIのアルゴリズムの1つであるディープラーニングは様々な分野で活用されていますが，最初に注目されたのは**画像認識**の分野です。ディープラーニングの一種であるCNN（Convolutional Neural Network：畳み込みニューラルネットワーク）を活用することで，高い精度で画像を分類することに成功しました。

CNNでは，画像を行列演算で取り扱います。そのため，行列演算を得意とする装置である**GPU**（Graphic Processing Unit）と相性がよく，高速化が行いやすいのも普及した要因のひとつです。

画像生成と強化学習

画像生成では，強化学習を利用することで，類似するデータを生成できるようになりました。代表的なものがGAN（Generative Adversarial Network：敵対的生成ネットワーク）です。さらに，従来の強化学習の枠組みにディープラーニングを導入したDeep Q-Network（DQN）があります。

■ 音声処理

音声は，実際にはアナログの波動です。アナログの情報（音，画像など）をコンピュータで扱うためには，デジタルのデータに変換する必要があります。この変換を**A/D変換**（Analog/Digital変換）といいます。

A/D変換を行うためには，**標本化**，**量子化**と**符号化**という3つの作業が必要です。標本化とは，連続のデータを一定の間隔をおいてサンプリングすることです。そのサンプリングしたアナログの値をデジタルに変換することを量子化，デジタル値を2進数に変換することを符号化といいます。

例えば，次図のような音の波があったときに，一定間隔でデータを取得することを標本化，それをデジタルのデータに置き換えることを量子化，それを2進数にすることを符号化といいます。

●**標本化，量子化と符号化**

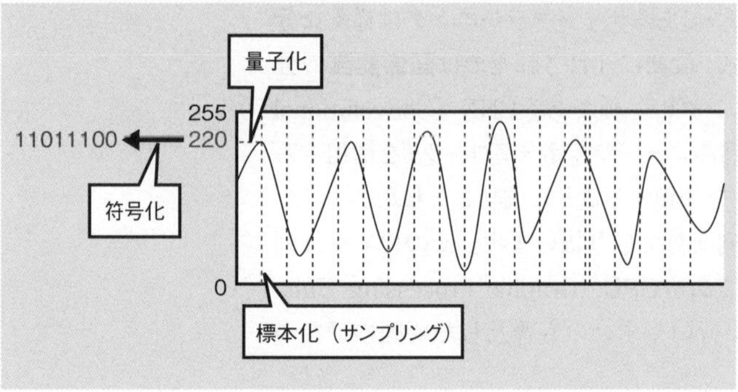

音声認識とディープラーニング

音声のデータは波の表現なので，データの内容だけではなく，データの順番が大切になってきます。このようなデータを**時系列データ**といいます。時系列処理を行うことが得意なディープラーニングの応用技術に**RNN**（Recurrent Neural Network：再帰型ニューラルネットワーク）があります。

音声認識はRNNを中心としたディープラーニング技術によって精度が向上し，AIスピーカーや会議の文字起こしなど，様々な場面で利用されています。

■ 自然言語処理

自然言語処理とは，人間が使っている日本語や英語などの言語データを，コンピュータで取り扱うための技術です。日本語の自然言語処理では，文章を単語ごとに分割する**単語分割**や，単語を名詞，動詞，助詞などの最小単位で解析する**形態素解析**の処理などを実施します。

自然言語処理とディープラーニング

自然言語処理の分野では，ディープラーニングの活用は画像や音声に比べて遅れていました。音声認識で用いられているRNNの一種である**LSTM**（Long Short Term Memory：長期短期記憶）が最初に普及しました。その後，**アテンション**の概念に着目した**トランスフォーマー**という手法が開発され，一般的になりました。

アテンション機構は，ニューラルネットワークに組み込まれる計算機構で，データや特徴量から重要なものをピンポイントに選択する機能をもちます。

トランスフォーマーでは，入力された大量の単語の中から質問と関連度の高いものをアテンション機構で選択し，ディープラーニングで適切に文章の解析や質問応答を可能にしています。現在利用されている自然言語処理のシステムであるBERTやGPT-3，GPT-4などでは，トランスフォーマーを利用しています。

様々な分野でのAIの応用

膨大なデータから学習するディープラーニングの仕組みは，広範囲で有効性が認められています。現在では，表に示すような様々な分野で活用されています。

●AIが活用される分野

分野	活用例
製造	需要予測による最適化など
流通	倉庫の配置最適化など
金融	株価予測など
インフラ	異常検知など
マーケティング	商品推薦など
公共交通	配車の最適化など
ヘルスケア	健康状態の管理など
教育	外国語発話聞き取り訓練など
スポーツ	戦略分析など

POINT!

・ディープラーニングの一種であるCNNは，画像解析などで活用

・トランスフォーマーによって自然言語処理が飛躍的に向上した

コラム

ChatGPTなどの応用技術

ChatGPTは，OpenAIが提供する言語モデルを使用したサービスで，双方向で会話しながら処理を行います。2023年4月現在，言語モデルには，GPT-3.5やGPT-4が用いられています。このような対話型のシステムを使うことで，質問・回答というかたちで様々な処理を実現できるようになりました。ChatGPTの利用によって，AI活用の裾野が広がり，様々な分野への応用が加速することが予想されます。

今後どのように発展するかは予測がつかないところではありますが，AIを理解するには，実際に活用してみるのが一番です。ChatGPTは，従来のプログラミングが必須だったAIと比べても扱いやすいので，最初の一歩にはぴったりです。ぜひ実際に使ってみながら，新しい技術を身に付けていきましょう。

5-2-3 演習問題

問1 教師あり学習 CHECK ▶ □□□

機械学習における教師あり学習の説明として，最も適切なものはどれか。

ア　個々の行動に対しての善しあしを得点として与えることによって，得点が最も多く得られるような方策を学習する。
イ　コンピュータ利用者の挙動データを蓄積し，挙動データの出現頻度に従って次の挙動を推論する。
ウ　正解のデータを提示したり，データが誤りであることを指摘したりすることによって，未知のデータに対して正誤を得ることを助ける。
エ　正解のデータを提示せずに，統計的性質や，ある種の条件によって入力パターンを判定したり，クラスタリングしたりする。

問2 ディープラーニング CHECK ▶ □□□

AIにおけるディープラーニングの特徴はどれか。

ア　“AならばBである”というルールを人間があらかじめ設定して，新しい知識を論理式で表現したルールに基づく推論の結果として，解を求めるものである。
イ　厳密な解でなくてもなるべく正解に近い解を得るようにする方法であり，特定分野に特化せずに，広範囲で汎用的な問題解決ができるようにするものである。
ウ　人間の脳神経回路を模倣して，認識などの知能を実現する方法であり，ニューラルネットワークを用いて，人間と同じような認識ができるようにするものである。
エ　判断ルールを作成できる医療診断などの分野に限定されるが，症状から特定の病気に絞り込むといった，確率的に高い判断ができる。

問3 機械学習の活用事例 CHECK ▶ □□□

生産現場における機械学習の活用事例として，適切なものはどれか。

ア 工場における不良品の発生原因をツリー状に分解して整理し，アナリストが統計的にその原因や解決策を探る。

イ 工場の生産設備を高速通信で接続し，ホストコンピュータがリアルタイムで制御できるようにする。

ウ 工場の生産ロボットに対して作業方法をプログラミングするのではなく，ロボット自らが学んで作業の効率を高める。

エ 累積生産量が倍増するたびに工場従業員の生産性が向上し，一定の比率で単位コストが減少する。

演習問題の解説

問1 (平成31年春 基本情報技術者試験 午前 問4) **《解答》ウ**

機械学習における教師あり学習とは，正解データを教師として学習する方法です。正解のデータを提示したり，それが正解ではない（誤りである）ことを指摘したりすることで，学習を行っていきます。したがって，**ウ**が正解です。

ア　強化学習の説明です。

イ　推論は，学習ではなく，学習済モデルの適用フェーズで行われることです。

エ　教師なし学習の説明です。

問2 (平成30年春 基本情報技術者試験 午前 問3) **《解答》ウ**

ディープラーニングとは，人間の神経回路網を模倣した方法であるニューラルネットワークという機械学習アルゴリズムを発展させたアルゴリズムです。ニューラルネットワークを用いて，人間と同じような，場合によっては人間を超える精度の認識を実現できます。したがって，**ウ**が正解です。

ア　ルールを基にした推論の特徴です。

イ　メタヒューリスティクスの特徴です。

エ　エキスパートシステムの特徴です。

問3 (令和元年秋 基本情報技術者試験 午前 問73) **《解答》ウ**

機械学習では，ルールをプログラミングして制御を行うのではなく，データを学ぶことでルールを作成します。工場の生産ロボットに対して，作業の流れをロボットが観察してデータを集め，そのデータからルールを機械学習することで，ロボット自らが作業を改善できるようになります。したがって，**ウ**が正解です。

ア　統計学を用いたデータサイエンスの活用事例です。

イ　生産設備のネットワーク化による業務改善の事例です。

エ　工場従業員（人間）が学習することの効果となります。

5-3 問題演習

ここでは，第5章までで学んだ範囲について，科目B問題を解いてみましょう。実際に解いてみることで，理解が深まります。

5-3-1 問題

問1

次のプログラム中の［　　　　］に入れる正しい答えを，解答群の中から選べ。

任意の異なる2文字をc1，c2とするとき，英単語群に含まれる英単語において，c1の次にc2が出現する割合を求めるプログラムである。英単語は，英小文字だけから成る。英単語の末尾の文字がc1である場合，その箇所は割合の計算に含めない。例えば，図に示す4語の英単語“importance”，“inflation”，“information”，“innovation”から成る英単語群において，c1を“n”，c2を“f”とする。英単語の末尾の文字以外に“n”は五つあり，そのうち次の文字が“f”であるものは二つである。したがって，求める割合は，2 ÷ 5 = 0.4である。c1とc2の並びが一度も出現しない場合，c1の出現回数によらず割合を0と定義する。

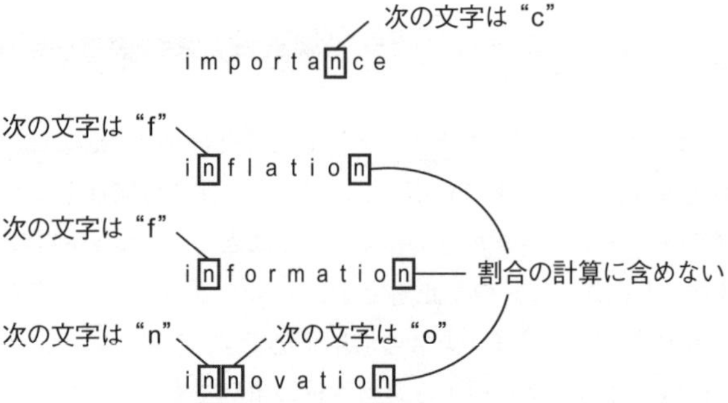

図　4語から成る英単語群の例

プログラムにおいて，英単語群はWords型の大域変数wordsに格納されている。クラスWordsのメソッドの説明を，表に示す。本問において，文字列に対する演算子“＋”は，文字列の連結を表す。また，整数に対する演算子“÷”は，実数として計算する。

表　クラスWordsのメソッドの説明

メソッド	戻り値	説明
freq(文字列型：str)	整数型	英単語群中の文字列strの出現回数を返す。
freqE(文字列型：str)	整数型	英単語群の中で，文字列strで終わる英単語の数を返す。

〔プログラム〕

```
大域：Words：words /* 英単語群が格納されている */

/* c1の次にc2が出現する割合を返す */
○実数型：prob(文字型：c1，文字型：c2)
  文字列型：s1 ← c1の1文字だけから成る文字列
  文字列型：s2 ← c2の1文字だけから成る文字列
  if (words.freq(s1 + s2) が 0 より大きい)
    return [　　　　]
  else
    return 0
  endif
```

解答群

ア　(words.freq(s1) − words.freqE(s1)) ÷ words.freq(s1 + s2)

イ　(words.freq(s2) − words.freqE(s2)) ÷ words.freq(s1 + s2)

ウ　words.freq(s1 + s2) ÷ (words.freq(s1) − words.freqE(s1))

エ　words.freq(s1 + s2) ÷ (words.freq(s2) − words.freqE(s2))

（基本情報技術者試験 科目B試験サンプル問題 問5）

問2

次の記述中の [a] ～ [c] に入れる正しい答えの組合せを，解答群の中から選べ。ここで，配列の要素番号は1から始まる。

要素の多くが0の行列を疎行列という。次のプログラムは，二次元配列に格納された行列のデータ量を削減するために，疎行列の格納に適したデータ構造に変換する。

関数transformSparseMatrixは，引数matrixで二次元配列として与えられた行列を，整数型配列の配列に変換して返す。関数transformSparseMatrixをtransformSparseMatrix({{3, 0, 0, 0, 0}, {0, 2, 2, 0, 0}, {0, 0, 0, 1, 3}, {0, 0, 0, 2, 0}, {0, 0, 0, 0, 1}})として呼び出したときの戻り値は，{{ [a] }, { [b] }, { [c] }}である。

〔プログラム〕

```
○整数型配列の配列: transformSparseMatrix(整数型の二次元配列: matrix)
  整数型: i, j
  整数型配列の配列: sparseMatrix
  sparseMatrix ← {{}, {}, {}}  /* 要素数0の配列を三つ要素にもつ配列 */
  for (i を 1 から matrixの行数 まで 1 ずつ増やす)
    for (j を 1 から matrixの列数 まで 1 ずつ増やす)
      if (matrix[i, j] が 0 でない)
        sparseMatrix[1]の末尾 に iの値 を追加する
        sparseMatrix[2]の末尾 に jの値 を追加する
        sparseMatrix[3]の末尾 に matrix[i, j]の値 を追加する
      endif
    endfor
  endfor
  return sparseMatrix
```

解答群

	a	b	c
ア	1, 2, 2, 3, 3, 4, 5	1, 2, 3, 4, 5, 4, 5	3, 2, 2, 1, 2, 3, 1
イ	1, 2, 2, 3, 3, 4, 5	1, 2, 3, 4, 5, 4, 5	3, 2, 2, 1, 3, 2, 1
ウ	1, 2, 3, 4, 5, 4, 5	1, 2, 2, 3, 3, 4, 5	3, 2, 2, 1, 2, 3, 1
エ	1, 2, 3, 4, 5, 4, 5	1, 2, 2, 3, 3, 4, 5	3, 2, 2, 1, 3, 2, 1

（基本情報技術者試験 科目B試験サンプル問題 問4）

問3

次のプログラム中の［　　　］に入れる正しい答えを，解答群の中から選べ。二つの［　　　］には，同じ答えが入る。ここで，配列の要素番号は1から始まる。

Unicodeの符号位置を，UTF-8の符号に変換するプログラムである。本問で数値の後ろに“(16)”と記載した場合は，その数値が16進数であることを表す。

Unicodeの各文字には，符号位置と呼ばれる整数値が与えられている。UTF-8は，Unicodeの文字を符号化する方式の一つであり，符号位置が800（16）以上FFFF（16）以下の文字は，次のように3バイトの値に符号化する。

3バイトの長さのビットパターンを 1110xxxx 10xxxxxx 10xxxxxx とする。ビットパターンの下線の付いた“x”の箇所に，符号位置を2進数で表した値を右詰めで格納し，余った“x”の箇所に，0を格納する。この3バイトの値がUTF-8 の符号である。

例えば，ひらがなの“あ”の符号位置である3042（16）を2進数で表すと 11000001000010 である。これを，上に示したビットパターンの“x”の箇所に右詰めで格納すると，1110xx11 10000001 10000010 となる。余った二つの“x”の箇所に0を格納すると，“あ”のUTF-8の符号 11100011 10000001 10000010 が得られる。

関数encodeは，引数で渡されたUnicodeの符号位置をUTF-8の符号に変換し，先頭から順に1バイトずつ要素に格納した整数型の配列を返す。encodeには，引数として，800(16)以上FFFF（16）以下の整数値だけが渡されるものとする。

〔プログラム〕

```
○整数型の配列: encode(整数型: codePoint)
  /* utf8Bytesの初期値は，ビットパターンの“x”を全て0に置き換え，
     8桁ごとに区切って，それぞれを2進数とみなしたときの値 */
  整数型の配列: utf8Bytes ← {224, 128, 128}
  整数型: cp ← codePoint
  整数型: i
  for (i を utf8Bytesの要素数 から 1 まで 1 ずつ減らす)
    utf8Bytes[i] ← utf8Bytes[i] + (cp ÷ [      ] の余り)
    cp ← cp ÷ [      ] の商
  endfor
  return utf8Bytes
```

解答群

ア ((4－i)×2)	イ (2の(4－i)乗)	ウ (2のi乗)
エ (i×2)	オ 2	カ 6
キ 16	ク 64	ケ 256

(基本情報技術者試験(科目B試験) サンプル問題セット 問16)

5-3-2 解答と解説

問1 英単語群の文字出現割合 《解答》ウ

任意の異なる2文字をc1, c2とするときに, c1の次にc2が出現する割合を求めるプログラムについて考えます。プログラムは1から作成するのではなく, 表にクラスWordsが定義されているので, メソッドfreqとfreqEを利用します。

〔プログラム〕の1行目で, 大域変数としてクラスWords型の変数wordsが定義されています。

関数prob(c1, c2)は, 文字型のc1とc2を引数に, c1の次にc2が出現する割合を返します。このとき, c1とc2は, 文字列型にとしてs1とs2に代入されます。

s1の次にs2が来るときには, 文字列の並びはs1+s2になっているはずなので, s1の次にs2が来る回数は, 変数wordsを利用して, words.freq(s1+s2)で求められます。プログラムの空欄は, words.freq(s1＋s2)が0より大きい, つまりs1+s2が文字列中に出現する場合に, 出現割合を求める式が入ります。

s1が来る回数は, words.freq(s1)で求まります。s1が末尾に来る回数は, words.freqE(s1)で求まります。s1が末尾にある場合には, その文字は回数に含めないので, 割合を計算するときのs1の回数は, (words.freq(s1) - words.freqE(s1))となります。そのため, s1の後にs2が出現する割合は, words.freq(s1+s2) ÷ (words.freq(s1) - words.freqE(s1))で算出することができます。

したがって, **ウ**が正解です。

問2 疎行列のデータ量削減 《解答》イ

要素の多くが0の疎行列で, 二次元配列に格納された行列のデータ量を削減するために, 疎行列の格納に適したデータ構造に変換するプログラムについて考えます。多くの値が0の場合, 0以外の値についてだけ, その位置と値を記録することで, データ量の削減が可能です。

〔プログラム〕にある関数transformSparseMatrixに, 引数matrixで二次元配列として与えられた行列を, 整数型配列の配列に変換する処理を実行します。

transformSparseMatrix({{3, 0, 0, 0, 0}, {0, 2, 2, 0, 0}, {0, 0, 0, 1, 3}, {0, 0, 0, 2, 0}, {0, 0, 0, 0, 1}})を実行するとき, matrixは次のような二次元配列です。

i＼j	1	2	3	4	5
1	3	0	0	0	0
2	0	2	2	0	0
3	0	0	0	1	3
4	0	0	0	2	0
5	0	0	0	0	1

配列の要素番号は1から始まるので，左端の値が行を表すi，上の値が列を表すjとなります。

〔プログラム〕でmatrixの値を順に見ていくと，最初に初期化処理で，sparseMatrixは，要素数0の配列を三つ要素にもつ配列になります。次のようなイメージです。

sparseMatrix
1
2
3

for文の2重ループで，最初のfor文ではiを添字にし，1行ずつ見ていきます。最初の行は，{3, 0, 0, 0, 0}です。

2番目のfor文ではjを添字にし，列を左から順に右端まで見ていきます。このとき，matrix[i, j]が0でない場合のみ，sparseMatrixの末尾に値を代入します。

最初の行で値が0でないのはmatrix[1, 1]のみで，値は3です。そのため，sparseMatrix[1]にiの値1，sparseMatrix[2]にjの値1，sparseMatrix[3]にmatrix[i, j]の値3を追加します。このときのsparseMatrixは，次のような状態です。

sparseMatrix	1
1	1
2	1
3	3

同様に，iが2の2行目{0, 2, 2, 0, 0}を見ていくと，値が0でないのはjが2のときと3のときで，値はどちらも2です。そのため，次のように値を追加します。

sparseMatrix	1	2	3
1	1	2	2
2	1	2	3
3	3	2	2

同様に，iが3の3行目{0, 0, 0, 1, 3}を見ていくと，値が0でないのはjが4のときと5のときで，値は4のときが1，5のときが3です。そのため，次のように値を追加します。

sparseMatrix	1	2	3	4	5
1	1	2	2	3	3
2	1	2	3	4	5
3	3	2	2	1	3

同様に，iが4の4行目{0, 0, 0, 2, 0}, iが5の5行目{0, 0, 0, 0, 1}では，iが4，jが4のときのmatrix[4, 4]=2, iが5, jが5のときのmatrix[5, 5]=1が0以外の値となります。追加すると，次のようになります。

sparseMatrix	1	2	3	4	5	6	7
1	1	2	2	3	3	4	5
2	1	2	3	4	5	4	5
3	3	2	2	1	3	2	1

以上より，空欄aはsparseMatrix[1]で{1, 2, 2, 3, 3, 4, 5}，空欄bはsparseMatrix[2]で{1, 2, 3, 4, 5, 4, 5}，空欄cはsparseMatrix[3]で{3, 2, 2, 1, 3, 2, 1}となります。したがって，組合せの正しいイが正解です。

問3 文字コード変換 《解答》ク

Unicodeの符号位置を，UTF-8の符号に変換する関数encodeに対する空欄穴埋め問題です。問題文の内容を，プログラムに当てはめて考えていきます。

〔プログラム〕の1行目で, 関数encodeは「encode(整数型： codePoint)」となっているので，引数codePointにUnicodeの符号位置が渡されます。例えば，問題文にある，ひらがなの“あ”の符号位置は3042（16）で，2進数で表すと 11000001000010 となります。10進数に変換すると，12358です。この値を，UTF-8の符号に変換していきます。

関数の最初の行「整数型の配列： utf8Bytes ← {224, 128, 128}」は，コメントに説明があるとおり，2進数を変換した値です。2進数で表すと，utf8Bytesの各要素番号の値は，次のようになります。

要素番号	1	2	3
2進数の値	11100000	10000000	10000000

5

これは，問題文の「3バイトの長さのビットパターンを 1110xxxx 10xxxxxx 10xxxxxx とする」の下線の付いた“x”を0に変換したものです

次の行の「cp ← codePoint」で，codePointの値をcpに代入します。cpは整数型なので何進数でも表現できるのですが，分かりやすいので2進数で11000001000010を入れておきます。

次のfor文では，制御記述が，「i を utf8Bytesの要素数 から 1 まで 1 ずつ減らす」となっています。utf8Bytesの要素数は3なので，iは3から1まで，「3，2，1」と1ずつ減らして3回実行されます。そのため，最初のiは3です。

utf8Bytes[3]は，2進数で10000000です。ここの下6桁，10xxxxxxのxの部分に，codePointの下6桁を設定していきます。最初に代入したので，cp=codePointです。2進数の6桁は，$2^6 = 64$で，2進数で1000000です。この値でcpを割って，余りを求めることで，下6桁の000010を取り出すことができ，

```
utf8Bytes[3] = 10000000 + 000010 = 10000010
```

と，“あ”のUTF-8の符号の3番目を設定できます。

続いて，cpの値を64で割った商は，下6桁を取り除いたものになります。

```
cp ← 11000001000010 ÷ 1000000 = 11000001
```

となり，次の繰返しに進むことになります。

for文の2回目では，iが2となり，utf8Bytes[2]は，2進数で10000000です。同様にcpを64（2進数で1000000）で割った余りを求めることで，下6桁の000001を取り出すことができ，

```
utf8Bytes[2] = 10000000 + 000001 = 10000001
```

と，“あ”のUTF-8の符号の2番目を設定できます。

続いて，cpの値を64で割った商は，

```
cp ← 11000001 ÷ 1000000 = 11
```

となり，次の繰返しに進むことになります。

for文の3回目では，iが1となり，utf8Bytes[1]は，2進数で11100000です。次に設定するのは4桁だけなので，本来は$2^4 = 16$，2進数で10000で割って余りを出すべきですが，cpの値がすでに16以下なので，これまでと同様に64で割っても問題ありません。

```
utf8Bytes[3] = 11100000 + 000011 = 11100011
```

と，“あ”のUTF-8の符号の1番目を設定できます。

つまり，どの繰返しでも，空欄に10進数の**64**を設定することで，問題文の例と同様の結果を得ることができます。

したがって，**ク**が正解です。

第6章

情報セキュリティの確保

近年，様々なサイバー攻撃が行われており，情報セキュリティは情報システムを守るために不可欠になってきています。情報セキュリティは，情報セキュリティマネジメントと情報セキュリティ技術の2つに分けられますが，科目Bでは，情報セキュリティマネジメントに関して主に出題されます。
情報セキュリティマネジメントでは，組織の情報セキュリティを確保するために，どのように対応して行くのかを考えます。技術だけでなく，物理的，環境的な対策や，運用管理なども考慮する必要があります。

6-1 情報セキュリティ要求事項の提示

情報セキュリティ対策では，情報セキュリティの要求事項を提示し，組織全体で守っていくことが重要になります。そのために，情報セキュリティマネジメントシステムを作成し，運用，管理を行います。

6-1-1 情報セキュリティマネジメント

情報セキュリティマネジメントは，情報セキュリティを守るために組織ごとに作成する仕組みです。情報セキュリティは技術だけでは守れないので，組織全員で考え方を理解し，守っていくことが大切です。

情報セキュリティとは

セキュリティとは，家の施錠や防犯カメラの設置なども含めた，安全を守る策全般のことです。ITで取り上げられるのは，このうちの“情報”に関するセキュリティです。“情報”は一般の防犯とは別の守りにくさがあるため，特別に定義されているのです。

情報セキュリティは技術だけで確保できるものではありません。組織全体のマネジメントも含めて全体的に対策を考える必要があります。

そのため，情報セキュリティ対策を行うときには，これから学習する情報セキュリティマネジメントについて理解することが不可欠となります。

勉強のコツ

情報セキュリティマネジメントでは，細かい知識よりも“考え方”を身に付けることが大切です。
実際の事例を知ること，科目Bの問題演習を繰り返し行うことなどを通して，考え方をしっかり学んでいきましょう。

情報セキュリティのポイント

セキュリティを考えるときのポイントは，**モレなく，全員で，当たり前のことをきちんと行うこと**です。

情報セキュリティは，ファイアウォールの導入や暗号化といった技術的な対策だけでは確保できません。会社などの組織では，システムを利用するのは技術者だけでなく，一般社員などITに詳しくない人も含まれます。ファイアウォールで社内のネットワークを守っても，その社内の人間が機密データを窃取することは十分考えられます。また，暗号化のし忘れなど，個人のミスが情報漏えいにつながることもあります。そのため，組織全員で，守るべきルール（情報セキュリティポリシ）などを決めて，守るための仕組みをつくることが重要となります。

情報セキュリティの定義

情報セキュリティマネジメントシステムの用語に関する規格であるJIS Q 27000:2019（ISO/IEC 27000:2018）によると，情報セキュリティは，情報の機密性，完全性及び可用性を維持すること，と定義されています。この3つの要素の正確な定義は次のとおりです。

①機密性（Confidentiality）

認可されていない個人，エンティティ又はプロセスに対して，情報を使用させず，また，開示しない特性

②完全性（Integrity：インテグリティ）

正確さ及び完全さの特性

③可用性（Availability）

認可されたエンティティが要求したときに，アクセス及び使用が可能である特性

参考

機密性，完全性，可用性は，この三つの頭文字をとってCIAとも呼ばれます。単に情報を見られないこと（機密性）を考えるだけでなく，他の2つのポイントも考慮してバランスよく守ることが大切です。

用語

機密性，可用性はほぼ日本語で表現されますが，完全性だけはインテグリティと英語で出てくることも多いので，押さえておきまょう。

機密性を維持するとは，許可した人以外には情報を**見られないよう**にすることです。具体的には，暗号化や施錠などで情報を見られないように隠すことなどが機密性の対策です。

完全性を維持するとは，情報を**書き換えられないよう**にすることです。具体的には，Webページが改ざんされないように，サーバへのアクセスを制限するなどが完全性の対策です。

可用性を維持するとは，情報をいつでも**見られるよう**にすることです。具体的には，サーバが故障してデータが見られなくなることがないようにサーバを二重化するなどが可用性の対策です。

さらに，次の4つの特性も情報セキュリティの要素に含めることがあります。

④**真正性**（Authenticity）

エンティティは，それが主張するとおりのものであるという特性

⑤**責任追跡性**（Accountability）

あるエンティティの動作が，その動作から動作主のエンティティまで一意に追跡できることを確実にする特性（JIS X 5004）

⑥**否認防止**（Non-Repudiation）

主張された事象又は処置の発生，及びそれらを引き起こしたエンティティを証明する能力

⑦**信頼性**（Reliability）

意図する行動と結果とが一貫しているという特性

関連

機密性，完全性，可用性及び真正性，責任追跡性，否認防止，信頼性については，JIS規格に記載されている厳密な定義です。少し言い回しが難しいですが，原文はこのように掲載されており，科目Aでは用語の定義が出題されます。

情報セキュリティマネジメントシステム

情報セキュリティに取り組む上で大切なことは，情報を守るための対策をシステム化して継続的に改善していくことです。組織の情報セキュリティの確保に体系的に取り組むことを**情報セキュリティマネジメント**といい，そのための仕組みをISMS（Information Security Management System：情報セキュリティマネジメントシステム）といいます。ISMSでは，情報セキュリティ基本方針を基に，次のような**PDCAサイクル**を繰り返します。

● ISMSのPDCAサイクル

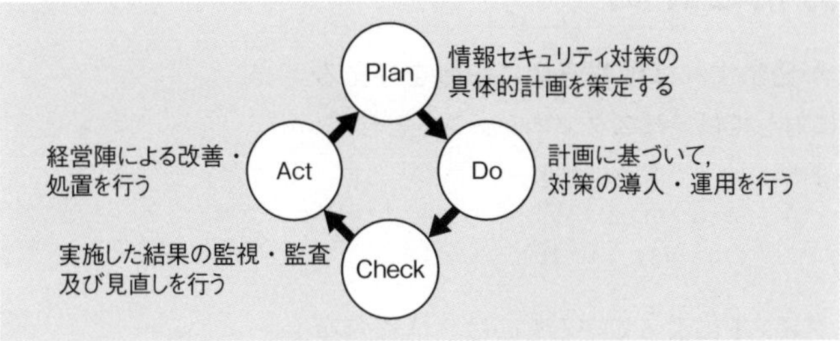

ISMSの構築方法や要求事項などは**JIS Q 27001**（ISO/IEC 27001）に示されており，これを基準にそれぞれの組織でISMSを構築していきます。

また，どのようにISMSを実践するかという実践規範は**JIS Q 27002**（ISO/IEC 27002）に示されています。

POINT!

- 情報セキュリティとは，機密性，完全性，可用性を維持すること
- 各組織で，情報セキュリティマネジメントシステムを構築し，PDCAサイクルを回す

6-1-2 リスク分析と評価

リスクとは，もしそれが発生すれば情報資産に影響を与えるような事象です。リスクに対しては，リスクマネジメントとして，リスク分析や評価を行います。

情報資産

情報セキュリティマネジメントによって守るものは，情報資産です。企業の業務に必要な価値のあるものを資産といいますが，資産には，商品や不動産など形のあるものだけでなく，顧客情報や技術情報，人の知識や記憶などの**情報資産**も含まれます。

●情報資産の例

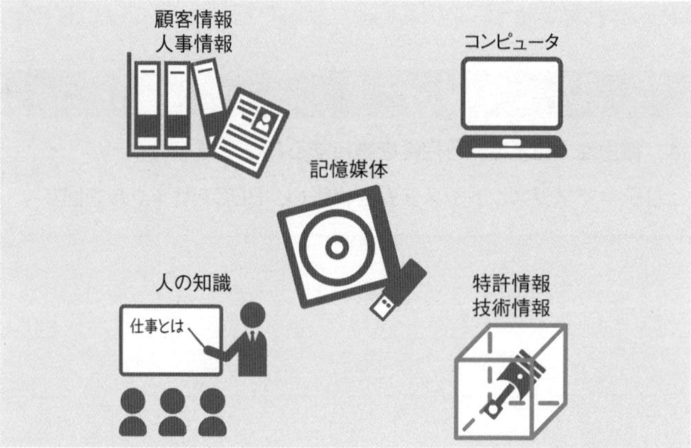

リスクマネジメントを行うときには，まず最初に，情報資産の調査を行い，守るべきものを漏れなく洗い出します。

脅威

脅威とは，情報資産に損害を与える可能性があるインシデントの潜在的な原因です。インシデントとは，望まれていないセキュリティの現象（事象）で，組織の事業を危うくするおそれがあるものです。

脅威には様々なものがあり，事故や災害などの**物理的脅威**，サイバー攻撃や不正アクセスなどの**技術的脅威**，誤動作や紛失などの**人的脅威**に分けられます。

脆弱性

脆《ぜい》弱性とは，脅威がつけ込むことができる，情報資産がもつ弱点です。例えば，施錠していない部屋にコンピュータを保管しているという脆弱性があることによって，盗難などの脅威が起こる可能性が生じます。脆弱性の具体例としては，ソフトウェアの不具合であるバグや，セキュリティ上の欠陥であるセキュリティホールなどがあります。

また，セキュリティ環境の未整備や情報の管理体制が実践されていない状況のことを**人為的脆弱性**といいます。社外での会話からの情報漏えい，施錠されていないことによる侵入や，それに伴う盗難・情報漏えいなどは人為的脆弱性に当たります。

リスク

リスクとは，**まだ起こってはいないこと**で，もしそれが発生すれば，情報資産に影響を与える事象です。発生してから考えると対処が遅くなるので，あらかじめ起こったときの対処法を考えて，事前に備えておきます。すでに起こったことは，リスクではなく**問題**として処理します。

リスクアセスメント

リスクアセスメントとは，それぞれの情報資産について，その脅威を洗い出し，脆弱性を考慮することによってリスクの大きさを推定するプロセスです。リスクアセスメントは，リスク特定，リスク分析，リスク評価の3段階で行います。

①リスク特定

リスクを発見して認識し，それを記述します。

②リスク分析

特定したそれぞれのリスクに対し，情報資産に対する脅威と脆弱性を考えます。リスクの発生確率を求め，実際にリスクが起こったときの影響の大きさを考えます。影響の大きさは，単純に，“大”，“中”，“小”などの比較で表すことが多いですが，被害額や復旧にかかる費用などの金額で算出することもあります。

リスク分析の手法は，次の2種類に分けられます。

・定性的リスク分析 ……リスクの大きさを金額以外で分析する手法
・定量的リスク分析 ……リスクの大きさを**金額**で分析する手法

③リスク評価

分析したリスクに対し，どのように対策を行うかを判断するのがリスク評価です。リスクが受容可能かどうかを決定するために，リスク分析の結果をリスク基準と比較するプロセスとなります。

リスク分析の結果を基に，**あらかじめ定められた**評価基準などを用いてリスクを評価し，対策の優先度をつけていきます。

リスクマネジメントとリスクアセスメント

情報セキュリティリスクマネジメントでは，リスクに関して組織を指揮し，管理します。そこで行われるのが情報セキュリティリスクアセスメントや情報セキュリティリスク対応などです。

リスクマネジメントがPDCAサイクルの一連のプロセスであるのに対し，リスクアセスメントはPDCAサイクルのP（Plan）の部分に該当します。図にすると次のようになります。

●リスクマネジメントとリスクアセスメント

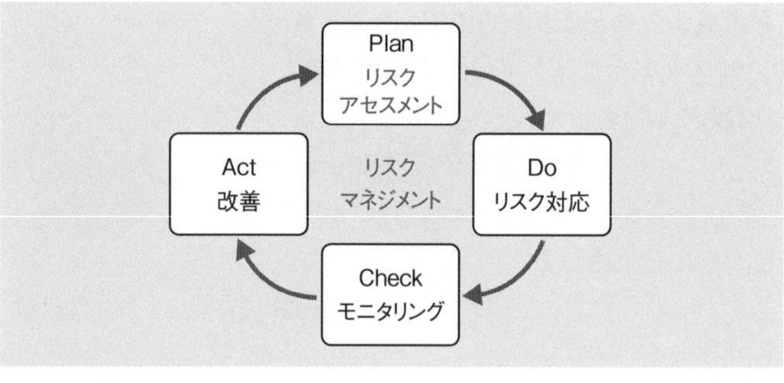

リスク対応

リスクアセスメントの結果を基に，情報セキュリティリスク対応を決めていきます。リスク対応の考え方には，大きく分けて**リ**

スクコントロールと**リスクファイナンシング**（リスクファイナンス）があります。リスクコントロールは，技術的な対策など，なんらかの行動によって対応することですが，リスクファイナンシングは資金面で対応することです。

リスクを評価した後で，それぞれのリスクにどのように対応するかを決めていきます。リスク対応には次のような方法があります。

①リスクを取るまたは増加させる（リスクテイク）

ある機会を追求するために，リスクを取るまたは増加させます。方法としては次の二つがあります。

・起こりやすさを変える
・結果を変える

一般的なリスクを減らすようなセキュリティ対策はこれに当たり，**リスク最適化**，**リスク低減**または強化ともいわれます。

②リスクの回避

リスク源を除去する，つまり，リスクを生じさせる活動を，開始または継続しないと決定することによって，リスクを回避します。例えば，メーリングリストのリスクを考慮して運用をやめる，などです。

③リスクの共有（リスク移転，リスク分散）

1つ以上の他者とリスクを共有します。保険をかけるなどで，リスク発生時の費用負担を外部に転嫁するなどの方法があります。

④リスクの保有（リスク受容）

情報に基づいた意思決定によって，リスクを保有することを受け入れます。具体的な対策をしない対応です。リスク受容プロセスでは，リスクの運用管理に権限をもつ，**リスク所有者の承認**が必要となります。

POINT!

・リスクアセスメントではリスク特定，リスク分析，リスク評価を行う
・リスクファイナンシングは，金銭的にリスクに対応すること

6-1-3 物理的及び環境的セキュリティ

物理的及び環境的セキュリティでは，防犯対策や入退室管理によって，情報資産の環境を物理的に守ります。

物理的及び環境的セキュリティ

情報セキュリティは，技術的なセキュリティ対策だけでは守れないことが多くあります。環境を物理的に変えることを物理セキュリティといい，入退室を管理する，鍵をかける，データの保管場所を遠隔地に変えるなど様々な方法があります。

部門の情報システムの調達・利用

調達とは，品物やサービス，労働力などを用意することです。情報セキュリティを確保するためには，物理的な鍵やゲートなどの機器，情報システムなど，様々なものを調達する必要があります。調達を行った機器やシステムについては，**構成管理**や**ライセンス管理**を適切に行う必要があります。

ゾーニング

情報セキュリティの物理的対策として，オフィスなどの空間を物理的に区切ってゾーン（区域）に分けることをゾーニングといいます。ゾーニングを行い，誰でも入れる**オープンゾーン**と，特定の人のみが入れる**セキュリティゾーン**を分けることで，紙の書類の持出しなどによる物理的な情報漏えいを防ぐことが可能となります。

入退室管理

ゾーニングを行った区域には認可された人だけが入室できるようなルールを設定し，そのための入退室管理を行います。入退室管理のセキュリティ手法には，次のようなものがあります。

①アンチパスバック

ICカードによる入退室では，**機械的にログを取得**し，入退室管理を行うことができます。それだけでなく，訪問者の入退室の日時・記録などを保管し，ログと照合することによって，より厳密な入退室管理が可能になります。しかし，直前に入退室する人の後ろについて認証をすり抜ける**ピギーバック（共連れ）**が行われると，ログに残らなくなってしまいます。そのため，ルールで禁止し教育して伝える方法もありますが，対応する入室のない退室を検出してエラーとするなどの対策が必要です。アンチパスバックとは，入室時の認証に用いられなかったIDカードでの退室を許可しない，または退室時の認証に用いられなかったIDカードでの再入室を許可しない方法です。

②インターロックゲート

ピギーバック（共連れ）を防止するため，入退室をチェックするゲートに「1人しか入れない空間」を用意し，自動ドアを用いることで1人ずつの認証を可能にする方法です。

③TPMOR（Two Person Minimum Occupancy Rule）

機密情報が保持されている部屋に1人だけで入室すると不正が可能になるため，最低でも2人以上の入室を義務付ける仕組みです。部屋に誰もいないときには，2人以上で同時に入室することを強制します。

④パニックオープン

火災などの非常事態時に鍵がかかって出られないなどのリスクを避けるため，非常時に解放するシステムです。非常時には生命の安全を最優先します。

■施錠管理

重要な設備や書類が置いてある部屋を施錠することによって，情報へのアクセスを難しくすることができます。錠の種類に応じて，施錠した鍵の管理も厳密に行う必要があります。錠には次のようなものがあります。

①シリンダ錠

最も一般的な，鍵を差し込む本体部分が円筒状をしている錠です。鍵を用いて開閉を行うので，鍵の管理が重要になります。

6

②暗証番号錠

暗証番号を入力，設定することで解錠できる錠です。ダイヤル式やプッシュボタン式の暗証番号錠があります。鍵は必要ありませんが，暗証番号を知られると入室可能になるため，必要に応じて暗証番号を変更します。

③RFID認証式の錠（ICカード認証の錠）

RFID（Radio Frequency IDentifier）技術を用いて，小さな無線チップに埋め込んだID情報で認証を行う錠です。ICカード認証などで利用されています。

④生体認証の錠

生体認証（バイオメトリクス認証）を行う錠です。指紋認証錠，指静脈認証錠，虹彩認証錠など，様々なものがあります。生体認証は本人拒否率を0%にできないことが多いため，入退室ができないときの代替策が必要となります。

■監視カメラ

設備の入口やサーバルームなどに**監視カメラ**を設置し，映像を記録することによって，不正行為の証拠を確保することができます。また，監視カメラの設置を知らせることは，**不正行為の抑止効果**にもなります。

■遠隔地バックアップ

地震などの災害に備えて，**バックアップしたデータは遠隔地に保管しておく**必要があります。バックアップテープをセキュリティ便などの安全な輸送手段で遠隔地に運び，それを保管しておくことが有効です。また，遠隔地とネットワークで接続されており，十分な通信速度が確保できる場合には，ネットワーク経由での遠隔地バックアップも可能です。

■クリアデスクとクリアスクリーン

盗難を防止するため，自席の机に置かれているノートPCなどを帰宅時にロッカーなどに保管して施錠する**クリアデスク**という対策があります。また，食事などで自席を離れるときに他の人がPCにアクセスできないようにスクリーンにロックなどをかける対策を**クリアスクリーン**といいます。

POINT!

- アンチパスバックでピギーバックを防止
- クリアデスクはPCをロッカーに保管，クリアスクリーンはスクリーンロック

6-1-4 技術的及び運用のセキュリティ

技術的セキュリティでは，暗号化・認証・アクセス制御を基本としたセキュリティ技術を用いてセキュリティを確保します。導入するだけでなく，運用管理を継続的に行うことも大切です。

暗号化

暗号化とは，普通の文章（平文《ひらぶん》）を読めない文章（暗号文）にすることです。ただし，誰も読めなくなってしまったら役に立たないので，特定の人や機器だけは読めるようにする必要があります。

読めなくすることを暗号化，元に戻すことを復号といいます。

●暗号化と復号

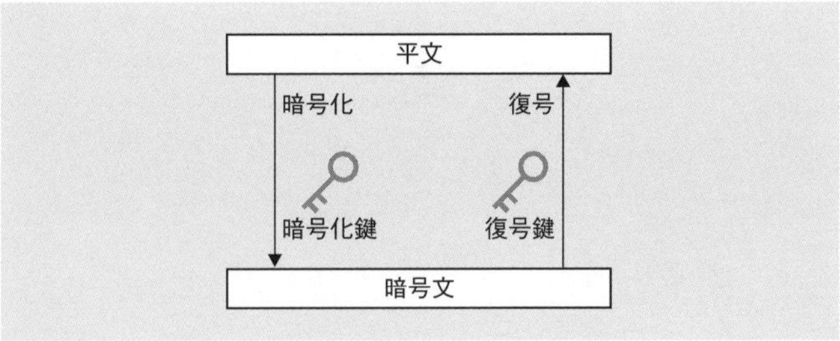

暗号化と復号

暗号化と復号のために必要なのは，暗号化や復号の方法である**暗号化アルゴリズム**と，暗号化や復号を行うときに使う鍵です。暗号化するときの鍵は**暗号化鍵**，復号するときの鍵は**復号鍵**と呼ばれます。

暗号化の方式

暗号化の方式には，共通鍵暗号方式と公開鍵暗号方式の2種類があります。

①共通鍵暗号方式

共通鍵暗号方式は，暗号化鍵と復号鍵が共通の方式です。その共通の鍵を**共通鍵**といい，通信相手とだけの秘密にしておく必要がある秘密鍵です。

共通鍵暗号方式での暗号化の流れは，次のようになります。

●**共通鍵暗号方式**

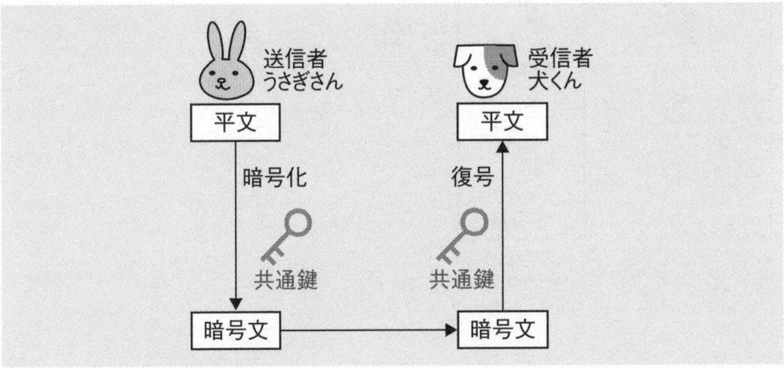

うさぎさんが共通鍵を使って暗号化を行い，犬くんは受け取った暗号文を共通鍵で復号します。共通鍵を知られない限り，他の人は暗号文の内容を読むことはできません。

共通鍵での暗号化アルゴリズムでは排他的論理和を使うことが多く，**処理は単純で高速**です。そのため，データの暗号化を中心とした様々な分野で活用されています。問題点は，暗号化する経路の数だけ鍵が必要であるため，**人数が増えると管理が大変**になることです。また，共通鍵は秘密鍵なので，インターネット上で気軽にやり取りするわけにはいかず，**鍵の受け渡しに手間**がかかります。

共通鍵暗号方式での代表的な暗号化アルゴリズムには，**AES**（Advanced Encryption Standard）があります。

②公開鍵暗号方式

暗号化鍵と復号鍵が異なる暗号方式です。鍵が2種類となり，暗号化を行うために**公開鍵**と**秘密鍵**の**キーペア**（鍵ペア）を作成します。公開鍵は他の人に公開し，秘密鍵は自分だけの秘密にしておきます。

●鍵を2つずつ作り，互いに公開鍵だけを交換

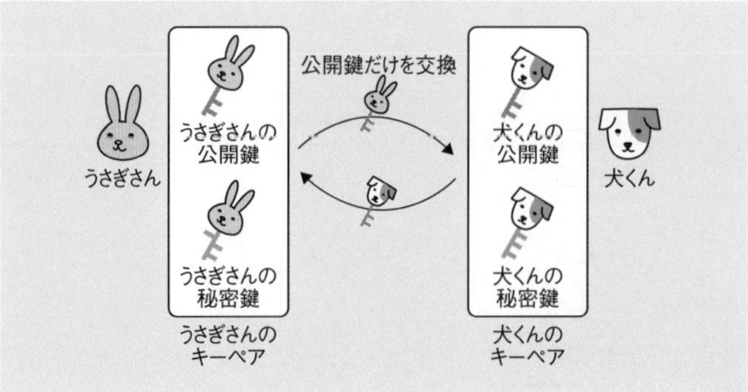

公開鍵暗号方式のキーペアを用いることで，次の2種類の処理が可能になります。

1. **公開鍵**で暗号化し，同じ人の**秘密鍵**で復号する
2. **秘密鍵**で暗号化し，同じ人の**公開鍵**で復号する

これらの性質を使い，公開鍵暗号方式では，守秘，鍵共有，署名を実現します。

公開鍵だけを交換すればいいので，安全に鍵交換ができるのが特徴です。鍵の種類も人数分×2を用意すればいいため，人数が増えてもそれほど鍵が増えません。

公開鍵暗号方式での守秘の実現

守秘の実現（暗号化）では，受信者が自分の秘密鍵で復号できるように，受信者の公開鍵で暗号化しておきます。送信者が相手（受信者）の公開鍵で暗号化すると，秘密鍵をもっている相手以外は読めなくなるので守秘が実現できます。

●公開鍵暗号方式の暗号化

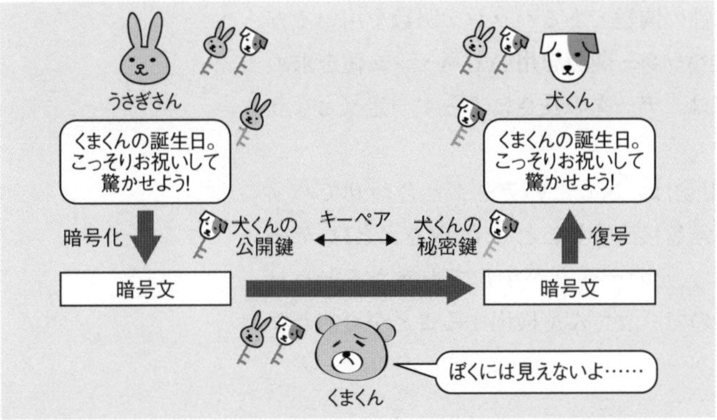

また，共通鍵暗号方式で利用する鍵や鍵の種（Seed）（鍵の基になる情報）を同じような方法で暗号化して送ることで**鍵共有**が実現できます。

公開鍵暗号方式での署名

キーペアを逆に使い，送信者が自分の秘密鍵で暗号化することで，本人であることを証明できます。自分の署名を行い，真正性を実現することになるのです。

●公開鍵暗号方式での署名の実現

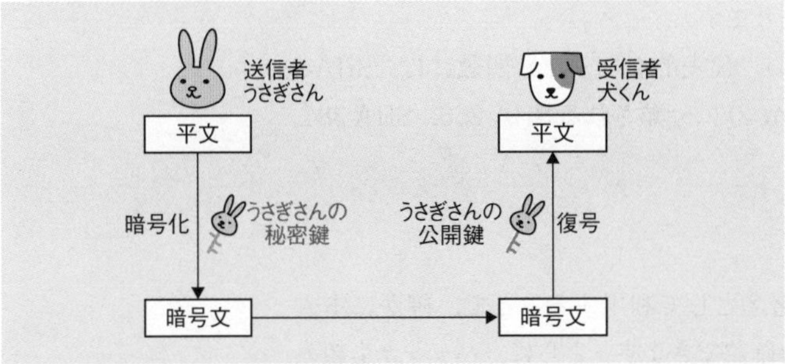

公開鍵暗号方式での代表的な暗号化アルゴリズムには，大きい数での素因数分解の困難さを安全性の根拠とした**RSA**（Rivest Shamir Adleman）があります。また，鍵共有専門のアルゴリズムとして，**DH**鍵交換（Diffie-Hellman key exchange）があります。

ハッシュ

ハッシュとは，一方向性の関数であるハッシュ関数を用いる方法です。データに対してハッシュ関数を用いてハッシュ値を求めます。ハッシュ値の長さは，データの長さによらず一定長となります。

ハッシュの代表的な用途は，送りたいデータと合わせてハッシュ値を送ることで**改ざんを検出すること**です。改ざんとは，データを書き換えることです。元のデータが少しでも異なるとハッシュ値が変わってしまうので，改ざんを検出することが可能となります。

●ハッシュで改ざんを検出

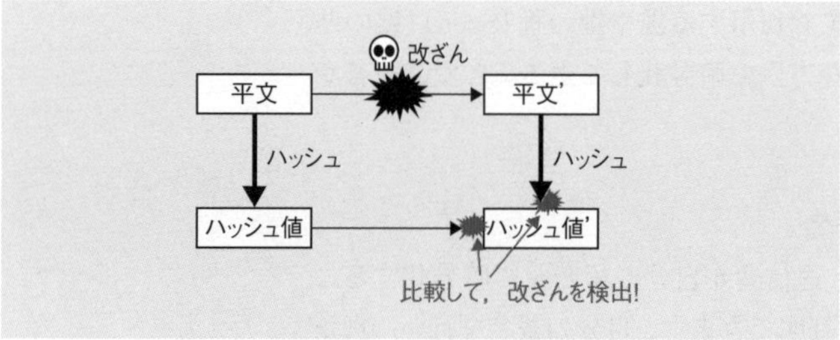

ハッシュ関数において，ハッシュ値が一致する2つのメッセージを発見することの困難さを**衝突発見困難性**といい，ハッシュ関数の強度を示す指標となります。

衝突発見困難性の高い，代表的なハッシュ関数には，SHA-2(Secure Hash Algorithm 2)に分類される**SHA-256**，SHA-384，SHA-512があります。

デジタル署名

公開鍵暗号方式は，署名として利用することで，確かに本人だということ(真正性)を確認できます。さらに，ハッシュも組み合わせることで，データの改ざんを検出することもできます。この2つの方法を組み合わせた方式を**デジタル署名**といいます。

●デジタル署名

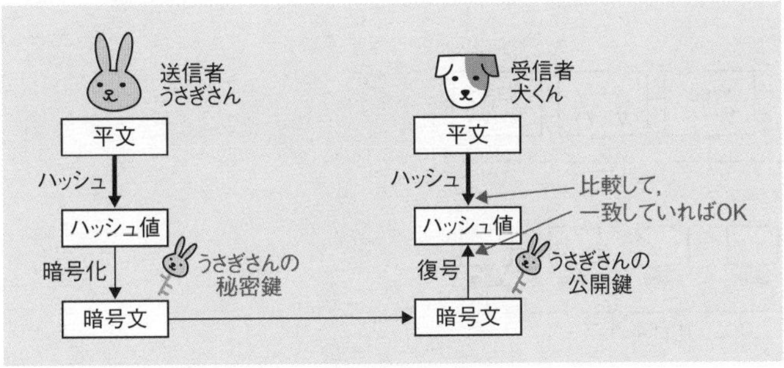

ファイアウォール

ファイアウォール（FW）とは，ネットワーク間に設置され，パケットを中継するか遮断するかを判断し，必要な通信のみを通過させる機能をもつものです。判断の基準となるのは，あらかじめ設定されたACL（Access Control List：アクセス制御リスト）です。

ファイアウォールの方式には主に，IPアドレスとポート番号を基にアクセス制御を行うパケットフィルタリング型と，HTTP，SMTPなどのアプリケーションプログラムごとに細かく中継可否を設定できるアプリケーションゲートウェイ型の2種類があります。

いずれの方式でも，インターネットから内部ネットワークへのアクセスは制御されます。しかし，完全に防御するだけでなく，外部に公開する必要があるWebサーバやメールサーバなどもあります。そこで，インターネットと内部ネットワークの間に，中間のネットワークとしてDMZ（非武装地帯：DeMilitarized Zone）が設置されるようになりました。

●DMZの設置

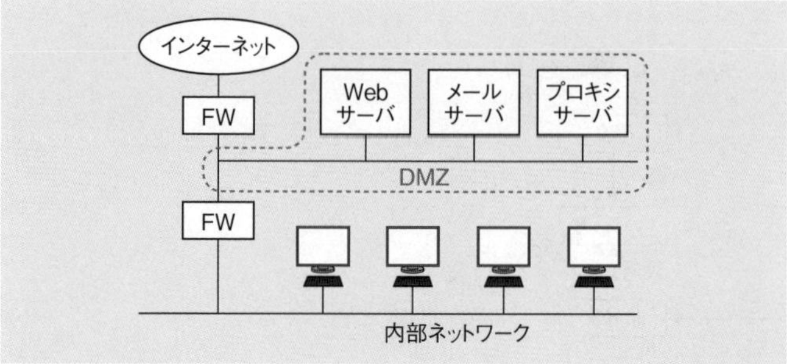

WAF

WAF《ワフ》（Web Application Firewall）は，Webアプリケーションの防御に特化したファイアウォールです。SQLインジェクションやクロスサイトスクリプティングなど，Webに特化した攻撃に対してきめ細かいアクセス制御を行います。Webで使用するHTTP（Hypertext Transfer Protocol）での通信を防御するので，アプリケーション同士の通信で使用されるREST APIサービスなどの脆弱性を狙った攻撃にも有効です。

POINT!

- デジタル署名は，ハッシュ値を送信者の秘密鍵で暗号化し，本人証明＋改ざん検出
- Webに特化したファイアウォールがWAF

6-1-5 演習問題

問1 リスクファイナンシング CHECK ▶ □□□

リスク対応のうち，リスクファイナンシングに該当するものはどれか。

ア システム被害につながるリスクの発生を抑える対策に資金を投入する。
イ リスクが大きいと評価されたシステムを廃止し，新たなセキュアなシステムの構築に資金を投入する。
ウ リスクが顕在化した場合のシステム被害を小さくする設備に資金を投入する。
エ リスクによってシステムが被害を受けた場合を想定して保険を掛ける。

問2 再入室を許可しないコントロール CHECK ▶ □□□

入室時と退室時にIDカードを用いて認証を行い，入退室を管理する。このとき，入室時の認証に用いられなかったIDカードでの退出を許可しない，又は退室時の認証に用いられなかったIDカードでの再入室を許可しないコントロールを行う仕組みはどれか。

ア TPMOR（Two Person Minimum Occupancy Rule）
イ アンチパスバック
ウ インターロックゲート
エ パニックオープン

問3 デジタル署名を生成するのに使う鍵 CHECK ▶ □□□

発信者がメッセージのハッシュ値からデジタル署名を生成するのに使う鍵はどれか。

ア 受信者の公開鍵　　イ 受信者の秘密鍵
ウ 発信者の公開鍵　　エ 発信者の秘密鍵

問4 WAF CHECK ▶ □□□

WAFの説明はどれか。

ア Webアプリケーションへの攻撃を検知し，阻止する。
イ Webブラウザの通信内容を改ざんする攻撃をPC内で監視し，検出する。
ウ サーバのOSへの不正なログインを監視する。
エ ファイルへのマルウェア感染を監視し，検出する。

演習問題の解説

問1 （平成29年秋 情報セキュリティマネジメント試験 午前 問6） 《解答》エ

リスクファイナンシングは，リスク対応において資金面で対応することです。リスクを想定して保険をかけることはリスクファイナンシングに該当します。したがって，**エ**が正解です。

ア，イ，ウはリスクを低減させる対策なので，リスクコントロールに該当します。

問2 （平成31年春 情報セキュリティマネジメント試験 午前 問13） 《解答》イ

入退室管理において，入室記録のない退室を許可しないなどのコントロールを行う仕組みを，アンチパスバックといいます。したがって，**イ**が正解です。

ア　サーバ室などに最低2人以上の人で入るべきというルールです。
ウ　二重扉で，一度に一人ずつしか入れない仕組みです。
エ　災害時などの緊急時には，入退室管理を解除してオープンする仕組みです。

※この問題は，令和4年度7月期 午前免除試験 問41と同じです。

問3 （平成30年春 情報処理安全確保支援士試験 午前Ⅱ 問7改） 《解答》エ

デジタル署名では，発信者がメッセージにデジタル署名を付与することで，発信者の真正性（正しい発信者であること）を証明します。そのため，デジタル署名の生成に使う鍵は，発信者しか持っていない鍵，つまり発信者の秘密鍵になります。したがって，**エ**が正解です。

デジタル署名を受け取った受信者は，発信者の公開鍵を用いて，デジタル署名の正当性を確認します。

※この問題は，令和4年度7月期 午前免除試験 問37と同じです。

6

問4 (平成31年春 応用情報技術者試験 午前 問45) 《解答》ア

WAF(Web Application Firewall)とは, Webアプリケーションに特化したファイアウォールで, Webアプリケーションへの攻撃を監視して検知し, 阻止します。したがって, **ア**が正解です。

イ PC内のセキュリティ対策ソフトの説明です。

ウ HIDS (ホスト型侵入検知システム)の説明です。

エ マルウェア対策ソフトで実現可能です。

※この問題は, 令和4年度12月期 午前免除試験 問44と同じです。

6-2 情報セキュリティ対策

情報セキュリティの脅威に対しては，リスクを認識して優先度を考えた後，必要に応じて適切に対策することが大切です。

6-2-1 マルウェアからの保護

マルウェアには様々な種類があり，進化を続けています。対策も，種類に応じて様々なものがあります。

マルウェアの種類

マルウェアとは，悪意のあるソフトウェアの総称です。不正ソフトウェアとも呼ばれ，ウイルスはマルウェアに含まれます。マルウェアがインストールされると，コンピュータに様々な影響を与えます。主なマルウェアには，次のようなものがあります。

①ルートキット（rootkit）

セキュリティ攻撃を成功させた後に，その痕跡を消して見つかりにくくするためのツールです。

②バックドア

正規の手続き（ログインなど）を行わずに利用できる通信経路です。攻撃成功後の不正な通信などに利用されます。

③スパイウェア

ユーザに関する情報を取得し，それを自動的に送信するソフトウェアです。キーボードの入力を監視し，それを記録する**キーロガー**や，ユーザの承諾なしに新たなプログラムなどを無断でダウンロードし導入する**ダウンローダ**などが該当します。

④ウイルス（コンピュータウイルス）

狭い意味では，自己伝染機能，潜伏機能，発病機能がある悪意のあるソフトウェアです。マルウェア一般の総称として用いられることもあります。

⑤トロイの木馬

悪意のないプログラムと見せかけて，不正な動きをするソフトウェアです。自己伝染機能はありません。

⑥ランサムウェア

システムを暗号化するなどしてアクセスを制限し，その制限を解除するための代金（身代金）を要求するソフトウェアです。ランサムウェアに感染する前にデータのバックアップを取っておき，復元できるようにする対策が有効です。

⑦アドウェア

広告を目的とした無料のソフトウェアです。通常は無害ですが，なかにはユーザに気づかれないように情報を収集するような悪意のあるマルウェアが存在します。

⑧マクロウイルス

表計算ソフトやワープロソフトなどに組み込まれている，マクロと呼ばれる簡易プログラムに感染するウイルスです。

⑨ボット

インターネット上で動く自動化されたソフトウェア全般を指します。不正目的のボットが**ボットネット**として協調して活動し，様々な攻撃を行います。例えば，離れたところから遠隔操作を行うことができる遠隔操作ウイルスはボットに該当します。近年では，攻撃者が用意した**C&Cサーバ**（Command & Control Server）を利用してボットに指令を出すことが増えています。

用語
ボットとはロボットの略称で，もともとは人間が行っていた作業を代わりに実行するプログラムを指します。ボットネットとは，多数のボットが連携して構成されるネットワークです。

用語
C&Cサーバとは，不正プログラムに対して遠隔操作で指示を出し，情報を受けとるためのサーバです。

⑩ワーム

独立したプログラムで，自身を複製して他のシステムに拡散する性質をもったマルウェアです。感染するときに，宿主となるファイルを必要としないことが特徴です。

⑪偽セキュリティ対策ソフト型ウイルス

「ウイルスに感染しました」,「ハードディスク内にエラーが見つかりました」といった偽の警告画面を表示して，それらを解決するためとして有償版製品の購入を迫るマルウェアです。クレジットカード番号などを入力させて金銭を騙し取ることが目的です。

⑫エクスプロイトコード（exploit code）

新たな脆弱性が発見されたときにその再現性を確認し，攻撃が可能であることを検証するためのプログラムです。単にエクスプロイトということもあります。ソフトウェアやハードウェアの脆弱性を利用するために作成されたプログラムなので，悪意のある用途にも使用でき，改変することで容易にマルウェアが作成できます。そのため，脆弱性の検証用であっても，エクスプロイトコードの公開には注意が必要となります。

マルウェア対策の基本

マルウェアや不正プログラムの対策では，次の3つを確実にすべてのコンピュータで行うことが重要です。マルウェアの感染はほとんど，この3つが正しく行われていないコンピュータで起こります。

①マルウェア対策ソフトの導入

コンピュータにマルウェア対策ソフトを導入し，常に稼働させておきます。導入されていても削除する利用者がいるので，アクセス権限を設定し，管理者以外が削除できないようにすることも有効です。

②マルウェア定義ファイルの更新

マルウェア定義ファイル（パターンファイル）を常に更新し，最新の状態を維持しておきます。自動的にマルウェア定義ファイルを最新版にアップデートする機能を有効にし，更新のし忘れのないようにすることも大切です。

③ソフトウェア脆弱性の修正

OSやアプリケーションの脆弱性が発見されたときには，それを修正するためのアップデート（セキュリティパッチ）が公表されます。これらを適切に適用することが大切で，自動的に行う設定にしておくことも有効です。

マルウェア対策の手法

マルウェア対策ソフトでマルウェアを検出するための手法には，次のものがあります。

①パターンマッチング

マルウェア定義ファイルと比較することでマルウェアを検出します。主流となっている手法で，既知のマルウェアのパターンを効率的に検出できます。マルウェアの元ファイルではなく，その**ハッシュ値**などを利用して簡便にチェックすることが一般的です。

②ビヘイビア法

マルウェアと疑われる異常な挙動(ふるまい)を検出する方法です。既知のマルウェア以外に，不審な挙動をする未知のマルウェアを検出できます。AIなどを利用して，不審な挙動を学習するソフトウェアもあります。

③コンペア法

安全な場所に保管しておいた原本と比較し，マルウェア感染を検出する方法です。ハッシュ値やファイル容量などで簡便に変更をチェックするコンペア法を，特に**チェックサム法**ということもあります。

マルウェアの解析

マルウェアの挙動を解析するために，マルウェア本体をメモリなどからコピーし，それを**検体**として保存します。解析するときは，通常の環境を使用すると感染するおそれがあるので，**サンドボックス**と呼ばれる隔離した環境を用意し，挙動を確認します。

POINT!

- ランサムウェアは，PCを乗っ取って身代金を請求する
- マルウェア対策ソフトは，すべてのコンピュータで確実に導入・更新する

6-2-2 サイバー攻撃対策

サイバー攻撃には様々なものがあり，日々進化しています。サイバー攻撃対策も，攻撃に応じて様々なものがあり，進化しています。

DoS攻撃

DoS攻撃(Denial of Service attack：サービス不能攻撃)は，サーバなどのネットワーク機器に大量のパケットを送るなどしてサービスの提供を不能にする攻撃です。

踏み台と呼ばれる複数のコンピュータから一斉に攻撃を行うDDoS攻撃(Distributed DoS attack)もあります。

対策としては，ファイアウォールなどを活用して不正なパケットをフィルタリングする，不正な攻撃をサーバで検知して防ぐなどがあります。

バッファオーバフロー攻撃

バッファオーバフロー（BOF）攻撃は，バッファ（プログラムが一時的な情報を記憶しておくメモリ領域）の長さを超えるデータを送り込むことによって，バッファの後ろにある領域を破壊して動作不能にし，プログラムを上書きする攻撃です。

対策としては，入力文字列長をチェックする方法が一般的です。また，C言語やC++言語など特定のプログラム言語でプログラムを作成したときに起こる攻撃なので，そのような言語を使わないという対策もあります。

SQLインジェクション

SQLインジェクションは，不正なSQLを投入することで，通常はアクセスできないデータにアクセスしたり更新したりする攻撃です。

SQLインジェクションでは，「'」(シングルクォーテーション)などの制御文字をうまく組み入れることによって，意図しない操作を実行できます。

●SQLインジェクションの例

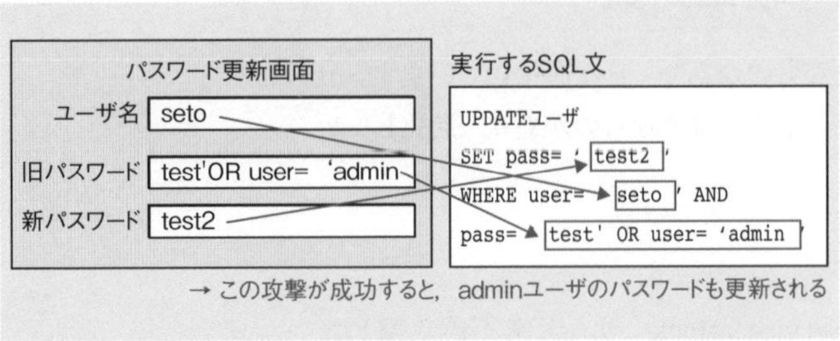

対策としては，制御文字を置き換える**エスケープ処理**や，事前にあらかじめSQL文を組み立てておき，プレースホルダーと呼ばれる位置に値を設定して制御文字を無効化するバインド機構などが有効です。

クロスサイトスクリプティング攻撃

クロスサイトスクリプティング（XSS：cross site scripting）攻撃は，悪意のあるスクリプト（プログラム）を，標的となるサイトに埋め込む攻撃です。悪意のある人が用意したサイトにアクセスした人のブラウザを経由して，XSSの脆弱性のあるサイトに対してスクリプトが埋め込まれます。そのスクリプトをユーザが実行することによって，Cookie（クッキー）情報などが漏えいするなどの被害が発生します。

●クロスサイトスクリプティング攻撃

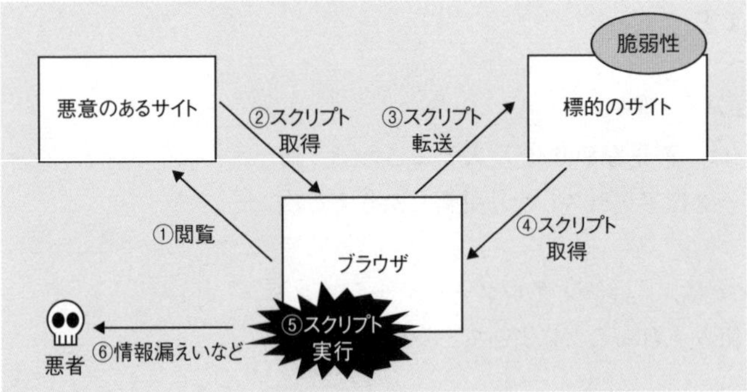

対策としては，スクリプトを実行できなくするために，制御文字を**エスケープ処理**する方法があります。単純にスクリプトを実行する反射型と呼ばれる攻撃以外に，データベースなどに格納したスクリプトを実行する格納型の攻撃もあるので，**出力データすべてでエスケープ処理を施す**ことが大切です。

クロスサイトリクエストフォージェリ攻撃

クロスサイトリクエストフォージェリ(CSRF：Cross Site Request Forgeries)攻撃は，Webサイトにログイン中のユーザのスクリプトを操ることで，Webサイトに被害を与える攻撃です。

XSSとの違いは，XSSではクライアント上でスクリプトを実行するのに対して，CSRFではサーバ上に不正な書き込みなどを行って被害を起こします。

対策としては，不正な処理を検知するため，Cookieとは別に**秘密情報**をやり取りし，正常な情報かどうかを判断する方法があります。

ディレクトリトラバーサル

ディレクトリトラバーサルは，Webサイトのパス名(Webサーバ内のディレクトリやファイル名)に上位のディレクトリを示す記号(../ や ..¥)を入れることで，公開が予定されていないファイルを指定する攻撃です。サーバ内の機密ファイルの情報の漏えいや，設定ファイルの改ざんなどに利用されるおそれがあります。

対策としては，パス名などを直接指定させない，アクセス権を必要最小限にするなどがあります。

セッションハイジャック

Webサーバに同じ人がアクセスしていることを確認するための情報として，セッションIDが利用されることがよくあります。別のユーザのセッションIDを不正に利用することで，そのユーザになりすましてアクセスする手口を，**セッションハイジャック**といいます。

対策としては，セッションIDを推測されにくいものにする，暗号化するなどの方法があります。

DNSキャッシュポイズニング攻撃

DNSキャッシュポイズニング攻撃は，DNSサーバのキャッシュに不正な情報を注入することで，不正なサイトへのアクセスを誘導する攻撃です。

対策としては，DNSサーバをキャッシュサーバとコンテンツサーバの2台のサーバに分けて，キャッシュサーバでは外部からのアクセスを受け付けないようにする方法が有効です。

ソーシャルエンジニアリング

人間の心理的，社会的な性質につけ込んで秘密情報を入手する手法を**ソーシャルエンジニアリング**といいます。コンピュータを操作している様子を後ろから肩越しに見てパスワードなどの情報を盗み見る**ショルダーハッキング**や，ゴミ箱をあさってパスワードの紙を見つける**スキャベンジング**などの手法があります。

ソーシャルエンジニアリングでは，手口を知って隙を作らないよう，教育やポリシの周知などの対策が有効になります。

標的型攻撃

標的型攻撃は，特定の企業や組織を狙った攻撃です。標的とした企業の社員に向けて，関係者を装ってウイルスメールを送付するなどしてウイルスに感染させます。また，その感染させたPCからさらに攻撃の手を広げて，最終的に企業の機密情報を盗み出します。**APT**（Advanced Persistent Threat：先進的で執拗な脅威）と呼ばれることもあります。

標的型攻撃の典型的な手法は，まず標的型攻撃メールを送り，そのメールにマルウェアを添付して実行させます。このときのメールは通常の仕事関連のメールと同様の形式で送られてくるため，攻撃だと気づきにくいことが特徴です。標的型攻撃メールの例としては，不正なメールのやり取りで取引先になりすまして偽の電子メールを送り，金銭をだまし取る**BEC**（Business E-mail Compromise：ビジネスメール詐欺）があります。

●標的型攻撃メールの例

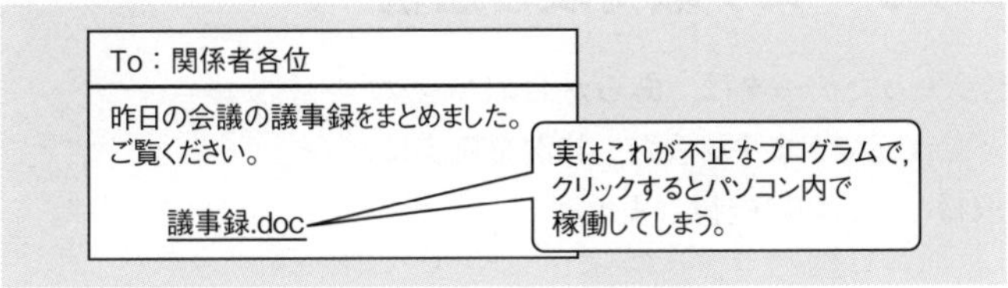

次に，そのマルウェアがパソコン内で稼働し，**C&Cサーバ**と通信を行い，情報を外部に送ります。このときに，機密情報を含めた様々な情報が外部に漏えいします。

●不正なプログラムが外部のC&Cサーバとやり取り

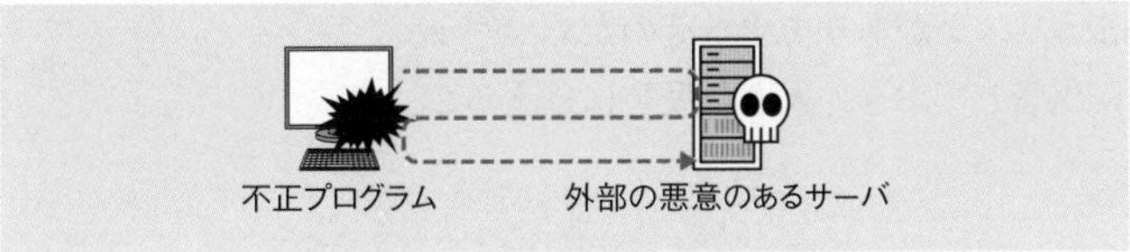

マルウェアを添付した標的型攻撃メールはマルウェア対策ソフトで防げないことも多いため，攻撃を防ぐ入口対策だけでなく，感染後に被害を広げないための**出口対策**をしっかり行うことが大切です。

出口対策とは，マルウェアに感染した後でその被害を外部に広げないための対策です。具体的には，ファイアウォールを使って内部から外部への通信を遮断する，プロキシサーバで外部のC&Cサーバとの通信を遮断するなどの方法があります。

POINT!

- SQLインジェクション対策は，プレースホルダーを使ったバインド機構
- 標的型攻撃には，出口対策が大事

6-2-3 バックアップ・ログ取得及び監視

マルウェアの攻撃などで失ったデータは，あらかじめバックアップを取得しておくことで復元できます。また，状況を確実に追跡するために，ログを取得し，適切に監視します。

バックアップ

マルウェアの感染やサイバー攻撃を受けたときなど，システムに障害が発生したときにはその復旧を行います。日頃からデータのバックアップ対策を行い，復旧に備えておくことが大切です。

バックアップしたデータは，システムのすぐそばに置いておく方が通常時の復旧は早いですが，地震などの大災害時にはバックアップごと被災してしまうリスクがあります。そのため，バックアップデータは**遠隔地に保管**しておき，大きな災害に備えることも大切です。

バックアップの方法

バックアップを取得する際，バックアップ対象をすべて取得することを**フルバックアップ**といいます。これに対し，前回のフルバックアップとの増分や差分のみを取得することを増分バックアップ，差分バックアップといいます。**増分バックアップ**では，前回のフルバックアップまたは増分バックアップ以後に変更された部分だけをバックアップします。**差分バックアップ**では，前回のフルバックアップ以後に変更された部分だけをバックアップします。図で示すと次のとおりです。

●増分バックアップと差分バックアップ

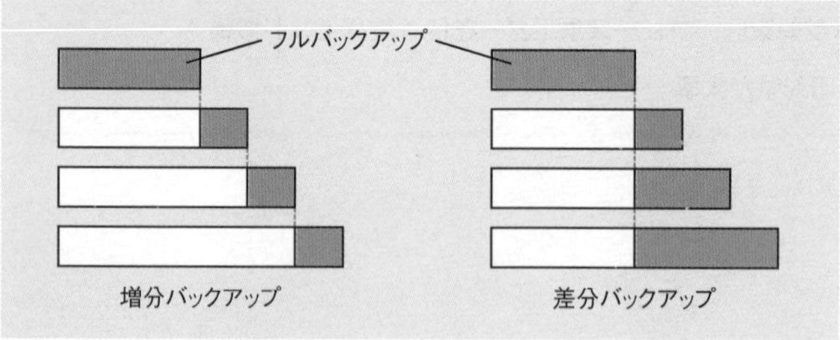

フルバックアップを取得する周期が短い方が，復旧にかかる時間は短くなります。また，増分バックアップでは，1回のバックアップにかかる時間は短くて済みますが，復旧時にはすべての増分バックアップを順番に使用する必要があるため，復旧に時間がかかります。

また，マルウェア感染などの場合は，直前のバックアップも感染していて，感染する前のバックアップで復旧しなければならないことがあります。そのため，バックアップの世代管理を行い，最新のバックアップ以外も保管しておくことが大切です。

ファシリティマネジメント

ファシリティマネジメントとは，経営の視点から業務用不動産(土地や建物や設備など)を保有，運用し，維持するための総合的な管理手法です。単なる施設管理ではなく，施設を適切に使っていくためのあらゆるマネジメントを含みます。

データセンタなどの施設や，コンピュータ，ネットワークなどの設備を管理し，コストの削減を図り，快適性，安全性などを確保します。

また，電源・空調設備などの管理を行います。停電時に数分間電力を供給し，システムを安定して停止させることができるUPS（Uninterruptible Power Supply：無停電電源装置)や，停電時に自力で電力を供給できるようにする**自家発電装置**などを利用した電源管理を行います。さらに，PCなどにケーブルを取り付ける**セキュリティケーブル**の利用などにより，物理的なセキュリティを確保します。

ログ管理と監視

システムへのアクセスについては，ログ管理を行い，アクセスログを保管して，誰がいつアクセスしたのかを正確に管理する必要があります。ログを取得するだけでなく，ログを監視し，定期的にチェックすることが大切です。

ログ管理では，ログを監視していることを周知するだけで，内部不正の抑止効果があります。**ログを監視していることは周知するが，具体的な監視方法は知らせない**ことが，不正を防止するために最も効果的です。

デジタルフォレンジックス

デジタルフォレンジックスとは，法科学の一分野です。不正アクセスや機密情報の漏えいなどで法的な紛争が生じた際に，原因究明や捜査に必要なデータを収集・分析し，その法的な証拠性を明らかにする手段や技術の総称です。例えば，ログを法的な証拠として成立させるためには，ログが改ざんされないような工夫をする必要があります。複数のログを突き合わせて，不正アクセスの侵入経路を追跡できるようにしておくことも重要です。

証拠保全技術

ログ管理では，ログを証拠として有効活用するために様々な証拠保全技術を利用します。代表的な証拠保全技術には，次のようなものがあります。

①時刻同期（NTP）

ログを証拠とするには，時間が正確であり，サーバ同士で時刻が同じになっている必要があります。そのために，時刻を同期するプロトコルであるNTP（Network Time Protocol）を用いて，サーバの時刻をすべて合わせておきます。時刻同期が行われていると，不正アクセス時のサーバ侵入の順番が分かり，アクセス経路の特定に役立ちます。

②SIEM（Security Information and Event Management）

サーバやネットワーク機器などからログを集め，そのログ情報を分析し，異常があれば管理者に通知する，または対策方法を知らせる仕組みです。セキュリティインシデントにつながるおそれのあるものをリアルタイムで監視し，管理者が素早く検知，対応することを助けます。

③WORM（Write Once Read Many）

書き込みが1回しかできない記憶媒体のことです。読み込みは何度でも可能です。ログなど，改ざんを防止する必要があるデータの書き込みに利用されます。

④ブロックチェーン

ブロックチェーンは，仮想通貨などで用いられる分散型台帳技術です。ログごとのハッシュ値を連続でチェーンのように繋げることで，ログの完全性と順番を保証することができます。

POINT!

- 日頃から計画を立て，バックアップなどの準備を行っておくことが大切
- SIEMはログ情報に基づいて，インシデントの予兆を発見して通知

6-2-4 情報の転送における情報セキュリティの維持

情報を転送するときは，情報セキュリティを維持するために，暗号化，認証などの対応が必要です。電子メール，ファイル，Webサイトなどそれぞれで情報セキュリティを維持する方法が異なります。

TLS

TLS（Transport Layer Security）は，セキュリティを要求される通信のために，アプリケーションに関係なく使用できるプロトコルです。**SSL**（Secure Sockets Layer）の後継として考案されたもので，SSLと呼ぶこともあります。提供する機能は，**認証**，**暗号化**，**改ざん検出**の3つです。

TLSでは最初に，通信相手を確認するために認証を行います。このとき，サーバがサーバ証明書をクライアントに送り，クライアントがその正当性を確認します。クライアントがクライアント証明書を送ってサーバが確認することもあります。

さらに，サーバ証明書の公開鍵を用いて，クライアントはデータの暗号化に使う共通鍵の種を，サーバの公開鍵で暗号化して送ります。その種を基にクライアントとサーバで共通鍵を生成し，その共通鍵を用いて暗号化通信を行います。また，データレコードにハッシュ値を付加して送り，データの改ざんを検出します。

SSL/TLSは，次のように様々なプロトコルと組み合わせて使うことが可能です。

・**HTTPS**（HTTP over TLS）

Webページで使用するHTTP（HyperText Transfer Protocol）との組合せ

・**SMTPS**（SMTP over TLS）

電子メールの送信で使用するSMTP（Simple Mail Transfer Protocol）との組合せ

・**FTPS**（FTP over TLS）

ファイル転送で使用するFTP（File Transfer Protocol）との組合せ

VPN

VPN（Virtual Private Network）は，インターネットや通信事業者が提供するネットワークなどを利用して，仮想的な専用線を構築する仕組みです。VPNを構築するためには，IPパケットを暗号化して通信するIPsecや，TLSを利用して暗号化する**TLS-VPN**などを利用します。

電子メールでのセキュリティ維持

電子メールのセキュリティでは，SPAM（迷惑メール）を送らない，また，受け取らないことが重要です。そのためには，電子メールを送受信するときに認証する対策が有効です。それには次のような技術を利用します。

①SPF（Sender Policy Framework）

電子メールの認証技術の1つで，差出人のIPアドレスなどを基にメールのドメインの正当性を検証します。DNSサーバにSPFレコードとしてメールサーバのIPアドレスを登録しておき，送られたメールと比較します。

②DKIM（Domain Keys Identified Mail）

電子メールの認証技術の1つで，デジタル署名を用いて送信者の正当性を立証します。署名に使う公開鍵をDNSサーバに公開しておくことで，受信者は正当性を確認できます。

③SMTP-AUTH

送信メールサーバで，ユーザ名とパスワードなどを用いてユーザを認証する方法です。

④OP25B（Outbound Port 25 Blocking）

迷惑メールの送信に自社のネットワークを使われないようにするための対策です。直接，25番ポートでSMTP通信を行うことを防止します。また，電子メールの誤送信対策としては，送信時に宛先メールアドレスを確認することや，それをメールのシステムで補助することが有効です。

6

⑤S/MIME（Secure/Multipurpose Internet Mail Extension）

電子メールの暗号化とデジタル署名に関する標準規格です。

認証局(CA)で正当性が確認できた公開鍵を用います。まず共通鍵を生成し，その共通鍵でメール本文を暗号化します。そして，その共通鍵を受信者の公開鍵で暗号化し，メールに添付します。

このような暗号化方式のことをハイブリッド暗号といいます。組み合わせることで，共通鍵で高速に暗号化でき，公開鍵で安全に鍵を配送できるようになります。

また，デジタル署名を添付することで，データの真正性と完全性も確認できます。

ファイル転送時のセキュリティ

ファイル転送時にセキュリティを維持するためには，ファイルそのものを暗号化したり，通信経路を暗号化したりする方法があります。

SSH（Secure Shell）は，ネットワークを通じて別のコンピュータにログインしたり，ファイルを移動させたりするためのプロトコルです。通信経路を共通鍵で暗号化することで，内容を秘匿化できます。

公開鍵暗号方式によって共通鍵の交換を行うハイブリッド暗号を使用します。また，認証には，パスワード認証のほかに，公開鍵暗号方式の秘密鍵を利用した公開鍵認証方式を利用できます。

Webのセキュリティ

Webのセキュリティについては，WAFなど様々なものが利用され，アクセス制御が行われます。それ以外のWeb特有のセキュリティとしては，URLのリストを使用し，そのリストに当てはまるものを遮断，もしくは通過させるURLフィルタリングがあります。

また，通信内容のキーワードなど，コンテンツの中身を基に遮断または通過させる**コンテンツフィルタリング**という手法もあります。

機器の持込み・持出し

情報の不正取得を目的に，USBメモリなどの機器が不正に持ち込まれ，コピーされることがあります。不正なコピーを防ぐためには，PCのUSBポートに登録されていないUSBメモリは接続できないようにするなどの対策が有効です。

また，情報が入ったハードディスクを持ち出されて情報が漏えいすることを防ぐために，**ハードディスク暗号化**を行い，復号しないと中身が見えないようにしておくという対策も有効です。

POINT!

- TLSでは公開鍵で認証，共通鍵で暗号化，ハッシュで改ざん検出
- S/MIMEでは，共通鍵を公開鍵暗号方式で暗号化

6-2-5 演習問題

問1 ボットネットのC&Cサーバの役割 CHECK ▶ □□□

ボットネットにおけるC&Cサーバの役割として，適切なものはどれか。

ア Webサイトのコンテンツをキャッシュし，本来のサーバに代わってコンテンツを利用者に配信することによって，ネットワークやサーバの負荷を軽減する。
イ 外部からインターネットを経由して社内ネットワークにアクセスする際に，CHAPなどのプロトコルを中継することによって，利用者認証時のパスワードの盗聴を防止する。
ウ 外部からインターネットを経由して社内ネットワークにアクセスする際に，時刻同期方式を採用したワンタイムパスワードを発行することによって，利用者認証時のパスワードの盗聴を防止する。
エ 侵入して乗っ取ったコンピュータに対して，他のコンピュータへの攻撃などの不正な操作をするよう，外部から命令を出したり応答を受け取ったりする。

問2 サンドボックス CHECK ▶ □□□

情報セキュリティにおけるサンドボックスの説明はどれか。

ア OS，DBMS，アプリケーションソフトウェア，ネットワーク機器など多様なソフトウェアや機器が出力する大量のログデータを分析する。
イ Webアプリケーションの入力フォームへの入力データに含まれるHTMLタグ，JavaScript，SQL文などを他の文字列に置き換えることによって，入力データ中に含まれる悪意のあるプログラムの実行を防ぐ。
ウ Webサーバの前段に設置し，不特定多数のPCから特定のWebサーバへのリクエストに代理応答する。
エ 不正な動作をする可能性があるプログラムを特別な領域で動作させることによって，他の領域に悪影響が及ぶのを防ぐ。

問3 UPS CHECK ▶ □□□

UPSの導入によって期待できる情報セキュリティ対策としての効果はどれか。

ア PCが電力線通信（PLC）からマルウェアに感染することを防ぐ。
イ サーバと端末間の通信における情報漏えいを防ぐ。
ウ 電源の瞬断に起因するデータの破損を防ぐ。
エ 電子メールの内容が改ざんされることを防ぐ。

演習問題の解説

問1 (基本情報技術者試験 (科目A試験) サンプル問題セット 問31) **《解答》エ**

ボットとは,人間が行うようなことを代わりに行うプログラムです。ボットネットでは,ボット同士が連携して動作を行います。C&C (Command and Control) サーバとは,ボットネットに対して指示を出し,情報を受け取るためのサーバです。ボットに感染させることで,侵入して乗っ取ったコンピュータに対してC&Cサーバが命令を出し,他のコンピュータへの攻撃などの不正な操作が行われます。したがって,**エ**が正解です。

ア キャッシュサーバの役割です。

イ CHAP (Challenge Handshake Authentication Protocol) は,ユーザ認証の際に使用されるプロトコルで,毎回異なる乱数とパスワードを合わせた値をハッシュ関数で演算し,その値を認証先に送信します。

ウ 時刻同期方式では,時刻ごとに変化する乱数を,サーバとクライアントで同期させて発行します。毎回異なる乱数を利用することで,盗聴したパスワードの再利用を防ぐ仕組みです。

問2 (平成31年春 応用情報技術者試験 午前 問43) **《解答》エ**

サンドボックスとは,プログラムをあらかじめ区切られた特別の領域で動作させる仕組みです。不正な動作をする可能性があるプログラムの影響が他に及ぶことを防ぐことができます。したがって,**エ**が正解です。

ア ログデータ分析の説明です。

イ エスケープ処理の説明です。

ウ リバースプロキシの説明です。

※この問題は,令和4年度7月期 午前免除試験 問44と同じです。

問3　（基本情報技術者試験（科目A試験）サンプル問題セット 問33）《**解答**》**ウ**

UPS（Uninterruptible Power Supply：無停電電源装置）とは，停電などによって電力会社から電力の供給が断たれた場合にも電力を供給し続けるための電源装置です。UPSの導入によって，電源の瞬断に起因するデータの破損を防ぐことができるので，**ウ**が正解です。

ア　PLC（Power Line Communications）は，電力線を通信ケーブルとして利用する技術です。PLCそのものがマルウェアに感染することは考えづらいですが，PLC経由でPCにマルウェアが送られてくることはあります。マルウェア感染を防ぐためには，PCにマルウェア対策ソフトなどを入れておく情報セキュリティ対策が有効です。

イ　情報漏えいを防ぐためには，サーバと端末間で通信を暗号化することが有効です。

エ　電子メールの改ざんは，デジタル署名を付加して送信することで検知できます。

6-3 情報セキュリティ管理

情報セキュリティは，適切に維持管理し続けることが大切です。日々更新される脆弱性情報に対応するための脆弱性管理，組織移動などで変わる利用者に対する利用者アクセス管理などを適切に行い，運用状況の点検を行います。

6-3-1 脆弱性管理

脆弱性管理では，日々更新される脆弱性情報をJVNなどでチェックし，適切に対処します。クラウドサービスを利用する場合は，責任に応じて必要な範囲に対応します。

脆弱性管理

脆弱性(セキュリティホール)は，OSやアプリケーションにおいて随時発見され，修正プログラムを配布するなどの対策が施されています。そのため，企業などの組織では使用しているOSやアプリケーションに脆弱性が発見された場合に速やかに対処するための脆弱性管理の仕組みを作っておくことが必要です。

具体的には，IPAセキュリティセンターなどで発表される脆弱性情報を日々チェックし，必要な場合にはOSのアップデートや脆弱性修正プログラムの適用を行います。このとき，現在使用しているOSやアプリケーションのバージョンを管理しておき，適用の必要があるかどうかを管理することが大切です。

JVN

脆弱性の情報をデータベース化して一般に公開する取組みが，国内外でいくつか行われています。

JVN (Japan Vulnerability Notes)は，日本で使用されているソフトウェアなどの脆弱性関連情報とその対策情報を提供する脆弱性対策情報ポータルサイトです。JPCERT/CCとIPAが共同で運営しています。

JVNでは，次の3種類の番号体系を用いて脆弱性識別番号を割り振り，脆弱性を特定しています。

・「JVN#」が先頭に付く8桁の番号

「情報セキュリティ早期警戒パートナーシップ」に基づいて調整・公表された脆弱性情報

・「JVNVU#」が先頭につく8桁の番号

上記以外の海外調整機関や海外製品開発者との連携案件

・「JVNTA#」が先頭に付く8桁の番号

調整の有無にかかわらず，必要に応じてJPCERT/CCが発行する注意喚起

また，脆弱性対策情報を効率的に収集したり，利用者のPC上にインストールされたソフトウェア製品のバージョンを容易にチェックするなどの機能を提供するフレームワークに**MyJVN**があります。

SCAP

NISTが開発した，情報セキュリティ対策の自動化と標準化を目指した技術仕様をSCAP（Security Content Automation Protocol：セキュリティ設定共通化手順）といいます。

現在，SCAPは次の6つの標準仕様から構成されています。

用語

NIST（National Institute of Standards and Technology：米国国立標準技術研究所）は，アメリカ合衆国の国立研究所で，公式の標準などを提供する機関です。数多くの情報セキュリティ関係の文書やレポートを発行しています。

①脆弱性を識別するための**CVE**
（Common Vulnerabilities and Exposures：共通脆弱性識別子）

個別製品中の脆弱性を対象として，米国政府の支援を受けた非営利団体のMITRE社が採番している識別子です。脆弱性検査ツールやJVNなどの脆弱性対策情報提供サービスの多くがCVEを利用しています。

②セキュリティ設定を識別するための**CCE**
（Common Configuration Enumeration：共通セキュリティ設定一覧）

システム設定情報に対して共通の識別番号「CCE識別番号（CCE-ID）」を付与し，セキュリティに関するシステム設定項目を識別します。識別番号を用いることで，脆弱性対策情報源やセキュリティツール間のデータ連携を実現します。

③製品を識別するためのCPE
(Common Platform Enumeration：共通プラットフォーム一覧)

ハードウェア，ソフトウェアなど，情報システムを構成するものを識別するための共通の名称基準です。

④脆弱性の深刻度を評価するためのCVSS
(Common Vulnerability Scoring System：共通脆弱性評価システム)

情報システムの脆弱性に対するオープンで包括的，汎用的な評価手法です。CVSSを用いると，脆弱性の深刻度を同一の基準の下で定量的に比較できるようになります。また，ベンダー，セキュリティ専門家，管理者，ユーザ等の間で，脆弱性に関して共通の言葉で議論できるようになります。

CVSSでは，次の3つの視点から評価を行います。

・基本評価基準（Base Metrics）
　脆弱性そのものの特性を評価する視点
・現状評価基準（Temporal Metrics）
　脆弱性の現在の深刻度を評価する視点
・環境評価基準（Environmental Metrics）
　製品利用者の利用環境も含め，最終的な脆弱性の深刻度を評価する視点

⑤チェックリストを記述するためのXCCDF
(eXtensible Configuration Checklist Description Format：セキュリティ設定チェックリスト記述形式)

セキュリティチェックリストやベンチマークなどを記述するための仕様言語です。

⑥脆弱性やセキュリティ設定をチェックするためのOVAL
(Open Vulnerability and Assessment Language：セキュリティ検査言語)

コンピュータのセキュリティ設定状況を検査するための仕様です。

CWE

CWE（Common Weakness Enumeration：共通脆弱性タイプ一覧）は，ソフトウェアにおけるセキュリティ上の弱点（脆弱性）の種類を識別するための共通の基準です。CWEでは多種多様な脆弱性の種類を脆弱性タイプとして分類し，それぞれにCWE識別子（CWE-ID）を付与して階層構造で体系化しています。脆弱性タイプは，以下の4種類に分類されます。

・ビュー（View）
・カテゴリ（Category）
・脆弱性（Weakness）
・複合要因（Compound Element）

脆弱性検査

システムを評価するために脆弱性を発見する検査のことを脆弱性検査といいます。脆弱性検査の手法には，次のようなものがあります。

①ペネトレーションテスト

システムに実際に攻撃して侵入を試みることで，脆弱性検査を行う手法です。擬似攻撃を行うことになるため，あらかじめ攻撃の許可を得ておくことや，攻撃によりシステムに影響がないよう準備することなどが必要です。

②ポートスキャナー

Webサーバで稼働しているサービスを列挙して，不要なサービスが稼働していないことを確認するツールです。OSの種類を検出したり，サービスに対して簡単な脆弱性検査を行うことができるものもあります。

③ファジング

ファジングとは，ソフトウェア製品において，開発者が認知していない脆弱性を検出する検査手法です。検査対象のソフトウェア製品に，ファズ（Fuzz）と呼ばれる，問題を引き起こしそうなデータを大量に送り込み，その応答や挙動を監視することで脆弱性を検出します。

参考
IPAセキュリティセンターでは，「ファジング活用の手引き」などの「ファジング」に関する手引書などを紹介しています。
https://www.ipa.go.jp/security/vuln/fuzzing/contents.html

クラウドサービスと責任共有モデル

クラウドサービスとは，ソフトウェアやデータなどを，インターネットなどのネットワークを通じて，サービスというかたちで必要に応じて提供する方式です。クラウドサービスに対して，自社でサーバやソフトウェアを用意してサービスを稼働させることをオンプレミスといいます。

クラウドサービスの形態には，次のようなものがあります。

・SaaS（Software as a Service）
　ソフトウェア（アプリケーション）をサービスとして提供する
・PaaS（Platform as a Service）
　OSやミドルウェアなどの基盤（プラットフォーム）を提供する
・IaaS（Infrastructure as a Service）
　ハードウェアやネットワークなどのインフラを提供する

図にすると，次のようなかたちになります。

●SaaS，PaaS，IaaSで提供される構成要素

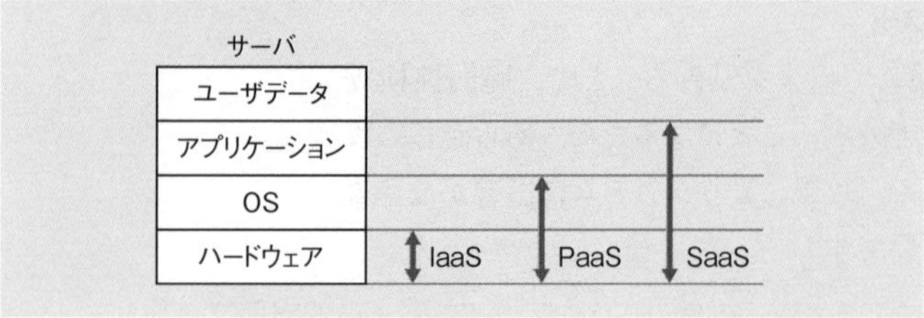

クラウドサービスでは，**責任共有モデル**を採用し，提供者（プロバイダ）と利用者（カスタマー）との間で管理の責任を分担します。例えば，PaaSを利用すると，OSの脆弱性対策は提供者の責任ですが，アプリケーションの脆弱性については利用者が対処する必要があります。

POINT!

・CVSSは共通脆弱性評価システムで3つの視点から評価
・クラウドサービスでは，提供者と利用者で責任を分担する

6-3-2 利用者アクセスの管理

利用者のアクセスを適切に制限するため，利用者が使用するアカウントに対して適切にアカウント管理を行うことが重要です。アカウント管理では，技術的なアクセス制限だけでなく，アカウントの運用管理を適正に行うことが必要となります。

アクセス管理のポイント

利用者アクセスを管理するときに意識するポイントには，次のようなものがあります。

①最小権限（Need-to-know）の原則

利用者にアクセス権を設定する際の最も大切な考え方は，**最小権限の原則**です。必要最小限のアクセス権を与え，業務に必要のない情報は見せないようにすることが大切です。

②1人1アカウントの原則

利用者のアクセス管理では，利用者1人1人を識別できるようにすることが重要です。そのため，1人ずつ別々のアカウントを設定し，誰がアクセスしているのかを分かるようにします。**アカウントの共用や貸与は禁止**し，1人1アカウントの原則でアカウントを管理します。

③責務の分離

最小権限，1人1アカウントを満たした後で，それぞれのアカウントに権限が集中しないよう，**責務の分離**を行います。各人に業務に必要な最低限の権限を与え，互いにチェックする体制を整えて相互牽制します。

特に，職位の高い人（部長など）にすべてのアクセス権を与えるなどの運用は不正を行いやすくしてしまうので，職務に必要な最低限のアクセス権限を設定する必要があります。具体的には，業務を実行する従業員には操作権限，それを承認する上司には承認権限のみを与え，上司に操作権限を与えないなどの運用を行います。

④特権アカウント管理

通常の利用者権限と異なる，システムを変更することができるアクセス権を特権的アクセス権といい，そのアクセス権をもつアカウントが**特権アカウント**（特権ID）です。特権アカウントでも，最小権限の原則に沿って，アカウントを付与する利用者を最小限にし，必要最小限の権限のみを付与します。また，不正が生じたときに追跡しやすいように，特権アカウントで1人1人を識別できるようにしておく必要があります。

⑤速やかな削除・変更

アクセス権は，不要になった場合には速やかに削除することが肝心です。退職者のアカウントなどをそのままにしておくと，不正アクセスが起こりやすくなります。また，異動や業務の変更などで必要なアクセス権が変わった場合にも，速やかに対応する必要があります。会社の人事制度と連動させたり，ユーザごとではなくロールを用いてアクセス制御を行うなど，アカウントの変更管理を速やかに行う仕組みを構築することが大切です。

認証の3要素

本人認証を行うときに使用する要素（内容）には大きく次の3種類があり，これを認証の3要素といいます。

1. 記憶……ある情報をもっていることによる認証
　　例：パスワード，暗証番号など
2. 所持……ある物をもっていることによる認証
　　例：ICカード，電話番号，秘密鍵など
3. 生体……身体的特徴による認証
　　例：指紋，虹彩，静脈など

多要素認証

認証の3要素は，どの要素がすぐれているというものではなく，それぞれの認証には一長一短があります。例えば，パスワードは漏えいしたら他の人に使われますし，ICカードなどは盗難にあうおそれがあります。また，生体認証は他の人が代わりをすることは難しいですが，本人が認証を拒否されてしまうことがよくあります。

そのため，3要素のうちの2種類以上を組み合わせて認証の強度を上げる手法を，**多要素認証**（または**2要素認証**，二要素認証，複数要素認証）といいます。

パスワードに関する攻撃

パスワードに関する攻撃はパスワードクラックともいい，様々な攻撃手法があります。代表的な攻撃手法には，次のようなものがあります。

①ブルートフォース攻撃（総当たり攻撃）

同じユーザに対して，適当な文字列を組み合わせて力任せにログインの試行を繰り返す攻撃です。ブルートフォース攻撃とは逆に，同じパスワードを使って様々なユーザに対してログインを試行する**リバースブルートフォース攻撃**もあります。

②辞書攻撃

辞書に出てくるような定番の用語を順に使用してログインを試みる攻撃です。

③スニッフィング

盗聴することでパスワードを知る方法です。

④リプレイ攻撃

パスワードなどの認証情報を送信しているパケットを取得し，それを再度送信することでそのユーザになりすます攻撃です。パスワードが暗号化されていても使用できます。

⑤パスワードリスト攻撃

他のサイトで取得したパスワードのリストを利用して不正ログインを行う攻撃です。

⑥レインボー攻撃

パスワードがハッシュ値で保管されている場合に，あらかじめパスワードとハッシュ値の組合せリスト（レインボーテーブル）を用意しておき，そのリストと突き合わせてパスワードを推測し不正ログインを行う攻撃です。

⑦パスワードスプレー攻撃

攻撃の時刻と攻撃元を変え，複数の利用者IDを同時に試すことで，アカウントロックを回避しながら，よく用いられるパスワードを試す攻撃です。

利用者のパスワード管理

様々なパスワードに関する攻撃に対応するため，利用者のパスワード管理の方法は，教育などで周知徹底させる必要があります。そのポイントは次のとおりです。

①質の良いパスワードを設定する

パスワードは，推測されにくく文字数の多いものを設定することが大切です。

②同じパスワードを使い回さない

システムごとに異なるパスワードを用意し，使い分けることが大切です。

③組合せでパスワードを管理する

パスワードを覚えられないときに紙に書いたりアプリで保管したりすると，それが漏えいした場合に被害にあう可能性があります。「アプリ＋紙」など，複数の組合せでパスワードを管理すると，漏えいの危険性が下がります。

④パスワードをPCに保管しない

パスワードやIDはPCに保管せず，毎回入力するようにします。PCに記憶させて自動的に認証できるようにしないことが大切です。

パスワードが漏えいした場合の対応

パスワードが漏えいした場合の原則は，**速やかなパスワードの変更**です。「パスワードが漏えいしたかどうかが不明」な場合も含め，可能性がある場合には変更することが推奨されます。
上の利用者のパスワード管理のポイントを押さえ，適切に設定することが大切です。

POINT!

- 認証の3要素は，記憶，所持，生体で，多要素認証にすることが大切
- 最小権限の原則で，不必要に権限を与えない

6-3-3 運用状況の管理

情報セキュリティは，一度構築して終わりではなく，継続して運用していく必要があります。そのために監視やレビューを行い，運用状況を管理することが大切です。

情報セキュリティマネジメントの監視及びレビュー

情報セキュリティマネジメントの仕組みを実装して管理策を策定しても，そのままでは実現されない，あるいは不備があるおそれがあるので，日常的に**監視**することが大切です。

また，情報セキュリティマネジメントは，環境の変化などに応じて見直す必要もあります。そのために，その管理策の有効性や継続性を計り，監視，監査，レビューなどを実施します。

運用

情報セキュリティを確保するためには，計画したことを継続して実施し，管理していかなければなりません。そのためには適切な運用が不可欠です。定期的に，または組織に重大な変化があった場合には，改めて情報セキュリティリスクアセスメント，リスク対応を実施し，新たなリスクに対応できるようにする必要があります。

パフォーマンス評価

ISMSの実施においては，それが有効かどうかを評価する必要があります。具体的には，**内部監査**を行い，ISMSが有効に実施され，維持されているかを確認します。また，トップマネジメントは，**マネジメントレビュー**を行い，ISMSが適切で有効であるかを定期的に確認する必要があります。

用語
トップマネジメントとは，企業を指揮，管理する首脳陣です。一般的には社長を中心とした，取締役などの経営陣を指します。

改善（不適合及び是正処置，継続的改善）

パフォーマンス評価の結果，不適合が発生した場合には，それを改善する必要があります。不適合の原因を除去し，再発を防止するための**是正処置**を実行し，その有効性をレビューします。

また，一度の処置で終わりにするのではなく，**継続的に改善**していく必要があります。

管理目的及び管理策

JIS Q 27001:2014では，附属書Aとして**管理目的及び管理策のリスト**が示されています。情報セキュリティのための方針や組織，人的資源のセキュリティ，アクセス制御や暗号，物理的及び環境的セキュリティなどについて，その目的や管理策がまとめられています。ISMSでは，これらのリストから，**必要なすべての管理策を決定**し，必要な管理策が見落とされていないことを検証します。

POINT!

- ISMSでは，トップマネジメントのリーダシップが大切
- 日々監視し，継続的に改善し続けるプロセスを回す

コラム

最小権限の原則と職務の分離

最小権限の原則と職務の分離は，情報セキュリティを確保する上でとても大切な考え方です。人間が通常の集団生活を行っていると，有能な人に権限が集中し，「何でもかんでも同じ人に頼る」状況になりがちです。しかし，情報セキュリティの犯罪などは，重要で権限をもっている人が行うことが多く，一人に権限を集中させていると，問題が起こったときの被害が大きくなります。

そこで大事になってくるのが，相互牽制の考え方です。複数の人に権限を与え，互いに見張るような仕組みを作ることによって，不正を起こりにくくしていきます。必要以上に権限が与えられていると不正が実行されやすいので最小限にし，影響範囲を狭めていくのです。

情報セキュリティマネジメントでは，組織全体でセキュリティを確保することが大切で，そのためには技術だけではなく，組織的な対応が必要となります。「なぜそれが必要なのか」といった原点を確認しながら，情報セキュリティマネジメントの考え方を学んでいきましょう。

6-3-4 演習問題

問1 SaaS利用時の情報セキュリティ管理 CHECK ▶ □□□

SaaS（Software as a Service）を利用するときの企業の情報セキュリティ管理に関する記述のうち，適切なものはどれか。

ア システム運用を行わずに済み，障害時の業務手順やバックアップについての検討が不要である。
イ システムのアクセス管理を行わずに済み，パスワードの初期化の手続や複雑性の要件を満たすパスワードポリシの検討が不要である。
ウ システムの構築を行わずに済み，アプリケーションソフトウェア開発に必要なセキュリティ要件の定義やシステムログの保存容量の設計が不要である。
エ システムの情報セキュリティ管理を行わずに済み，情報セキュリティ管理規程の策定や管理担当者の設置が不要である。

問2 2要素認証に該当する組み CHECK ▶ □□□

2要素認証に該当する組みはどれか。

ア クライアント証明書，ハードウェアトークン
イ 静脈認証，指紋認証
ウ パスワード認証，静脈認証
エ パスワード認証，秘密の質問の答え

問3 リバースブルートフォース攻撃に該当するもの CHECK ▶ □□□

リバースブルートフォース攻撃に該当するものはどれか。

ア　攻撃者が何らかの方法で事前に入手した利用者IDとパスワードの組みのリストを使用して，ログインを試行する。

イ　パスワードを一つ選び，利用者IDとして次々に文字列を用意して総当たりにログインを試行する。

ウ　利用者ID，及びその利用者IDと同一の文字列であるパスワードの組みを次々に生成してログインを試行する。

エ　利用者IDを一つの選び，パスワードとして次々に文字列を用意して総当たりにログインを試行する。

演習問題の解説

問1 (平成30年秋 情報セキュリティマネジメント試験 午前 問5) 《解答》ウ

SaaSとは，システムの構築やアプリケーションソフトウェアの導入などをクラウドサービス事業者が行い，利用者はそのアプリケーションソフトウェアをサービスとして使用できるようにした利用形態です。システムの構築を行わずに済むため，セキュリティ要件の定義やシステムログの保存容量の設計は不要となります。したがって，**ウ**が正解です。

ア　データは各自で管理するため，バックアップなどについての検討は必要です。

イ　システムへのアクセス権限は設定するので，パスワードポリシの検討などは必要です。

エ　システムを構築しなくても，システムを利用する場合には情報セキュリティ管理を行う必要があります。

※この問題は，令和4年度1月期 午前免除試験 問40と同じです。

問2 (平成29年春 情報セキュリティマネジメント試験 午前 問18) 《解答》ウ

2要素認証では，認証の3要素である記憶，所持，生体のうちの2種類の要素で認証を行う必要があります。パスワード認証は記憶，静脈認証は生体の認証なので，この組合せは2要素認証に該当します。したがって，**ウ**が正解です。

アは2つとも所持の認証，イは2つとも生体の認証，エは2つとも記憶の認証なので，2要素認証には該当しません。

※この問題は，令和4年度1月期 午前免除試験 問35と同じです。

問3 (令和元年秋 情報セキュリティマネジメント試験 午前 問19) 《解答》イ

リバースブルートフォース攻撃は，パスワードを固定し，利用者IDに対して総当たり攻撃を試行する攻撃です。パスワードを一つ選び，利用者IDとして次々に文字列を用意して総当たりにログインを試行します。したがって，**イ**が正解です。

ア　パスワードリスト攻撃に該当します。

ウ　パスワードを利用者IDと同じにしているユーザを狙うパスワード推測の攻撃です。

エ　ブルートフォース攻撃に該当します。

6-4 問題演習

ここでは，第6章で学んだ範囲について，科目B問題を解いてみましょう。実際に解いてみることで，理解が深まります。

6-4-1 問題

問1

製造業のA社では，ECサイト（以下，A社のECサイトをAサイトという）を使用し，個人向けの製品販売を行っている。Aサイトは，A社の製品やサービスが検索可能で，ログイン機能を有しており，あらかじめAサイトに利用登録した個人（以下，会員という）の氏名やメールアドレスといった情報（以下，会員情報という）を管理している。Aサイトは，B社のPaaSで稼働しており，PaaS上のDBMSとアプリケーションサーバを利用している。

A社は，Aサイトの開発，運用をC社に委託している。A社とC社との間の委託契約では，Webアプリケーションプログラムの脆弱性対策は，C社が実施するとしている。

最近，A社の同業他社が運営しているWebサイトで脆弱性が悪用され，個人情報が漏えいするという事件が発生した。そこでA社は，セキュリティ診断サービスを行っているD社に，Aサイトの脆弱性診断を依頼した。脆弱性診断の結果，対策が必要なセキュリティ上の脆弱性が複数指摘された。図1にD社からの指摘事項を示す。

(一) Aサイトで利用しているDBMSに既知の脆弱性があり，脆弱性を悪用した攻撃を受けるおそれがある。
(二) Aサイトで利用しているアプリケーションサーバのOSに既知の脆弱性があり，脆弱性を悪用した攻撃を受けるおそれがある。
(三) ログイン機能に脆弱性があり，Aサイトのデータベースに蓄積された情報のうち，会員には非公開の情報を閲覧されるおそれがある。

図1 D社からの指摘事項

6

設問 図1中の項番(一) ～ (三)それぞれに対処する組織の適切な組合せを，解答群の中から選べ。

解答群

	(一)	(二)	(三)
ア	A社	A社	A社
イ	A社	A社	C社
ウ	A社	B社	B社
エ	B社	B社	B社
オ	B社	B社	C社
カ	B社	C社	B社
キ	B社	C社	C社
ク	C社	B社	B社
ケ	C社	B社	C社
コ	C社	C社	B社

(基本情報技術者試験 科目B試験サンプル問題 問6)

問2

A社はIT開発を行っている従業員1,000名の企業である。総務部50名, 営業部50名で, ほかは開発部に所属している。開発部員の9割は客先に常駐している。現在, A社におけるPCの利用状況は図1のとおりである。

1　A社のPC
・総務部員, 営業部員及びA社オフィスに勤務する開発部員には, 会社が用意したPC（以下, A社PCという）を一人1台ずつ貸与している。
・客先常駐開発部員には, A社PCを貸与していないが, 代わりに客先常駐開発部員がA社オフィスに出社したときに利用するための共用PCを用意している。
2　客先常駐開発部員の業務システム利用
・客先常駐開発部員が休暇申請, 経費精算などで業務システムを利用するためには共用PCを使う必要がある。
3　A社のVPN利用
・A社には, VPNサーバが設置されており, 営業部員が出張時にA社PCからインターネット経由で社内ネットワークにVPN接続し, 業務システムを利用できるようになっている。規則で, VPN接続にはA社PCを利用すると定められている。

図1　A社におけるPCの利用状況

A社では, 客先常駐開発部員が業務システムを使うためだけにA社オフィスに出社するのは非効率的であると考え, 客先常駐開発部員に対して個人所有PCの業務利用(BYOD)とVPN接続の許可を検討することにした。

設問　客先常駐開発部員に，個人所有PCからのVPN接続を許可した場合に，増加する又は新たに生じると考えられるリスクを二つ挙げた組合せは，次のうちどれか。解答群のうち，最も適切なものを選べ。

(一) VPN接続が増加し，可用性が損なわれるリスク
(二) 客先常駐開発部員がA社PCを紛失するリスク
(三) 客先常駐開発部員がフィッシングメールのURLをクリックして個人所有PCがマルウェアに感染するリスク
(四) 総務部員が個人所有PCをVPN接続するリスク
(五) マルウェアに感染した個人所有PCが社内ネットワークにVPN接続され，マルウェアが社内ネットワークに拡散するリスク

解答群

ア	(一)，(二)	イ	(一)，(三)	ウ	(一)，(四)
エ	(一)，(五)	オ	(二)，(三)	カ	(二)，(四)
キ	(二)，(五)	ク	(三)，(四)	ケ	(三)，(五)
コ	(四)，(五)				

(基本情報技術者試験（科目B試験）サンプル問題セット 問18)

問3

A社は従業員200名の通信販売業者である。一般消費者向けに生活雑貨，ギフト商品などの販売を手掛けている。取扱商品の一つである商品Zは，Z販売課が担当している。

〔Z販売課の業務〕

現在，Z販売課の要員は，商品Zについての受注管理業務及び問合せ対応業務を行っている。商品Zについての受注管理業務の手順を図1に示す。

> 商品Zの顧客からの注文は電子メールで届く。
> (1) 入力
> 販売担当者は，届いた注文(変更，キャンセルを含む)の内容を受注管理システム[1)](以下，Jシステムという)に入力し，販売責任者[2)]に承認を依頼する。
> (2) 承認
> 販売責任者は，注文の内容とJシステムへの入力結果を突き合わせて確認し，問題がなければ承認する。問題があれば差し戻す。

注[1)] A社情報システム部が運用している。利用者は，販売責任者，販売担当者などである。
注[2)] Z販売課の課長1名だけである。

図1 受注管理業務の手順

〔Jシステムの操作権限〕

Z販売課では，Jシステムについて，次の利用方針を定めている。

［方針1］ ある利用者が入力した情報は，別の利用者が承認する。

［方針2］ 販売責任者は，Z販売課の全業務の情報を閲覧できる。

Jシステムでは，業務上必要な操作権限を利用者に与える機能が実装されている。

この度，商品Zの受注管理業務が受注増によって増えていることから，B社に一部を委託することにした(以下，商品Zの受注管理業務の入力作業を行うB社従業員を商品ZのB社販売担当者といい，商品ZのB社販売担当者の入力結果を閲覧して，不備があればA社に口頭で差戻しを依頼するB社従業員を商品ZのB社販売責任者という)。

委託に当たって，Z販売課は情報システム部にJシステムに関する次の要求事項を伝えた。

［要求1］ B社が入力した場合は，A社が承認する。

［要求2］ A社の販売担当者が入力した場合は，現状どおりにA社の販売責任者が承認する。

上記を踏まえ，情報システム部は今後の各利用者に付与される操作権限を表1にまとめ，Z販売課の情報セキュリティリーダーであるCさんに確認をしてもらった。

表1　操作権限案

付与される操作権限 / 利用者	Jシステム		
	閲覧	入力	承認
（省略）	○		○
Z販売課の販売担当者	（省略）	（省略）	（省略）
a1	○		
a2	○	○	

注記　○は，操作権限が付与されることを示す。

設問　表1中の a1 ， a2 に入れる字句の適切な組合せを，aに関する解答群の中から選べ。

aに関する解答群

	a1	a2
ア	Z販売課の販売責任者	商品ZのB社販売責任者
イ	Z販売課の販売責任者	商品ZのB社販売担当者
ウ	商品ZのB社販売責任者	Z販売課の販売責任者
エ	商品ZのB社販売責任者	商品ZのB社販売担当者
オ	商品ZのB社販売担当者	商品ZのB社販売責任者

（基本情報技術者試験（科目B試験）サンプル問題セット 問19）

問4

国内外に複数の子会社をもつA社では，インターネットに公開するWebサイトについて，A社グループの脆弱性診断基準（以下，A社グループ基準という）を設けている。A社の子会社であるB社は，会員向けに製品を販売するWebサイト（以下，B社サイトという）を運営している。会員が2回目以降の配達先の入力を省略できるように，今年の8月，B社サイトにログイン機能を追加した。B社サイトは，会員の氏名，住所，電話番号，メールアドレスなどの会員情報も管理することになった。

B社では，11月に情報セキュリティ活動の一環として，A社グループ基準を基に自己点検を実施し，その結果を表1のとおりまとめた。

表1　B社自己点検結果（抜粋）

項番	点検項目	A社グループ基準	点検結果
(一)	Webアプリケーションプログラム（以下，Webアプリという）に対する脆弱性診断の実施	・インターネットに公開しているWebサイトについて，Webアプリの新規開発時，及び機能追加時に行う。 ・機能追加などの変更がない場合でも，年1回以上行う。	・毎年6月に，Webアプリに対する脆弱性診断を外部セキュリティベンダに依頼し，実施している。 ・今年は6月に脆弱性診断を実施し，脆弱性が2件検出された。
(二)	OS及びミドルウェアに対する脆弱性診断の実施	・インターネットに公開しているWebサイトについて，年1回以上行う。	・毎年10月に，B社サイトに対して行っている。 ・今年10月の脆弱性診断では，軽微な脆弱性が4件検出された。
(三)	脆弱性診断結果の報告	・Webアプリ，OS及びミドルウェアに対する脆弱性診断を行った場合，その結果を，診断後2か月以内に各社の情報セキュリティ委員会に報告する。	・Webアプリに対する診断の結果は，6月末の情報セキュリティ委員会に報告した。 ・OS及びミドルウェアに対する診断の結果は，脆弱性が軽微であることを考慮し，情報システム部内での共有にとどめた。
(四)	脆弱性診断結果の対応	・Webアプリ，OS及びミドルウェアに対する脆弱性診断で，脆弱性が発見された場合，緊急を要する脆弱性については，速やかに対応し，その他の脆弱性については，診断後，1か月以内に対応する。指定された期限までの対応が困難な場合，対応の時期を明確にし，最高情報セキュリティ責任者（CISO）の承認を得る。	・今年6月に検出したWebアプリの脆弱性2件について，1週間後に対応した。 ・今年10月に検出したOS及びミドルウェアの脆弱性4件について，2週間後に対応した。

設問 表1中の自己点検の結果のうち，A社グループ基準を満たす項番だけを全て挙げた組合せを，解答群の中から選べ。

解答群

ア （一）	イ （一），（二）
ウ （一），（二），（三）	エ （一），（三）
オ （一），（四）	カ （二），（三），（四）
キ （二），（四）	ク （三）
ケ （三），（四）	

（情報セキュリティマネジメント試験 科目B試験サンプル問題 問2）

6-4-2 解答と解説

問1 各指摘事項に対応する組織 《解答》**オ**

Aサイトの脆弱性診断での図1の指摘事項について，対処する組織を答えていきます。それぞれの指摘事項については，次のとおりです。

(一)

「Aサイトで利用しているDBMSに既知の脆弱性があり，脆弱性を悪用した攻撃を受けるおそれがある」について，対処する組織を考えます。

AサイトのDBMSについては，「Aサイトは，B社のPaaSで稼働しており，PaaS上のDBMSとアプリケーションサーバを利用している」とあるので，B社のPaaS（Platform as a Service）上で稼働しています。B社がクラウドサービスをPaaSで提供している場合には，DBMSの管理はB社の責任範囲です。そのため，B社が対処する必要があります。

(二)

「Aサイトで利用しているアプリケーションサーバのOSに既知の脆弱性があり，脆弱性を悪用した攻撃を受けるおそれがある」について，対処する組織を考えます。

アプリケーションサーバは，指摘事項(一)と同様，B社PaaSで稼働しており，OSの管理もB社の責任範囲です。そのため，B社が対処する必要があります。

(三)

「ログイン機能に脆弱性があり，Aサイトのデータベースに蓄積された情報のうち，会員には非公開の情報を閲覧されるおそれがある」について，対処する組織を考えます。

ログイン機能については，「Aサイトは，A社の製品やサービスが検索可能で，ログイン機能を有しており」とあり，Aサイトの機能です。「A社は，Aサイトの開発，運用をC社に委託している」とあるので，Aサイトを開発したのはC社です。さらに，「A社とC社との間の委託契約では，Webアプリケーションプログラムの脆弱性対策は，C社が実施するとしている」とあるので，脆弱性対策はC社が実施することになります。

したがって，(一)がB社，(二)がB社，(三)がC社となるので，組合せの正しい**オ**が正解です。

問2 VPN接続のリスク 《解答》エ

A社における状況をもとに，客先常駐開発部員に，個人所有PCからのVPN接続を許可した場合に，増加する又は新たに生じると考えられるリスクについて考えます。それぞれのリスクについて考えると，次のとおりになります。

(一) ○

個人所有PCからのVPN接続を許可すると，VPN接続するPCの台数が増加します。VPNサーバやネットワーク機器などに負荷がかかりすぎて接続できなくなり，可用性が損なわれるリスクが増加します。

(二) ×

客先常駐開発部員はA社PCではなく個人所有PCを使用し，A社PCは持ち出さないので，紛失するリスクは増大しません。

(三) ×

客先常駐開発部員がフィッシングメールのURLをクリックするリスクはありますが，VPN接続とは関係がありません。

(四) ×

総務部員は，図1の利用状況ではVPN接続を許可されていません。そのため，VPN接続ができないので，リスクは増大しません。

(五) ○

個人所有PCがマルウェアに感染していた場合，社内ネットワークにVPN接続したときにマルウェアが社内ネットワークに拡散する可能性はあります。個人所有PCのマルウェア対策の不備によるリスクは増大すると考えられます。

したがって，(一)，(五)が増加するリスクなので，**エ**が正解です。

問3 利用者の操作権限 《解答》エ

問題文の〔Z販売課の業務〕，〔Jシステムの操作権限〕の内容に従って，表1にまとめられた操作権限表に対応する利用者について考えていきます。

空欄a1

Jシステムに閲覧権限だけを付与される利用者について考えます。

〔Jシステムの操作権限〕に，「商品ZのB社販売担当者の入力結果を閲覧して，不備があればA社に口頭で差戻しを依頼するB社従業員を商品ZのB社販売責任者という」とあり，商品ZのB社販売責任者には閲覧権限が必要です。不備があったときにはA社に口頭で依頼するので，Jシステムの権限は特に追加で必要ありません。したがって，空欄a1は，**商品ZのB社販売責任者**だと考えられます。

空欄a2

Jシステムに閲覧権限と入力権限を付与される利用者について考えます。

ここで，現在の〔Z販売課の業務〕でも操作権限のあるZ販売課の販売担当者は，すでに表1にあるので除かれます。

〔Jシステムの操作権限〕に，「商品Zの受注管理業務の入力作業を行うB社従業員を商品ZのB社販売担当者といい」とあるので，商品ZのB社販売担当者は入力を行います。したがって，空欄a2は，**商品ZのB社販売担当者**だと考えられます。

したがって，組合せの正しい**エ**が正解です。

問4 自己点検の結果 **《解答》キ**

A社の子会社であるB社について，表1の自己点検の結果のうち，A社グループ基準を満たす項番だけを全て挙げた組合せを考えていきます。表1のそれぞれの項番について，A社グループ基準を満たすかどうかを考えていくと，次のようになります。

(一) ×

「Webアプリケーションプログラム（以下，Webアプリという）に対する脆弱性診断の実施」では，A社グループ基準に「インターネットに公開しているWebサイトについて，Webアプリの新規開発時，及び機能追加時に行う」とあります。脆弱性診断の実施は，新規開発時に行う必要があります。問題文に，「会員が2回目以降の配達先の入力を省略できるように，今年の8月，B社サイトにログイン機能を追加した」とあり，8月に新規開発が行われていることが分かります。しかし，点検結果には，「今年は6月に脆弱性診断を実施し，脆弱性が2件検出された」とあるだけで，新規開発の8月以降に脆弱性診断が実施されていないことが読み取れます。そのため，A社グループ基準を満たしていません。

(二) ○

「OS及びミドルウェアに対する脆弱性診断の実施」では，A社グループ基準に「インターネットに公開しているWebサイトについて，年1回以上行う」とあります。点検結果には，「毎年10月に，B社サイトに対して行っている」とあり，年1回実施されていることが分かります。そのため，A社グループ基準を満たしています。

(三) ×

「脆弱性診断結果の報告」では，A社グループ基準に「Webアプリ，OS及びミドルウェアに対する脆弱性診断を行った場合，その結果を，診断後2か月以内に各社の情報セキュリティ委員会に報告する」とあります。しかし，点検結果には，「OS及びミドルウェアに対する診断の結果は，脆弱性が軽微であることを考慮し，情報システム部内での共有にとどめた」とあり，各社の情報セキュリティ委員会に報告していないことが分かります。そのため，A社グループ基準を満たしていません。

(四) ○

「脆弱性診断結果の対応」では，A社グループ基準に「Webアプリ，OS及びミドルウェアに対する脆弱性診断で，脆弱性が発見された場合，緊急を要する脆弱性については，速やかに対応し，その他の脆弱性については，診断後，1か月以内に対応する」とあります。点検結果には，「今年6月に検出したWebアプリの脆弱性2件について，1週間後に対応した」「今年10月に検出したOS及びミドルウェアの脆弱性4件について，2週間後に対応した」とあり，どちらも1か月以内に対応していることが分かります。そのため，A社グループ基準を満たしています。

したがって，(二)，(四)がA社グループ基準を満たす項番なので，組合せの正しい**キ**が正解です。

第7章

科目B問題演習

この章では，科目B問題を本番試験と同じ形式で用意しています。実際の試験では，「アルゴリズムとプログラミング」分野が16問，「情報セキュリティ」分野が4問の計20問が連続で出題されます。本番前の問題演習にお役立てください。

7-1 予想問題

本番試験と同じ形式の20問を予想問題として用意しました。実際の試験時間（100分）を目安に解いてみましょう。

7-1-1 問題

問1　次の記述中の[　　　　]に入れる正しい答えを，解答群の中から選べ。

プログラムを実行すると，“[　　　　]”と出力される。

〔プログラム〕

```
整数型： x ← 2
整数型： y ← 1
整数型： z ← 3
x ← z
z ← y
y ← x
yの値 と zの値 をこの順にコンマ区切りで出力する
```

解答群

ア　1, 2	イ　1, 3	ウ　2, 1
エ　2, 3	オ　3, 1	カ　3, 2

問2 手続printStarsは，“☆”と“★”を交互に，引数numで指定された数だけ出力する。プログラム中のa，bに入れる字句の適切な組合せはどれか。ここで，引数numの値が0以下のときは，何も出力しない。

〔プログラム〕

```
○printStars(整数型: num)       /* 手続の宣言 */
 整数型: cnt ← 0               /* 出力した数を初期化する */
 文字列型: starColor ← "SC1"   /* 最初は“☆”を出力させる */
 [   a   ]
   if (starColor が "SC1" と等しい)
     "☆"を出力する
     starColor ← "SC2"
   else
     "★"を出力する
     starColor ← "SC1"
   endif
   cnt ← cnt + 1
 [   b   ]
```

	a	b
ア	do	while (cnt が num 以下)
イ	do	while (cnt が num より小さい)
ウ	while (cnt が num 以下)	endwhile
エ	while (cnt が num より小さい)	endwhile

問3 関数sigmaは，正の整数を引数maxで受け取り，1からmaxまでの整数の総和を戻り値とする。プログラム中の[a]に入れる字句として，適切なものはどれか。

〔プログラム〕

```
○整数型: sigma(整数型: max)
  整数型: calcX ← 0
  整数型: n
  for (n を 1 から max まで 1 ずつ増やす)
    [ a ]
  endfor
  return calcX
```

ア calcX ← calcX × n

イ calcX ← calcX + 1

ウ calcX ← calcX + n

エ calcX ← n

問4 次のプログラム中の[　　　]に入れる正しい答えを，解答群の中から選べ。

関数quadraticは，実数 a，b，及び $c(a \neq 0)$ を受け取り，二次方程式 $ax^2+bx+c=0$ の2つの x の解を返す。ここで，二次方程式の解の公式は，次のとおりである。

$$x = \frac{-b \pm \sqrt{b^2 - 4ac}}{2a}$$

関数quadraticが使う関数powは，第1引数として正の実数 a を，第2引数として実数 b を受け取り，a の b 乗の値を実数型で返す。

〔プログラム〕

```
○実数型: quadratic(実数型: a, 実数型: b, 実数型: c)
  実数型: sqrtPart
  sqrtPart ← [　　　]
  return (-b + sqrtPart) ÷ (2 × a), (-b - sqrtPart) ÷ (2 × a)
```


解答群

ア　(pow(b, 2) - 4 × a × c) ÷ pow(2, 0.5)
イ　(pow(b, 2) - 4 × a × c) ÷ pow(2, a)
ウ　pow(2, pow(b, 0.5)) - 4 × a × c)
エ　pow(pow(b, 2) - 4 × a × c, 0.5)
オ　pow(pow(pow(2, b), 4 × a × c), 0.5)
カ　pow(b, 2) ÷ pow(4 × a × c, 0.5)
キ　pow(b, 2) × pow(4 × a × c, 2) ÷ pow(2, a)

問5 手続printArrayは，配列integerArrayの要素を並べ替えて出力する。手続printArrayを呼び出したときの出力はどれか。ここで，配列の要素番号は1から始まる。

〔プログラム〕

```
○printArray()
  整数型: n, m
  整数型の配列: integerArray ← {2, 4, 1, 3}
  for (n を 1 から (integerArrayの要素数 - 1) まで 1 ずつ増やす)
    for (m を 1 から (integerArrayの要素数 - n) まで 1 ずつ増やす)
      if (integerArray[m] > integerArray[m + 1])
        integerArray[m] と integerArray[m + 1] の値を入れ替える
      endif
    endfor
  endfor
  integerArray の全ての要素 を先頭から順にコンマ区切りで出力する
```

ア 1, 2, 3, 4　　イ 1, 3, 2, 4

ウ 3, 1, 4, 2　　エ 4, 3, 2, 1

問6 次のプログラム中の［　　］に入れる正しい答えを，解答群の中から選べ。

関数multiplyは8ビット型の2つの引数xbyte，ybyteを受け取り，2つの値を掛け算した結果を返す。例えば，関数multiplyをmultiply(00001010, 00000011)として呼び出すと，戻り値は00011110となる。

なお，演算子∧はビット単位の論理積，演算子∨はビット単位の論理和，演算子>>は論理右シフト，演算子<<は論理左シフトを表す。例えば，value >> nはvalueの値をnビットだけ右に論理シフトし，value << nはvalueの値をnビットだけ左に論理シフトする。

〔プログラム〕

```
○8ビット型: multiply(8ビット型: xbyte, 8ビット型: ybyte)
 8ビット型: zbyte ← 0
 8ビット型: pbyte ← [    a    ]
 整数型: i
 for (i を 1 から 8 まで 1 ずつ増やす)
   if ( ybyte ∧ pbyte = pbyte)
     zbyte ← zbyte + xbyte
   endif
   [    b    ]
 endfor
 return zbyte
```

解答群

	a	b
ア	00000001	xbyte ← xbyte << 1 ybyte ← ybyte >> 1
イ	00000001	xbyte ← xbyte >> 1 ybyte ← ybyte << 1
ウ	10000000	xbyte ← xbyte << 1 ybyte ← ybyte >> 1
エ	10000000	xbyte ← xbyte >> 1 ybyte ← ybyte << 1

問7 次のプログラム中の［　　　］に入れる正しい答えを，解答群の中から選べ。

手続delNodeは，単方向リストから，引数posで指定された位置の要素を削除する手続である。引数posは，リストの要素数以下の正の整数とする。リストの先頭の位置を1とする。

クラスListElementは，単方向リストの要素を表す。クラスListElementのメンバ変数の説明を表に示す。ListElement型の変数はクラスListElementのインスタンスの参照を格納するものとする。大域変数listHeadには，リストの先頭要素の参照があらかじめ格納されている。

表　クラスListElementのメンバ変数の説明

メンバ変数	型	説明
val	文字型	要素の値
next	ListElement	次の要素の参照。次の要素がないときの状態は未定義

〔プログラム〕

```
大域: ListElement: listHead // リストの先頭要素が格納されている

○delNode(整数型: pos) /* posは，リストの要素数以下の正の整数 */
  ListElement: prev
  整数型: i
  if (pos が 1 と等しい)
    listHead ← listHead.next
  else
    prev ← listHead
    /* posが2と等しいときは繰返し処理を実行しない */
    for (i を 2 から pos − 1 まで 1 ずつ増やす)
      prev ← prev.next
    endfor
    prev.next ←［　　　］
  endif
```

解答群

ア　listHead　　　イ　listHead.next

ウ　listHead.next.next　　　エ　prev

オ　prev.next　　　カ　prev.next.next

問8 次の記述中の［　　　］に入れる正しい答えを，解答群の中から選べ。ここで，配列の要素番号は1から始まる。

手続procは，2分木の各ノードがもつ記号を出力する再帰的な手続である。クラスNodeは，2分木の各ノードの要素を表す。クラスNodeの説明を図に示す。

大域の配列treeが，図の2分木を表している。このプログラムをproc(tree[1])として呼び出したときの出力は［　　　］の順となる。

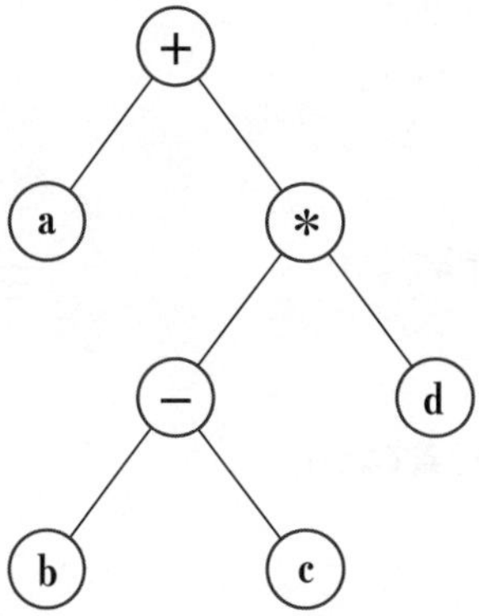

図　2分木

表　クラスNodeの説明

コンストラクタ	説明
Node(文字型: s)	文字sを要素の値とするノードを生成する。初期状態では，左右の子は未定義である。

メソッド	戻り値	説明
setleft(Node型: node)	なし	nodeを左の子に設定する。
setright(Node型: node)	なし	nodeを右の子に設定する。

メンバ変数	型	説明
val	文字型	要素の値
left	Node	左の子の参照。左の子がないときの状態は未定義
right	Node	右の子の参照。右の子がないときの状態は未定義

〔プログラム〕

```
大域: Node型の配列: tree ← {Node("+"), Node("a"),
                          Node("*"), Node("-"), Node("d"),
                          Node("b"), Node("c")}
tree[1].setleft(tree[2])
tree[1].setright(tree[3])
tree[3].setleft(tree[4])
tree[3].setright(tree[5])
tree[4].setleft(tree[6])
tree[4].setright(tree[7])

○proc(Node型: n)
  if (n.left が 未定義でない)
    proc(n.left)
  endif
  if (n.right が 未定義でない)
    proc(n.right)
  endif
  n.val を出力
```

解答群

ア　＋a＊−bcd	イ　a＋b−c＊d
ウ　abc−d＊＋	エ　b−c＊d＋a

問9　次の記述中の[　　　　]に入れる正しい答えを，解答群の中から選べ。ここで，配列の要素番号は1から始まる。

関数binSortをbinSort([　　　　])として呼び出すと，戻り値の配列には未定義の要素は含まれておらず，値は昇順に並んでいる。

〔プログラム〕

```
○整数型の配列: binSort(整数型の配列: data)
 整数型: n ← dataの要素数
 整数型の配列: bins ← {n個の未定義の値}
 整数型: i

 for (i を 1 から n まで 1 ずつ増やす)
   bins[data[i]] ← data[i]
 endfor

 return bins
```

解答群

ア　{2, 6, 3, 1, 4, 5}　　　イ　{3, 1, 4, 4, 5, 2}

ウ　{4, 2, 1, 5, 6, 2}　　　エ　{5, 3, 4, 3, 2, 6}

問10 手続hashを使用して，配列Aの要素A[0]，A[1]，…，A[9]に正の整数kを格納する。hash(k)を実行して，16，43，73，24，85を順に配列Aに格納したとき，85が格納される場所はどこか。ここで，配列の要素番号は0から始まり，配列の要素は全て0に初期化されている。

〔プログラム〕

```
大域：整数型配列：A ← {0, 0, 0, 0, 0, 0, 0, 0, 0, 0}
○hash(整数型：k)
  if (A[k mod 10] = 0)
    A[k mod 10] ← k
  elseif (A[(k+1) mod 10] = 0)
    A[(k+1) mod 10] ← k
  elseif (A[(k+4) mod 10] = 0)
    A[(k+4) mod 10] ← k
  else
    エラーを出力し，格納せず終了
  endif
```

解答群

ア A[3]　　イ A[5]　　ウ A[6]
エ A[9]　　オ なし

問11 次の記述中の［　　　　］に入れる正しい答えを，解答群の中から選べ。ここで，配列の要素番号は1から始まる。

関数searchは，引数dataで指定された配列に，引数targetで指定された値が含まれていればその要素番号を返し，含まれていなければ－1を返す。dataは昇順に整列されており，値に重複はない。

関数searchには不具合がある。例えば，dataの［　　　　］場合は，無限ループになる。

〔プログラム〕

```
○整数型： search(整数型の配列： data，整数型： target)
  整数型： low，high，middle

  low ← 1
  high ← dataの要素数

  while (low ≦ high)
    middle ← (low ＋ high) ÷ 2 の商
    if (data[middle] ＜ target)
      low ← middle
    elseif (data[middle] ＞ target)
      high ← middle
    else
      return middle
    endif
  endwhile

  return －1
```

解答群

ア　要素数が1で，targetがその要素の値と等しい

イ　要素数が2で，targetがdataの先頭要素の値と等しい

ウ　要素数が2で，targetがdataの末尾要素の値と等しい

エ　要素に-1が含まれている

問12 次の記述中の［　　］に入れる正しい答えを，解答群の中から選べ。ここで，配列の要素番号は1から始まる。

クイックソートとは，データをある基準値より小さい値と大きい値のグループに分割し，更にそれぞれのグループで基準値を選んで2つのグループに分割するという処理を繰り返してデータを整列するアルゴリズムである。

関数quickSortは，クイックソートを行う再帰関数である。分割のたびに基準値はグループ内の配列の左端の値とし，グループ内の配列の値の順番は元の配列と同じとする。

〔プログラム〕

```
○整数型の配列: quickSort(整数型の配列: data, 整数型: left, 整数型: right)
  整数型: i, j
  整数型: pivot ← data[left]
  整数型: center ← left
  /* 配列を分割 */
  for (i を left+1 から right まで 1 ずつ増やす)
    if (data[i] < pivot)
      data[center] ← data[i]
      center ← center + 1
      for (j を right-1 から center まで 1 ずつ減らす)
        data[j+1] ← data[j]
      endfor
      data[center] ← pivot
    endif
  endfor

  /* 再帰関数で，部分列を整列 */
  if ((center - left) が 2 以上)
    quickSort(data, left, center-1)
  endif
  if ((right - center) が 2 以上)
    quickSort(data, center+1, right)
  endif
  return data
```

配列に格納されたデータdata = {2, 3, 5, 4, 1}に対して，クイックソートを用いて昇順に並べ替える。quickSort({2, 3, 5, 4, 1}, 1, 5)として関数を呼び出すこととする。

2回目のquickSortが呼び出された後，分割が終わったとき(3回目のquickSortが呼び出される前)の配列dataの状態は{ 　　　　 }である。

解答群

ア　1, 2, 3, 5, 4　　　　イ　1, 2, 5, 4, 3

ウ　2, 3, 1, 4, 5　　　　エ　2, 3, 4, 5, 1

問13 次のプログラム中の[ ]に入れる正しい答えを，解答群の中から選べ。ここで，配列の要素番号は1から始まる。

関数simRatioは，引数として与えられた要素数1以上の二つの文字型の配列s1とs2を比較し，要素数が等しい場合は，配列の並びがどの程度似ているかの指標として，(要素番号が同じ要素の文字同士が一致する要素の組みの個数 ÷ s1の要素数)を実数型で返す。例えば，配列の全ての要素が一致する場合の戻り値は1，いずれの要素も一致しない場合の戻り値は0である。

なお，二つの配列の要素数が等しくない場合は，－1を返す。

関数simRatioに与えるs1，s2及び戻り値の例を表に示す。プログラムでは，配列の領域外を参照してはならないものとする。

表 関数simRatioに与えるs1，s2及び戻り値の例

s1	s2	戻り値
{"a", "p", "p", "l", "e"}	{"a", "p", "p", "l", "e"}	1
{"a", "p", "p", "l", "e"}	{"a", "p", "r", "i", "l"}	0.4
{"a", "p", "p", "l", "e"}	{"m", "e", "l", "o", "n"}	0
{"a", "p", "p", "l", "e"}	{"p", "e", "n"}	−1

〔プログラム〕

```
○実数型: simRatio(文字型の配列: s1, 文字型の配列: s2)
  整数型: i, cnt ← 0
  if (s1の要素数 ≠ s2の要素数)
    return −1
  endif
  for (i を 1 から s1の要素数 まで 1 ずつ増やす)
    if ([          ])
      cnt ← cnt + 1
    endif
  endfor
  return cnt ÷ s1の要素数  /* 実数として計算する */
```

解答群

ア s1[i] ≠ s2[cnt]　　イ s1[i] ≠ s2[i]

ウ s1[i] = s2[cnt]　　エ s1[i] = s2[i]

問14 次の記述中の[　　　]に入れる正しい答えを，解答群の中から選べ。ここで，配列の要素番号は1から始まる。

要素数が1以上で，昇順に整列済みの配列を基に，配列を特徴づける五つの値を返すプログラムである。

関数summarizeをsummarize({0.1, 0.2, 0.3, 0.4, 0.5, 0.6, 0.7, 0.8, 0.9, 1})として呼び出すと，戻り値は[　　　]である。

〔プログラム〕

```
○実数型: findRank(実数型の配列: sortedData, 実数型: p)
  整数型: i
  i ← (p × (sortedDataの要素数 − 1)) の小数点以下を切り上げた値
  return sortedData[i + 1]

○実数型の配列: summarize(実数型の配列: sortedData)
  実数型の配列: rankData ← {} /* 要素数0の配列 */
  実数型の配列: p ← {0, 0.25, 0.5, 0.75, 1}
  整数型: i
  for (i を 1 から pの要素数 まで 1 ずつ増やす)
    rankDataの末尾 に findRank(sortedData, p[i])の戻り値を追加する
  endfor
  return rankData
```

解答群

ア {0.1, 0.3, 0.5, 0.7, 1}　　イ {0.1, 0.3, 0.5, 0.8, 1}

ウ {0.1, 0.3, 0.6, 0.7, 1}　　エ {0.1, 0.3, 0.6, 0.8, 1}

オ {0.1, 0.4, 0.5, 0.7, 1}　　カ {0.1, 0.4, 0.5, 0.8, 1}

キ {0.1, 0.4, 0.6, 0.7, 1}　　ク {0.1, 0.4, 0.6, 0.8, 1}

問15 次のプログラム中の[a]と[b]に入れる正しい答えの組合せを，解答群の中から選べ。ここで，配列の要素番号は1から始まる。

k-近傍法(k-Nearest Neighbor Algorithm, k-NN)は，分類や回帰問題を解くための教師あり学習アルゴリズムである。k-NNアルゴリズムは，新しいデータ点に対して最も近いk個の既知のデータ点を用いて予測を行う。具体的には，既知のデータ点と新しいデータ点間の距離を計算し，最も近いk個のデータ点のラベルを用いて，新しいデータ点のラベルを決定する。

関数kNearestNeighborsは，既知のデータ点の2次元配列trainDataとそのラベルの配列trainLabelから，新しいデータ点dataに対して最も近いk個のデータ点を求め，新しいデータ点のラベルを返す。ここでデータ点は，2次元データを扱うこととする。

関数kNearestNeighborsで使う関数powは，第1引数として正の実数aを，第2引数として実数bを受け取り，aのb乗の値を実数型で返す。

〔プログラム〕

```
○文字型: kNearestNeighbors(実数型配列の配列: trainData,
                    文字型の配列: trainLabel, 整数型配列: data, 整数型: k)
  整数型の配列: itemRank ← {k個の未定義の値}
  実数型の配列: distRank ← {k個の未定義の値}
  文字型の配列: labelList ← {}
  整数型の配列: labelCount ← {}
  実数型: x, y, xi, yi, dist
  整数型: i, j, m, count
  文字型: t, label

  /* trainDataの距離を計算し，近いものからk個を選出 */
  x ← data[1]
  y ← data[2]
  for (i を 1 から trainDataの要素数 まで 1ずつ増やす)
    xi ← trainData[i][1]
    yi ← trainData[i][2]
    dist ← pow(pow(x - xi, 2) + pow(y - yi, 2), 0.5)
    j ← 1
    while (itemRank[j]が未定義でない and distRank[j] > dist)
```

```
    j ← j + 1
  endwhile
  if (itemRank[1]が未定義 or j = k)
    itemRank[j] ← i
    distRank[j] ← dist
  elseif (j < k)
    for( [   a   ] )
      itemRank[m+1] ← itemRank[m]
      distRank[m+1] ← distRank[m]
    endfor
    itemRank[j] ← i
    distRank[j] ← dist
  endif
endfor

/* 距離の近いデータについて，ラベルを数える */
for (i を 1 から itemRankの要素数 まで 1ずつ増やす)
  t ← trainLabel[itemRank[i]]
  j ← 1
  while (j ≦ labelListの要素数 and [   b   ] )
    j ← j + 1
  endwhile
  if (j ≦ labelListの要素数)
    labelCount[j] ← labelCount[j] + 1
  else
    labelListの末尾に tを追加する
    labelCountの末尾に 1 を追加する
  endif
endfor

/* 最も数の多いラベルを data のラベルとする */
label ← labelList[1]
count ← labelCount[1]
for (i を 2 から labelListの要素数 まで 1ずつ増やす)
  if (labelCount[i] > count)
```

```
      label ← labelList[i]
      count ← labelCount[i]
    endif
  endfor
  return label
```

解答群

	a	b
ア	m を k-1 から j まで 1ずつ減らす	labelList[j] = t
イ	m を k-1 から j まで 1ずつ減らす	labelList[j] ≠ t
ウ	m を k から j+1 まで 1ずつ減らす	labelList[j] = t
エ	m を k から j+1 まで 1ずつ減らす	labelList[j] ≠ t

問16　次の記述中の [　a　] と [　b　] に入れる正しい答えの組合せを，解答群の中から選べ。

三目並べにおいて自分が勝利する可能性が最も高い手を決定する。次の手順で，ゲームの状態遷移を木構造として表現し，根以外の各節の評価値を求める。その結果，根の子の中で最も評価値が高い手を，最も勝利する可能性が高い手とする。自分が選択した手を○で表し，相手が選択した手を×で表す。

〔手順〕

(1) 現在の盤面の状態を根とし，勝敗がつくか，引き分けとなるまでの考えられる全ての手を木構造で表現する。

(2) 葉の状態を次のように評価する。

　① 自分が勝ちの場合は10

　② 自分が負けの場合は－10

　③ 引き分けの場合は0

(3) 葉以外の節の評価値は，その節の全ての子の評価値を基に決定する。

　① 自分の手番の節である場合，子の評価値で最大の評価値を節の評価値とする。

　② 相手の手番の節である場合，子の評価値で最小の評価値を節の評価値とする。

ゲームが図の最上部にある根の状態のとき，自分が選択できる手は三つある。そのうちAが指す子の評価値は [　a　] であり，Bが指す子の評価値は [　b　] である。

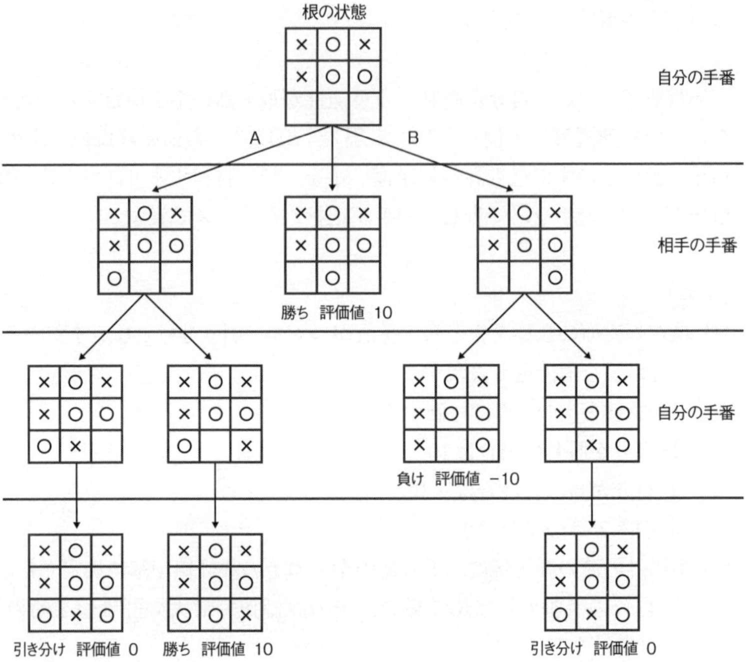

図　三目並べの状態遷移

解答群

	a	b
ア	0	−10
イ	0	0
ウ	10	−10
エ	10	0

問17 製造業のA社では，ECサイト（以下，A社のECサイトをAサイトという）を使用し，個人向けの製品販売を行っている。Aサイトは，A社の製品やサービスが検索可能で，ログイン機能を有しており，あらかじめAサイトに利用登録した個人（以下，会員という）の氏名やメールアドレスといった情報（以下，会員情報という）を管理している。Aサイトは，B社のPaaSで稼働しており，PaaS上のDBMSとアプリケーションサーバを利用している。

A社は，Aサイトの開発，運用をC社に委託している。A社とC社との間の委託契約では，Webアプリケーションプログラムの脆弱性対策は，C社が実施するとしている。

最近，A社の同業他社が運営しているWebサイトで脆弱性が悪用され，個人情報が漏えいするという事件が発生した。そこでA社は，セキュリティ診断サービスを行っているD社に，Aサイトの脆弱性診断を依頼した。脆弱性診断の結果，対策が必要なセキュリティ上の脆弱性が複数指摘された。図1にD社からの指摘事項を示す。

項番1	Aサイトで利用しているアプリケーションサーバのOS に既知の脆弱性があり，脆弱性を悪用した攻撃を受けるおそれがある。
項番2	Aサイトにクロスサイトスクリプティングの脆弱性があり，会員情報を不正に取得されるおそれがある。
項番3	Aサイトで利用しているDBMS に既知の脆弱性があり，脆弱性を悪用した攻撃を受けるおそれがある。

図1 D社からの指摘事項

設問 図1中の各項番それぞれに対処する組織の適切な組合せを，解答群の中から選べ。

解答群

	項番1	項番2	項番3
ア	A社	A社	A社
イ	A社	A社	C社
ウ	A社	B社	B社
エ	B社	B社	B社
オ	B社	B社	C社
カ	B社	C社	B社
キ	B社	C社	C社
ク	C社	B社	B社
ケ	C社	B社	C社
コ	C社	C社	B社

問18 A社は，放送会社や運輸会社向けに広告制作ビジネスを展開している。A社は，人事業務の効率化を図るべく，人事業務の委託を検討することにした。A社が委託する業務（以下，B業務という）を図1に示す。

・採用予定者から郵送されてくる入社時の誓約書，前職の源泉徴収票などの書類をPDFファイルに変換し，ファイルサーバに格納する。
（省略）

図1 B業務

委託先候補のC社は，B業務について，次のようにA社に提案した。
・B業務だけに従事する専任の従業員を割り当てる。
・B業務では，図2の複合機のスキャン機能を使用する。

・スキャン機能を使用する際は，従業員ごとに付与した利用者IDとパスワードをパネルに入力する。
・スキャンしたデータをPDFファイルに変換する。
・PDFファイルを従業員ごとに異なる鍵で暗号化して，電子メールに添付する。
・スキャンを実行した本人宛てに電子メールを送信する。
・PDFファイルが大きい場合は，PDFファイルを添付する代わりに，自社の社内ネットワーク上に設置したサーバ（以下，Bサーバという）に自動的に保存し，保存先のURLを電子メールの本文に記載して送信する。

図2 複合機のスキャン機能（抜粋）

A社は，C社と業務委託契約を締結する前に，秘密保持契約を締結して，C社を訪問し，業務委託での情報セキュリティリスクの評価を実施した。その結果，図3の発見があった。

・複合機のスキャン機能では，電子メールの差出人アドレス，件名，本文及び添付ファイル名を初期設定[1]の状態で使用しており，誰がスキャンを実行しても同じである。
・複合機のスキャン機能の初期設定情報はベンダーのWebサイトで公開されており，誰でも閲覧できる。

注[1] C社の情報システム部だけが複合機の初期設定を変更可能である。

図3 発見事項

7

そこで，A社では，初期設定の状態のままではA社にとって情報セキュリティリスクがあり，対策が必要であると評価した。

設問 対策が必要であるとA社が評価した情報セキュリティリスクはどれか。解答群のうち，最も適切なものを選べ。

解答群

ア　B業務に従事する従業員が，B業務に従事する他の従業員になりすまして複合機のスキャン機能を使用し，PDFファイルを取得して不正に持ち出す。その結果，A社の採用予定者の個人情報が漏えいする。

イ　B業務に従事する従業員が，攻撃者からの電子メールを複合機からのものと信じて本文中にあるURLをクリックし，攻撃者が用意したWebサイトにアクセスしてマルウェア感染する。その結果，A社の採用予定者の個人情報が漏えいする。

ウ　攻撃者が，複合機から送信される電子メールを盗聴し，添付ファイルを暗号化して身代金を要求する。その結果，A社が復号鍵を受け取るために多額の身代金を支払うことになる。

エ　攻撃者が，複合機から送信される電子メールを盗聴し，本文に記載されているURLをSNSに公開する。その結果，A社の採用予定者の個人情報が漏えいする。

問19 A社は従業員600名の投資コンサルティング会社である。東京の本社には，情報システム部，監査部などの管理部門があり，関西にB支店がある。B支店の従業員は10名である。

B支店では，情報システム部が運用管理しているファイルサーバを使用しており，顧客情報を含むファイルを一時的に保存する場合がある。その場合，ファイルのアクセス権は，当該ファイルを保存した従業員が最小権限の原則に基づいて設定する。今年，B支店では，従業員にヒアリングを行い，ファイルのアクセス権がそのとおりに設定されていることを確認した。

〔自己評価の実施〕

A社では，1年に1回，監査部が各部門に，評価項目を記載したシート（以下，自己評価シートという）を配布し，自己評価の実施と結果の提出を依頼している。

B支店で情報セキュリティリーダーを務めるC氏は，監査部から送付されてきた自己評価シートに従って，職場の状況を観察したり，従業員にヒアリングしたりして評価した。自己評価シートの評価結果は図1の判定ルールに従って記入する。C氏が作成したB支店の評価結果を表1に示す。

- 評価項目どおりに実施している場合："OK"
- 評価項目どおりには実施していないが，代替コントロールによって，"OK"の場合と同程度にリスクが低減されていると考えられる場合："（OK）"（代替コントロールを具体的に評価根拠欄に記入する。）
- 評価項目どおりには実施しておらず，かつ，代替コントロールによって評価項目に関するリスクが抑えられていないと考えられる場合："NG"
- 評価項目に関するリスクがそもそも存在しない場合："NA"

図1 評価結果の判定ルール

表1 B支店の評価結果（抜粋）

No.	評価項目	評価結果	評価根拠
10	（省略）	OK	（省略）
19	ファイルサーバ上の顧客情報のアクセス権は最小権限の原則に基づいて設定されている。	a	
25	（省略）	OK	（省略）

設問 表1中の [a] に入れる字句はどれか。解答群のうち，最も適切なものを選べ。

aに関する解答群

	評価結果	評価根拠
ア	OK	アクセス権の設定状況が適切であることを確認した。
イ	OK	アクセス権を適切に設定するルールが存在することを確認した。
ウ	OK	ファイルサーバは情報システム部が運用管理している。
エ	NA	顧客情報をファイルサーバに保存することは禁止されている。

問20 A社は栄養補助食品を扱う従業員500名の企業である。A社のサーバ及びファイアウォール（以下，FWという）を含む情報システムの運用は情報システム部が担当している。

ある日，内部監査部の監査があり，FWの運用状況について情報システム部のB部長が図1のとおり説明したところ，表1に示す指摘を受けた。

- FWを含め，情報システムの運用は，情報システム部の運用チームに所属する6名の運用担当者が担当している。
- FWの運用には，FWルールの編集，操作ログの確認，並びに編集後のFWルールの確認及び操作の承認（以下，編集後のFWルールの確認及び操作の承認を操作承認という）の三つがある。
- FWルールの編集は事前に作成された操作指示書に従って行う。
- FWの機能には，FWルールの編集，操作ログの確認，及び操作承認の三つがある。
- FWルールの変更には，FWルールの編集と操作承認の両方が必要である。操作承認の前に操作ログの確認を行う。
- FWの利用者IDは各運用担当者に個別に発行されており，利用者IDの共用はしていない。
- FWでは，機能を利用する権限を運用担当者の利用者IDごとに付与できる。
- 現在は，6名の運用担当者とも全権限を付与されており，運用担当者はFWのルールの編集後，編集を行った運用担当者が操作に誤りがないことを確認し，操作承認をしている。
- FWへのログインにはパスワードを利用している。パスワードは8文字の英数字である。
- FWの運用では，運用担当者の利用者IDごとに，ネットワークを経由せずコンソールでログインできるかどうか，ネットワークを経由してリモートからログインできるかどうかを設定できる。
- FWは，ネットワークを経由せずコンソールでログインした場合でも，ネットワークを経由してリモートからログインした場合でも，同一の機能を利用できる。
- FWはサーバルームに設置されており，サーバルームにはほかに数種類のサーバも設置されている。
- 運用担当者だけがサーバルームへの入退室を許可されている。

図1 FWの運用状況

表1 内部監査部からの指摘

指摘	指摘内容
指摘1	FWの運用の作業の中で，職務が適切に分離されていない。
指摘2	（省略）
指摘3	（省略）
指摘4	（省略）

B部長は表1の指摘に対する改善策を検討することにした。

設問 表1中の指摘1について，FWルールの誤った変更を防ぐための改善策はどれか。解答群のうち，最も適切なものを選べ。

解答群

ア Endpoint Detection and Response（EDR）をコンソールに導入し，監視を強化する。

イ FWでの運用担当者のログインにはパスワード認証の代わりに多要素認証を導入する。

ウ FWのアクセス制御機能を使って，運用担当者をコンソールからログインできる者，リモートからログインできる者に分ける。

エ FWの運用担当者を1人に限定する。

オ 運用担当者の一部を操作ログの確認だけをする者とし，それらの者には操作ログの確認権限だけを付与する。

カ 運用担当者を，FWルールの編集を行う者，操作ログを確認し，操作承認をする者に分け，それぞれに必要最小限の権限を付与する。

キ 作業を行う運用担当者を，曜日ごとに割り当てる。

7-1-2 解答と解説

問1　変数の上書き　《解答》オ

（基本情報技術者試験（科目B試験）サンプル問題セット 問1改）

〔プログラム〕の最初の3行では，整数型の変数を宣言し，初期値を代入しています。

整数型：x ← 2

整数型：y ← 1

整数型：z ← 3

この3行を実行すると，変数x，y，zの値は，それぞれ次のようになります。

変数	x	y	z
値	2	1	3

次の3行では，変数の値を他の変数に代入しています。

x ← zを実行すると，zの値3をxに代入するので，xが3になり，次のようになります。

変数	x	y	z
値	**3**	1	3

z ← yを実行すると，yの値1をzに代入するので，zが1になり，次のようになります。

変数	x	y	z
値	3	1	**1**

y ← xを実行すると，xの値3をyに代入するので，yが3になり，次のようになります。

変数	x	y	z
値	3	**3**	1

最後に，y の値と z の値をこの順にコンマ区切りで出力する を実行すると，yの値3とzの値1が順に出力され，実行結果は3，1となります。

したがって，**オ**が正解です。

問2 星を出力する手続 《解答》エ

（ITパスポート試験 擬似言語のサンプル問題 問2）

“☆”と“★”を交互に，引数numで指定された数だけ出力する手続printStarsについて，〔プログラム〕の空欄に入れる字句の組合せを考えます。ここで，while(条件式)～endwhileは前判定で，最初に条件をチェックし，当てはまったら処理を繰り返し実行します。do～while(条件式)は後判定で，最初に1回必ず実行し，条件に当てはまったら2回目以降の繰返しを行います。

問題文中に，「ここで，引数numの値が0以下のときは，何も出力しない」とあるので，引数numをチェックし，最初からnumの値が0以下のときには一度も繰返しを実行しないことが求められます。そのため，while文で先に判定する必要があります。

判定の条件式については，引数numと整数型の変数cntを比較していきます。最初に「cnt ← 0」とあり，「cntがnumより小さい」ときに繰返しを実行し，繰返しの最後に「cnt ← cnt + 1」で値を1ずつ増やして，cntとnumが一致したら終了します。このとき，「cntがnum 以下」とすると，numが0のときにも1回実行されてしまうので不適切です。

したがって，空欄aがwhile (cnt が num より小さい)，空欄bがendwhileとなり，組合せの正しい**エ**が正解です。

問3 1からmaxまでの整数の総和 《解答》ウ

（令和5年度 ITパスポート試験 問64）

正の整数を引数maxで受け取り，1からmaxまでの整数の総和を戻り値とする関数sigmaについて，〔プログラム〕の空欄aに入れる字句を考えます。空欄aはfor文の中にあるので，繰り返し行う必要がある内容の式を記述します。関数sigmaは，数式のΣ（シグマ）と同じで，与えられた引数maxに対して，1からmaxまでの整数の総和を計算し，その値を戻り値とします。数式で表すと，次のようなかたちになります。

$$\sum_{n=1}^{max} n = 1 + 2 + 3 + \cdots + (max - 1) + max$$

ここで，$(max - 1)$までの総和とmaxまでの総和を比較すると，次のような式になります。

$$\sum_{n=1}^{max-1} n = 1 + 2 + 3 + \cdots + (max - 1)$$

$$\sum_{n=1}^{max} n = \sum_{n=1}^{max-1} n + max$$

つまり，$(max-1)$までの総和にmaxを加えることでmaxまでの総和が求まります。

for文の制御条件が，「n を 1 から max まで 1 ずつ増やす」ことになっています。変数calcXは，初期値が0で，nが1のときにはcalcX=1，nが2のときにはcalcX=1+2=3となると考えられます。そのため，for文のループごとに，calcX ← calcX + nとすることで，1からnまでの総和を求めることが可能となります。したがって，**ウ**が正解です。

問4 二次方程式の解を求める関数 《解答》エ

（オリジナル問題）

実数a，b，及びc ($a \neq 0$) を受け取り，二次方程式 $ax^2+bx+c=0$ の2つのxの解を返す関数quadraticを考えます。空欄の後のreturn文で返す値が「(-b + sqrtPart) ÷ (2 × a)，(-b - sqrtPart) ÷ (2 × a)」となっているので，解の公式と比較すると，変数sqrtPartは解の公式の一部分，$\sqrt{b^2-4ac}$ に該当すると考えられます。

ここで，平方根を使用した$\sqrt{x}$ は，2乗するとxになる値を求める演算です。$(\sqrt{x})^2=x$なので，$(x^{0.5})^2=x$と表すことができ，$\sqrt{x}=x^{0.5}$ です。そのため，関数powを使って，pow(x, 0.5)とすると，平方根を表すことができます。

b^2はpow(b, 2)，$4ac$は4×a×cで表すことができるので，$\sqrt{b^2-4ac}$ は，pow(pow(b, 2) - 4 × a × c, 0.5)と表現することができます。したがって，**エ**が正解です。

問5 配列の要素の並べ替え 《解答》ア

（令和5年度 ITパスポート試験 問60）

配列integerArrayの要素を並べ替えて出力する手続printArrayを実行し，出力した結果を求めます。integerArray ← {2, 4, 1, 3}がどのように並べ替えられるかを，プログラムを1行1行トレースすれば求まる問題です。for文が2つある二重ループなので，丁寧に値を追っていく必要があります。

配列の要素番号は1から始まるので，最初の配列integerArrayの値は次のとおりです。

添字	1	2	3	4
値	2	4	1	3

integerArrayの要素数は4なので，(integerArrayの要素数 - 1) は3となり，外側のfor文で使用する変数nは1から3まで，1, 2, 3と1つずつ増加していきます。

内側のfor文では，最初はn=1なので，(integerArrayの要素数 - n) は3となり，変数m

は1から3まで，1, 2, 3と1つずつ増加していきます。

最初のif文では，m=1なので，条件式「integerArray[m] > integerArray[m + 1]」は，integerArray[1]とintegerArray[2]を比較することになります。integerArray[1]=2, integerArray[2]=4なので，integerArray[1] < integerArray[2]となり，条件は成立しません。そのため，何も実行せず次のループに進みます。

2番目のif文では，m=2なので，integerArray[2]とintegerArray[3]を比較することになります。integerArray[2]=4，integerArray[3]=1なので，integerArray[2] > integerArray[3]となり，条件は成立します。そのため，「integerArray[m]とintegerArray[m + 1]の値を入れ替える」を実行することになり，integerArray[2]とintegerArray[3]の値を入れ替えます。この時点で，配列integerArrayの値は，次のようになります。

添字	1	2	3	4
値	2	1	4	3

3番目のif文では，m=3なので，integerArray[3]とintegerArray[4]を比較することになります。integerArray[3]=4，integerArray[4]=3なので，integerArray[3] > integerArray[4]となり，条件は成立します。そのため，integerArray[3]とintegerArray[4]の値を入れ替えます。この時点で，配列integerArrayの値は，次のようになります。

添字	1	2	3	4
値	2	1	3	4

これで内側のループを終了します。

次は，外側のループの2回目で，n=2となってもう一度内側のループを実行します。(integerArrayの要素数 - n)は2となり，変数mは1から2まで，1, 2と1つずつ増加していきます。

最初のif文では，m=1なので，integerArray[1]とintegerArray[2]を比較することになります。integerArray[1]=2，integerArray[2]=1なので，integerArray[1] > integerArray[2]となり，条件は成立します。そのため，integerArray[1]とintegerArray[2]の値を入れ替えます。この時点で，配列integerArrayの値は，次のようになります。

添字	1	2	3	4
値	1	2	3	4

2番目のif文では，m=2なので，integerArray[2]とintegerArray[3]を比較することに

なります。integerArray[2]=2，integerArray[3]=3なので，integerArray[2] < integerArray[3]となり，条件は成立しません。そのため，何も実行せず内側のループを終了します。

外側のループの3回目は，n=3なので，(integerArrayの要素数 - n)は1となり，m=1の場合だけ，1回ループを実行します。

if文では，m=1なので，integerArray[1]とintegerArray[2]を比較することになります。integerArray[1]=1，integerArray[2]=2なので，integerArray[1] < integerArray[2]となり，条件は成立しません。そのため，何も実行せずループを終了します。

最終的に，integerArray = {1, 2, 3, 4}となり，昇順の整列が完了します。したがって，**ア**が正解です。このプログラムのアルゴリズムはバブルソートと呼ばれるものとなります。

問6 2進数の乗算を行うプログラム 《解答》ア

（平成29年春 基本情報技術者試験 午前 問5改）

8ビット型の2つの引数xbyte，ybyteを受け取り，2つの値を掛け算した結果を返す関数multiplyについて考えます。

例えば，問題文にあるように，関数multiplyをmultiply(00001010, 00000011)として呼び出す場合を考えます。この計算は，10進数に直すと10×3なので，結果は30で，戻り値は00011110となります。

2進数での掛け算は，掛け算とビット演算を組み合わせることで実現できます。例えば，3倍するときには，1ビット左シフトで2倍した数にその数をもう一度加えます。先ほどの例では次のようになります。

```
00001010 × 00000011 = 00001010 << 1 + 00001010
                    = 00010100 + 00001010
                    = 00011110
```

プログラムでは，最初にxbyteを00001010，ybyteを00000011として呼び出します。ybyteの最下位ビットは，元の値を加える必要があるかどうかを調べていて，ここが1なら，xbyteの値を掛け算の結果に加えます。最下位ビットを取り出すためには，変数pbyteは00000001として，論理積を取って最下位ビットが1かどうかを確認します。したがって，空欄aは00000001となります。

次に，2番目以降の繰返しのためのビット演算について考えます。最下位から2ビット目が1のときには，xbyteの値を2倍したものを加える必要があります。3ビット目のときには4倍，4ビット目のときには8倍……となるので，for文の繰返しごとにxbyte

の値を2倍します。1ビット左シフトすると2倍になるので，xbyte << 1とすることで実現できます。ybyteは値を加算するかどうかを確認する部分で，pbyteとの論理積で最下位ビットを比較するので，1ビットずつ右シフトして順にチェックできるようにします。そのため，ybyte >> 1とします。したがって，空欄bは，xbyte << 1とybyte >> 1の2行となります。

以上より，組合せの正しい**ア**が正解です。

問7 リストの要素削除 《解答》カ

（基本情報技術者試験（科目B試験）サンプル問題セット 問10）

〔プログラム〕の手続delNodeで，空欄に入れる正しい答えを考えます。手続delNodeは，単方向リストから引数posで指定された位置の要素を削除する手続です。リストの先頭の位置を1とします。

例えば，次のような単方向リストで，delNode(2)を実行し，2番目のvalがBの要素を削除することを考えてみます。

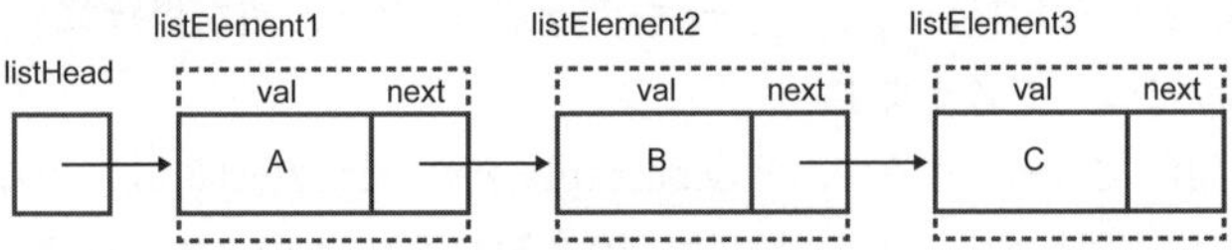

単方向リストの例

最初のif文は，posが1，つまり先頭の要素を削除する場合です。この場合は，最初のlistElement1を飛ばしてlistElement2を示すようにすればいいだけです。そのため，listHeadの参照を変えるだけで終わります。今回はposが2となるので，else句に進みます。

else句では最初，「prev ← listHead」で，変数prevはlistHeadの参照，つまりlistElement1（値がAのリスト）を指すことになります。

次のfor文では，posが2の場合には，pos - 1が1で，制御構造が「i を 2 から 1 まで 1 ずつ増やす」となるので，コメントにもあるとおり，繰返し処理を実施しません。

最後のprev.nextに代入する値について考えます。posが2の場合，prev.nextとなるlistElement2を削除します。このとき，prev.nextは，listElement2の次となるlistElement3を指すようにする必要があります。listElement3はlistElement2.nextとなり，listElement2は削除される前のprev.nextとなるので，**prev.next.next**とすると，listElement3の参照を取得できます。

したがって，**カ**が正解です。

問8 2分木の記号を出力 《解答》ウ

（平成26年春 基本情報技術者試験 午前 問6改）

2分木の各ノードがもつ記号を出力する再帰的な手続procで，出力する順番を順にトレースしていく問題です。大域変数として定義される配列treeには図の2分木が格納されており，定義されたNodeクラスのメンバ変数は次のとおりとなります。

要素番号	1	2	3	4	5	6	7
val	+	a	*	-	d	b	c
left	tree[2]	未定義	tree[4]	tree[6]	未定義	未定義	未定義
right	tree[3]	未定義	tree[5]	tree[7]	未定義	未定義	未定義

配列treeを使用してproc(tree[1])を呼び出したときの出力を順にたどっていくと，次のようになります。

proc(tree[1])の1番目のif文を実行

引数nにtree[1]が設定されます。

1番目のif文の条件は,「n.left が 未定義でない」です。tree[1]のleftはtree[2]なので，n.leftは未定義ではありません。そのため，proc(tree[2])を実行します。

proc(tree[2])を実行

引数nにtree[2]が設定されます。

1番目のif文の条件は，「n.left が 未定義でない」です。tree[2]のleftは未定義です。そのため，if文内の処理は実行せず，次の行に進みます。

2番目のif文の条件は,「n.right が 未定義でない」です。tree[2]のrightは未定義です。そのため，if文内の処理は実行せず，次の行に進みます。

手続procの最後の行は，「n.val を出力」です。tree[2]のvalは"a"なのでaを出力します。これが最初の出力になります。

proc(tree[2])は終了したので，呼び出したproc(tree[1])に戻ります。

proc(tree[1])の2番目のif文を実行

proc(tree[1])では1番目のif文が終了したので，2番目のif文を実行します。

2番目のif文の条件は，「n.right が 未定義でない」です。tree[1]のrightはtree[3]なので，n.rightは未定義ではありません。そのため，proc(tree[3])を実行します。

proc(tree[3])の1番目のif文を実行

引数nにtree[3]が設定されます。

1番目のif文の条件は,「n.left が 未定義でない」です。tree[3]のleftはtree[4]なので，n.leftは未定義ではありません。そのため，proc(tree[4])を実行します。

proc(tree[4])の1番目のif文を実行

引数nにtree[4]が設定されます。

1番目のif文の条件は,「n.left が 未定義でない」です。tree[4]のleftはtree[6]なので，n.leftは未定義ではありません。そのため，proc(tree[6])を実行します。

proc(tree[6])を実行

引数nにtree[6]が設定されます。

1番目のif文の条件は，「n.left が 未定義でない」です。tree[6]のleftは未定義です。そのため，if文内の処理は実行せず，次の行に進みます。

2番目のif文の条件は,「n.right が 未定義でない」です。tree[6]のrightは未定義です。そのため，if文内の処理は実行せず，次の行に進みます。

手続procの最後の行は，「n.val を出力」です。tree[6]のvalは"b"なので，bを出力します。これが2番目の出力になります。

proc(tree[6])は終了したので，呼び出したproc(tree[4])に戻ります。

proc(tree[4])の2番目のif文を実行

proc(tree[4])では，1番目のif文が終了したので，2番目のif文を実行します。

2番目のif文の条件は，「n.right が 未定義でない」です。tree[4]のrightはtree[7]なので，n.rightは未定義ではありません。そのため，proc(tree[7])を実行します。

proc(tree[7])を実行

引数nにtree[7]が設定されます。

1番目のif文の条件は，「n.left が 未定義でない」です。tree[7]のleftは未定義です。そのため，if文内の処理は実行せず，次の行に進みます。

2番目のif文の条件は,「n.right が 未定義でない」です。tree[7]のrightは未定義です。そのため，if文内の処理は実行せず，次の行に進みます。

手続procの最後の行は，「n.val を出力」です。tree[7]のvalは"c"なので，cを出力します。これが3番目の出力になります。

proc(tree[7])は終了したので，呼び出したproc(tree[4])に戻ります。

proc(tree[4])の出力を実行

proc(tree[4])では，2番目のif文が終了したので，最後の出力を実行します。tree[4]のvalは"-"なので，-を出力します。これが4番目の出力になります。

proc(tree[4])は終了したので，呼び出したproc(tree[3])に戻ります。

proc(tree[3])の2番目のif文を実行

proc(tree[3])では1番目のif文が終了したので，2番目のif文を実行します。

2番目のif文の条件は，「n.right が 未定義でない」です。tree[3]のrightはtree[5]なので，n.rightは未定義ではありません。そのため，proc(tree[5])を実行します。

proc(tree[5])を実行

引数nにtree[5]が設定されます。

1番目のif文の条件は，「n.left が 未定義でない」です。tree[5]のleftは未定義です。そのため，if文内の処理は実行せず，次の行に進みます。

2番目のif文の条件は,「n.right が 未定義でない」です。tree[5]のrightは未定義です。そのため，if文内の処理は実行せず，次の行に進みます。

手続procの最後の行は，「n.val を出力」です。tree[5]のvalは"d"なので，dを出力します。これが5番目の出力になります。

proc(tree[5])は終了したので，呼び出したproc(tree[3])に戻ります。

proc(tree[3])の出力を実行

proc(tree[3])では，2番目のif文が終了したので，最後の出力を実行します。tree[3]のvalは"*"なので，*を出力します。これが6番目の出力になります。

proc(tree[3])は終了したので，呼び出したproc(tree[1])に戻ります。

proc(tree[1])の出力を実行

proc(tree[1])では，2番目のif文が終了したので，最後の出力を実行します。tree[1]のvalは"+"なので，+を出力します。これが最後の出力になります。

まとめると，proc(tree[1])を実行したときの出力順序は，abc−d*＋ となります。したがって，**ウ**が正解です。

なお，この出力順は，逆ポーランド記法（後行順）での出力となっています。

7

問9 ビンソート 《解答》ア

（基本情報技術者試験（科目B試験）サンプル問題セット 問11）

この問では，関数binSortの引数に値を指定して呼び出したときに，条件に当てはまる引数の配列を解答群から選びます。条件は，「戻り値の配列には未定義の要素は含まれておらず，値は昇順に並んでいる」です。

解答群の各選択肢について関数binSortを実行すると，次のようになります。ここで，整数型配列dataの要素数はすべての選択肢で6なので，nの値は6になります。

ア {2, 6, 3, 1, 4, 5}

binSort({2, 6, 3, 1, 4, 5})で，for文をiが1から6まで実行すると，配列binsの値は次のように定義されます。

i	data[i]	bins[data[i]]
1	2	bins[2]
2	6	bins[6]
3	3	bins[3]
4	1	bins[1]
5	4	bins[4]
6	5	bins[5]

最終的に，配列binsは次のようになります。

要素番号	1	2	3	4	5	6
値	1	2	3	4	5	6

この値は，「戻り値の配列には未定義の要素は含まれておらず，値は昇順に並んでいる」という条件を満たしています。

イ {3, 1, 4, 4, 5, 2}

binSort({3, 1, 4, 4, 5, 2})で，for文をiが1から6まで実行すると，配列binsの値は次のように定義されます。

i	data[i]	bins[data[i]]
1	3	bins[3]
2	1	bins[1]
3	4	bins[4]
4	4	bins[4]
5	5	bins[5]
6	2	bins[2]

最終的に，配列binsは次のようになります。

要素番号	1	2	3	4	5	6
値	1	2	3	4	5	未定義

bins[4]を2回上書きしており，bins[6]の値設定がないので，「未定義の要素は含まれておらず」の条件を満たしていません。

ウ {4, 2, 1, 5, 6, 2}

binSort({4, 2, 1, 5, 6, 2})で，for文をiが1から6まで実行すると，配列binsの値は次のように定義されます。

i	data[i]	bins[data[i]]
1	4	bins[4]
2	2	bins[2]
3	1	bins[1]
4	5	bins[5]
5	6	bins[6]
6	2	bins[2]

最終的に，配列binsは次のようになります。

要素番号	1	2	3	4	5	6
値	1	2	未定義	4	5	6

bins[2]を2回上書きしており，bins[3]の値設定がないので，「未定義の要素は含まれておらず」の条件を満たしていません。

エ {5, 3, 4, 3, 2, 6}

binSort({5, 3, 4, 3, 2, 6})で，for文をiが1から6まで実行すると，配列binsの値は次のように定義されます。

i	data[i]	bins[data[i]]
1	5	bins[5]
2	3	bins[3]
3	4	bins[4]
4	3	bins[3]
5	2	bins[2]
6	6	bins[6]

最終的に，配列binsは次のようになります。

要素番号	1	2	3	4	5	6
値	未定義	2	3	4	5	6

bins[3]を2回上書きしており，bins[1]の値設定がないので，「未定義の要素は含まれておらず」の条件を満たしていません。

したがって，条件を満たす**ア**が正解です。

問10 ハッシュへの格納 《解答》エ

(平成23年秋 基本情報技術者試験 午前 問6改)

配列Aの要素A[0]，A[1]，… ，A[9]に正の整数kを格納する手続hashを実行する問題です。hash(k)を実行して，16，43，73，24，85を順に配列Aに格納していき，85が格納される場所を求めていきます。ここで，k mod 10はkを10で割った剰余を返す演算となります。

16を格納

手続hash(16)を実行し，k=16として格納場所を探します。最初のif文で，A[k mod 10]を求めます。16 mod 10 = 6でA[6] = 0なので，条件に当てはまります。次の「A[k mod 10] ← k」を実行し，A[6]に16を格納します。

43を格納

手続hash(43)を実行し，k=43として格納場所を探します。最初のif文で，A[k mod 10]を求めます。43 mod 10 = 3でA[3] = 0なので，条件に当てはまります。次の「A[k mod 10] ← k」を実行し，A[3]に43を格納します。

73を格納

手続hash(73)を実行し，k=73として格納場所を探します。最初のif文で，A[k mod 10]を求めます。73 mod 10 = 3です。A[3]には先ほどの43が格納されており，A[3] = 43なので，条件に当てはまりません。

次のelseif文で，A[(k+1) mod 10]を求めます。(73+1) mod 10 = 74 mod 10 = 4となります。A[4] = 0なので，条件に当てはまります。次の「A[(k+1) mod 10] ← k」を実行し，A[4]に73を格納します。

24を格納

手続hash(24)を実行し，k=24として格納場所を探します。最初のif文で，A[k mod 10]を求めます。24 mod 10 = 4です。A[4]には先ほどの73が格納されており，A[4] = 73なので，条件に当てはまりません。

次のelseif文で，A[(k+1) mod 10]を求めます。(24+1) mod 10 = 25 mod 10 = 5となります。A[5] = 0なので，条件に当てはまります。次の「A[(k+1) mod 10] ← k」を実行し，A[5]に24を格納します。

この時点で，配列Aの内容は，次のようになります。

要素番号	0	1	2	3	4	5	6	7	8	9
値	0	0	0	43	73	24	16	0	0	0

85を格納

手続hash(85)を実行し，k=85として格納場所を探します。最初のif文で，A[k mod 10]を求めます。85 mod 10 = 5となります。A[5]には先ほどの24が格納されており，A[5] = 24なので，条件に当てはまりません。

次のelseif文で，A[(k+1) mod 10]を求めます。(85+1) mod 10 = 86 mod 10 = 6となります。A[6] = 16なので，条件に当てはまりません。

2つめのelseif文で，A[(k+4) mod 10]を求めます。(85+4) mod 10 = 89 mod 10 = 9となります。A[9] = 0なので，条件に当てはまります。次の「A[(k+4) mod 10] ← k」を実行し，A[9]に85を格納します。

したがって，85の格納先はA[9]となり，**エ**が正解です。

問11 二分探索 《解答》ウ

（基本情報技術者試験（科目B試験）サンプル問題セット 問13）

関数searchの〔プログラム〕に含まれている不具合について答えます。解答群の各選択肢について，どのような結果になるかを考えていきます。

ア

dataの要素数が1の場合には，low←1，high←1なので，最初のwhile文でmiddle←(1+1)÷2=1となります。このときのdata[1]がtargetと一致している場合には，if文やelseif文の条件に当てはまらないので，elseのところに到達し，「return middle」で要素番号の1を返して正常終了します。

イ

dataの要素数が2の場合には，low←1，high←2なので，最初のwhile文でmiddle←(1+2)÷2=1となります。このときの先頭要素であるdata[1]がtargetと一致している場合には，if文やelseif文の条件に当てはまらないので，elseのところに到達し，「return middle」で要素番号の1を返して正常終了します。

ウ

dataの要素数が2の場合には，low←1，high←2なので，最初のwhile文でmiddle←(1+2)÷2=1となります。このときの末尾要素であるdata[2]がtargetと一致している場合には，dataは昇順に整列されているので，data[1]はtargetより小さい値のはずです。そのため，if文の条件「data[middle] < target」に当てはまります。このとき，low←middleで，lowもmiddleも1なので，値が変わらないことになります。そのため，while文のループを繰り返し，無限ループとなってしまいます。

エ

要素に-1が含まれている場合は，単純にdataの値がマイナスの値として判定を行うだけです。プログラムの流れでは特にループに影響を与えません。

したがって，無限ループになる**ウ**が正解です。

問12 クイックソート 《解答》ア

（令和5年春 応用情報技術者試験 午前 問7改）

クイックソートを行う関数quickSortのプログラムを読んで，実行結果をトレースする問題です。問われているのは2回目のquickSort呼び出し時の配列dataの状態なので，順にdataの変化を確認していきます。

1回目のquickSort

最初に，quickSort({2, 3, 5, 4, 1}, 1, 5)と呼び出したときの配列data及び変数left，rightの状態は次のとおりです。

配列data

要素番号	1	2	3	4	5
値	2	3	5	4	1

他の変数

変数名	left	right	pivot	center
値	1	5	2	1

for文では「i を left+1 から right まで 1 ずつ増やす」とあるので，変数iは，2から5まで1ずつ，2，3，4，5と増えていきます。

最初のiは2で，data[2]とpivotを比較します。data[2]=3，pivot=2なので，data[i]>pivotとなり，if文の条件「data[i] < pivot」は成立しません。そのため，endifまで進み，次のfor文のループに入ります。

2番目のiは3で，data[3]=5です。data[i]>pivotとなり，if文の条件は成立せず，次のループに入ります。

3番目のiは4で，data[4]=4です。data[i]>pivotとなり，if文の条件は成立せず，次のループに入ります。

4番目のiは5で，data[5]=1です。data[i]<pivotとなるので，if文の条件が成立します。そのため，if文内の処理を実行します。centerの値は1なので，data[1] ← data[5]となり，data[1]が1となります。centerはcenter + 1で1加算されるので2になります。

内側のforループでは「j を right-1 から center まで 1 ずつ減らす」とあるので，jを4から2まで，4，3，2と減らしていきます。「data[j+1] ← data[j]」は，データを1つ後ろに移す操作で，data[5] ← data[4]，data[4] ← data[3]，data[3] ← data[2]と，後ろの3つの値を1つずつ後ろにずらします。

ループの後に「data[center] ← pivot」とあるので，pivotの値2をdata[2]に代入します。ここまでで，配列dataと他の変数の状態は，次のようになります。

配列data

要素番号	1	2	3	4	5
値	1	2	3	5	4

他の変数

変数名	left	right	pivot	center
値	1	5	2	2

続いて，再帰関数で部分列を整列する部分に入ります。最初のif文では，center=2, left=1なので，center-left=1で，2以上ではありません。条件が成立しないので，quickSortは実行されません。

2番目のif文では，right=5で，right-center=5-2=3なので，2以上です。そのため，quickSort({1, 2, 3, 5, 4}, 3, 5)として,2回目のquickSortを実行することになります。

2回目のquickSort

2回目で，quickSort({1, 2, 3, 5, 4}, 3, 5)と呼び出したときの配列data及び変数left，rightの状態は次のとおりです。

配列data

要素番号	1	2	3	4	5
値	1	2	3	5	4

他の変数

変数名	left	right	pivot	center
値	3	5	3	3

for文では「i を left+1 から right まで 1 ずつ増やす」とあるので，変数iは，4から5まで1ずつ，4，5と増えていきます。

最初のiは4で，data[4]とpivotを比較します。data[4]=5, pivot=3なので，data[i]>pivotとなり，if文の条件「data[i] < pivot」は成立しません。そのため，endifまで進み，次のfor文のループに入ります。

2番目のiは5で，data[5]=4です。data[i]>pivotとなり，if文の条件は成立しません。

これで，for文のループが終了となります。

データの入れ替えが起こらなかったので，配列dataの値は{1, 2, 3, 5, 4}のままとなります。したがって，**ア**が正解です。

クイックソートはこの後も続き，right-center=5-3=2なので，quicksort({1, 2, 3, 5, 4}, 4, 5)として実行されます。この関数の実行でdata[4]とdata[5]が入れ替わり，{1, 2, 3, 4, 5}と整列が終わって終了となります。

問13 配列の類似度計算 《解答》エ

（基本情報技術者試験（科目B試験）サンプル問題セット 問12）

関数simRatioの説明を読んで，〔プログラム〕の空欄に当てはまる内容を考えます。

関数simRatioでは，最後の行が「return cnt ÷ s1の要素数 /* 実数として計算する /」となっており，変数cntを利用しています。問題文に，「(要素番号が同じ要素の文字同士が一致する要素の組みの個数 ÷ s1の要素数)を実数型で返す」とあるので，変数cntに要素番号が同じ要素の文字同士が一致する要素の組みの個数が入ると考えられます。

〔プログラム〕の空欄は，for文の繰返し中でのif文の条件式で，当てはまるとcntの値を1増やしています。cntでは「要素番号が同じ要素の文字同士が一致する要素」とあり，for文でiを使用しているので，条件式をs1[i]＝s2[i]とすると，要素番号が同じ要素iで，文字同士が一致した場合にcntの値を増やすことができます。

したがって，**エ**が正解です。

問14 配列を特徴付ける代表値 《解答》ク

（基本情報技術者試験（科目B試験）サンプル問題セット 問14）

関数summarizeをsummarize({0.1, 0.2, 0.3, 0.4, 0.5, 0.6, 0.7, 0.8, 0.9, 1})として呼び出したときの戻り値を求める問題です。

〔プログラム〕には，関数findRankと関数summarizeの2つの関数があり，関数findRankは関数summarizeの中で呼び出されています。

summarize({0.1, 0.2, 0.3, 0.4, 0.5, 0.6, 0.7, 0.8, 0.9, 1})として呼び出すと，引数sortedDataに実数型の配列{0.1, 0.2, 0.3, 0.4, 0.5, 0.6, 0.7, 0.8, 0.9, 1}が格納されます。配列の要素番号は1から始まるので，sortedDataは次のような配列となります。

要素番号	1	2	3	4	5	6	7	8	9	10
要素の値	0.1	0.2	0.3	0.4	0.5	0.6	0.7	0.8	0.9	1

rankDataは，初期値で要素数0の空の配列です。

配列pは，次の値となります。

要素番号	1	2	3	4	5
要素の値	0	0.25	0.5	0.75	1

配列pの要素数は5なので，for文の制御構造は「i を 1 から 5 まで 1 ずつ増やす」となり，5回実行されます。それぞれの実行結果は，次のようになります。

1回目

findRank(sortedData, p[1])を実行します。p[1]=0なので，findRankでの引数pの値は0となります。sortedDataの要素数は10なので，

$0 \times (10 - 1) = 0$

となり，小数点以下を切り上げた値は0なので，iに0が代入されます。

sortedData[0 + 1] = sortedData[1] = 0.1

となるので，戻り値は0.1です。

関数summarizeに戻って，rankDataは空なので，末尾に戻り値0.1を追加し，rankData = {0.1}となります。

2回目

findRank(sortedData, p[2])を実行します。p[2]=0.25なので，findRankでの引数pの値は0.25となります。sortedDataの要素数は10なので，

$0.25 \times (10 - 1) = 0.25 \times 9 = 2.25$

となり，小数点以下を切り上げた値は3なので，iに3が代入されます。

sortedData[3 + 1] = sortedData[4] = 0.4

となるので，戻り値は0.4です。

関数summarizeに戻って，rankDataの末尾に戻り値0.4を追加し，rankData = {0.1, 0.4}となります。

3回目

findRank(sortedData, p[3])を実行します。p[3]=0.5なので，findRankでの引数pの値は0.5となります。sortedDataの要素数は10なので，

$0.5 \times (10 - 1) = 0.5 \times 9 = 4.5$

となり，小数点以下を切り上げた値は5なので，iに5が代入されます。

sortedData[5 + 1] = sortedData[6] = 0.6

となるので，戻り値は0.6です。

関数summarizeに戻って，rankDataの末尾に戻り値0.6を追加し，rankData = {0.1, 0.4, 0.6}となります。

4回目

findRank(sortedData, p[4])を実行します。p[4]=0.75なので，findRankでの引数pの値は0.75となります。sortedDataの要素数は10なので，

$0.75 \times (10 - 1) = 0.75 \times 9 = 6.75$

となり，小数点以下を切り上げた値は7なので，iに7が代入されます。

sortedData[7 + 1] = sortedData[8] = 0.8

となるので，戻り値は0.8です。

関数summarizeに戻って，rankDataの末尾に戻り値0.8を追加し，rankData = {0.1, 0.4, 0.6, 0.8}となります。

5回目

findRank(sortedData, p[5])を実行します。p[5]=1なので，findRankでの引数pの値は1となります。sortedDataの要素数は10なので，

$1 \times (10 - 1) = 1 \times 9 = 9$

となり，小数点以下を切り上げた値は9なので，iに9が代入されます。

sortedData[9 + 1] = sortedData[10] = 1

となるので，戻り値は1です。

関数summarizeに戻って，rankDataの末尾に戻り値1を追加し，rankData = {0.1, 0.4, 0.6, 0.8, 1}となります。

以上で，最終的なrankDataの内容が戻り値で，{0.1, 0.4, 0.6, 0.8, 1}となります。したがって，**ク**が正解です。

なお，この計算は，統計学でパーセンタイルを求める計算になります。統計におけるパーセンタイルとは，データを小さい順に並べたとき，値の順位を百分率（パーセント表示）で表したものをいいます。

pが0.25の場合は第1四分位数（25パーセンタイル），pが0.5の場合は中央値（50パーセンタイル），pが0.75の場合は第3四分位数（75パーセンタイル）となります。

問15 k-NNアルゴリズム 《解答》イ

（オリジナル問題）

k-NNアルゴリズムで新しいデータ点のラベルを決定する関数NearestNeighborsで，プログラムの空欄を穴埋めする問題です。次のようなデータを例に，プログラムの動きを考えていきます。

データの例

```
trainData = {{1, 0}, {2, 1}, {4, 1}, {1, 3}, {2, 3}, {4, 3}}
trainLabel = {"B", "A", "A", "B", "B", "A"}
data = {1.5, 2}
k = 3
```

trainDataとdataを図にすると，次のようになります。trainData［1］= T_1のかたちで示しています。

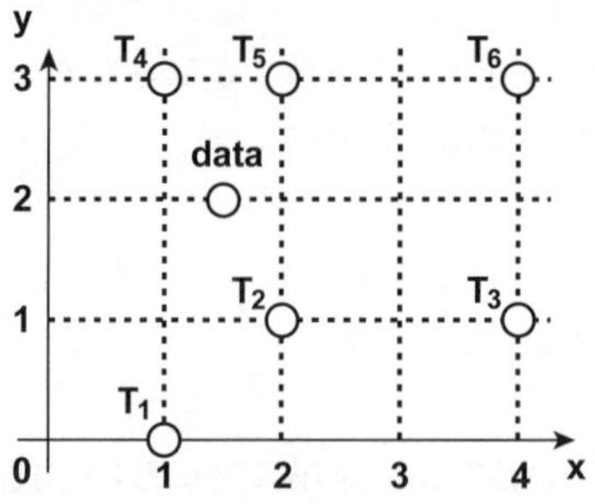

trainDataとdataの配置

trainDataの距離を計算し，近いものからk個を選出

〔プログラム〕の最初の部分，「/* trainDataの距離を計算し，近いものからk個を選出 */」に該当する最初のforループを確認していきます。data = {1.5, 2}なので，x=1.5，y=2となります。

for文は「i を 1 から trainDataの要素数 まで 1ずつ増やす」となっているので，trainDataの要素数6まで，iを1，2，3，4，5，6と増やしていきます。

i=1のとき，trainData[1]={1, 0}なので，xi=1，yi=0です。dist ← pow(pow(x - xi, 2) + pow(y - yi, 2), 0.5)は，数式に直すと次のようになります。

$$dist = \sqrt{(x - xi)^2 + (y - yi)^2} = \sqrt{(1.5 - 1)^2 + (2 - 0)^2} = \sqrt{4.25} \fallingdotseq 2.06$$

jを1から確認していきます。itemRank[1]は未定義なので，while文は実行せず終了します。if文の「itemRank[1]が未定義」に当てはまるので，itemRank[1]=1，distRank[1]=2.06とします（ここでは，簡単にするため，小数点以下第2位まで表記します）。

1回目のループが終了したので，i=2として2回目のforループを実行します。i=2のとき，trainData[2]={2, 1}なので，xi=2，yi=1です。distは次の式で計算できます。

$$dist = \sqrt{(x - xi)^2 + (y - yi)^2} = \sqrt{(1.5 - 2)^2 + (2 - 1)^2} = \sqrt{1.25} \fallingdotseq 1.12$$

jを1から確認していきます。while文で，itemRank[1]は未定義ではなく，distRank[1]=2.06でdist=1.12なので，distRank[j] > distが成り立ち，whileループ内を実行します。j ← j + 1で，jは2となります。itemRank[2]は未定義なので，2回目のwhileループは実行せず終了します。

次のif文で，itemRank[1]は未定義ではなく，k=3で，j=3ではないので，if文の条件には当てはまらず，elseif句を実行します。j=2で，j<kが成り立つので，elseif句内のforループ以下を実行します。

空欄a

for文内の制御記述を考えます。itemRank[1]=1，distRank[1]=2.06で，distが1.12です。distRank[1] > distなので，trainData[2]のdistの方が近くなり，これを新たなitemRank[1]とdistRank[1]にすると距離の近い順にitemRankとdistRankが並びます。しかし，単純にdistRank[1] ← distとしてしまうと上書きされるので，後ろのデータを1つずつ後ろにずらしてから代入します。

具体的には，for文の制御記述で，「m を k-1 から j まで 1ずつ減らす」とし，mを2から1まで，2，1と1つずつ減らしながら実行します。itemRank[3] ← itemRank[2]，distRank[3] ← distRank[2]を実行した後で，itemRank[2] ← itemRank[1]，distRank[2] ← distRank[1]とすることで，1つずつ後ろにずらすことができます（itemRank[3]，distRank[3]のデータは上書きされ消失しますが，k=3番目までのデータしか使用しないので問題ありません）。

後ろにずらしたあとに，itemRank[1]←i=2，distRank[1]←dist=1.12とします。

したがって，空欄aは**m を k-1 から j まで 1ずつ減らす**となります。

同様に，i=3，4，5，6と繰り返していくと，itemRankとdistRankに距離の近い順のtrainDataの値が並び，次のようになります。

要素番号	1	2	3
itemRank	2	4	5
distRank	1.12	1.12	1.12

距離の近いデータについて，ラベルを数える

〔プログラム〕の「/* 距離の近いデータについて，ラベルを数える */」について，ラベルの数を数え，配列labelListとlabelCountに格納していきます。for文の制御記述「i を 1 から itemRankの要素数 まで 1ずつ増やす」で，itemRankの要素数は3なので，i=1，2，3と順に実行していきます。

i=1のとき,t ← trainLabel[itemRank[1]]=trainLabel[2]="A"なので,t="A"となります。j=1で，labelListの要素数は0なので，while文の最初の条件「j ≦ labelListの要素数」が成立せず終了します。if文で「j ≦ labelList の要素数」は成り立たないので，else句を実行します。labelList[1]="A"，labelCount[1]=1となります。

i=2のとき,t ← trainLabel[itemRank[2]]=trainLabel[4]="B"なので,t="B"となります。j=1で，labelListの要素数は1なので，while文の最初の条件「j ≦ labelListの要素数」は成立します。そのため，and以下の空欄bについて考えます。

空欄b

while文で「j ≦ labelListの要素数」のときに，「j ← j + 1」となる条件を考えます。labelList[j]の値がtと等しい場合は，新たにlabelListに追加する必要がなく，labelCount[j]のカウントを1増やすだけで，同じラベルの数を数えることができます。「labelList[j] ≠ t」の条件で，一致しない間は次のlabelListの値をチェックすることで，tと等しいラベルが存在するかどうかを確かめられます。したがって，空欄bは**labelList[j] ≠ t**となります。

この条件で実行すると，labelList[1]="A"，t="B"と異なるので，while文が実行され，jが1増えてj=2となります。2回目のwhile文はj>labelListの要素数となるので，実行されず終了します。

まとめると，組合せの正しい**イ**が正解です。

この後を実行すると，labelListとlabelCountの値は，次のようになります。

要素番号	1	2
labelList	"A"	"B"
labelCount	1	2

最も数の多いラベルは"B"の2個となるので，最後の「/* 最も数の多いラベルを data のラベルとする */」を実行したあと，labelList[2]の"B"がlabelとなり，戻り値は"B"となります。

問16 三目並べの評価値 《解答》ア

（基本情報技術者試験（科目B試験）サンプル問題セット 問15）

三目並べにおいて自分が勝利する可能性が最も高い手を決定する手順を考えます。〔手順〕に従って，図の三目並べの状態遷移で空欄a，bの評価値を求めていきます。

空欄a

ゲームが図の最上部にある根の状態のとき，Aが指す子の評価値を，〔手順〕に従って求めます。根の次は相手の手番で，Aは葉以外の節なので，〔手順〕(3) ②「相手の手番の節である場合，子の評価値で最小の評価値を節の評価値とする」より，子の評価値で最小の評価値を求めます。

図より，Aの子の評価値での最小値は，4段目の葉の左端での“引き分け”で，評価値は0です。そのため，Aの評価値は**0**となります。

空欄b

ゲームが図の最上部にある根の状態のときの，Bが指す子の評価値を，〔手順〕に従って求めます。Aと同様，Bは葉以外の節なので，〔手順〕(3) ②のとおり，子の評価値で最小の評価値を求めます。

図より，Bの子の評価値での最小値は，3段目の葉，右から2番目の“負け”で，評価値は−10です。そのため，Bの評価値は**−10**となります。

したがって，空欄aは0，空欄bが−10で，組合せの正しい**ア**が正解です。

問17 各指摘事項に対応する組織 《解答》カ

（基本情報技術者試験（科目B試験）サンプル問題セット 問17）

図1のD社からの指摘事項について，項番1～3それぞれに対処する組織の適切な

組合せを考えていきます。ここで，A社からD社について問題文を整理してみます。
・A社　製造業でA社のECサイト（Aサイト）を運営
・B社　PaaS（Platform as a Service）提供業者
・C社　Aサイトの開発，運用を行う会社
・D社　セキュリティ診断サービスを行った会社

図1のそれぞれの指摘事項について，対処する組織を考えると，次のようになります。

項番1

「Aサイトで利用しているアプリケーションサーバのOSに既知の脆弱性があり」とあるので，OSの脆弱性に対処する必要があります。AサイトはB社のPaaSで稼働しているので，OSに関しては**B社**の責任範囲です。

項番2

「Aサイトにクロスサイトスクリプティングの脆弱性があり」とあります。クロスサイトスクリプティングはWebアプリケーションプログラムの脆弱性です。問題文に，「Webアプリケーションプログラムの脆弱性対策は，C社が実施するとしている」とあるので，**C社**の責任範囲です。

項番3

「Aサイトで利用しているDBMSに既知の脆弱性があり」とあるので，DBMSの脆弱性に対処する必要があります。AサイトはB社のPaaSで稼働しており，「PaaS上のDBMSとアプリケーションサーバを利用している」ので，DBMSに関しては**B社**の責任範囲です。

したがって，組合せの正しい**カ**が正解です。

問18 対策が必要なリスク　《解答》イ

（情報セキュリティマネジメント試験 サンプル問題セット 問49）

図3の発見事項をもとに，対策が必要であるとA社が評価した情報セキュリティリスクについて考えます。

図3には，「複合機のスキャン機能では，電子メールの差出人アドレス，件名，本文及び添付ファイル名を初期設定の状態で使用しており」とあり，さらに，「複合機のスキャン機能の初期設定情報はベンダーのWebサイトで公開されており」とあります。C

社で使用する複合機のスキャン機能で使用する電子メールの差出人アドレス，件名，本文及び添付ファイル名は公開情報なので，攻撃者が偽装して使用することが可能です。そのため，B業務に従事する従業員が，攻撃者が偽装した電子メールを複合機からのものと信じて本文中にあるURLをクリックする可能性があります。その結果，攻撃者が用意したWebサイトにアクセスしてマルウェア感染し，A社の採用予定者の個人情報が漏えいするリスクが存在します。

したがって，**イ**が正解となります。

その他の選択肢については，次のとおりです。

ア　図2に，「従業員ごとに付与した利用者IDとパスワードをパネルに入力する」とあるので，B業務に従事する他の従業員になりすまして利用することは困難です。

ウ，エ　複合機から送信される電子メールは，自社の社内ネットワークで送られます。そのため，攻撃者が盗聴するのは困難です。

問19　最小権限の原則の評価　《解答》ア

（情報セキュリティマネジメント試験 サンプル問題セット 問57）

A社のB支店での自己評価結果について，表1の評価項目に対応する評価結果とその評価根拠について考えていきます。

表1のNo.19での評価項目は，「ファイルサーバ上の顧客情報のアクセス権は最小権限の原則に基づいて設定されている」です。問題文ではB支店の状況について，「ファイルのアクセス権は，当該ファイルを保存した従業員が最小権限の原則に基づいて設定する」とあり，さらに「B支店では，従業員にヒアリングを行い，ファイルのアクセス権がそのとおりに設定されていることを確認した」とあるので，アクセス権は最小権限の原則に基づいて設定されています。図1の評価結果の判定ルールでは，「評価項目どおりに実施している場合：“OK”」とあるので，評価結果は**OK**です。また，評価根拠は，**アクセス権の設定状況が適切であることを確認した**という記述となります。

したがって，組合せの正しい**ア**が正解です。

その他の選択肢については，次のとおりです。

イ　アクセス権を適切に設定するルールが存在することを確認しただけでは，実際に行われているかどうかが分かりません。実効性を確認する必要があります。

ウ　ファイルサーバの運用管理をどの部署が行うかは，最小権限の原則とは関係ありません。

エ　顧客情報をファイルサーバに保存することは，実際に行われる場合があり，特に禁止されてはいません。

問20 FWの誤った変更を防ぐ改善策 《解答》カ

（基本情報技術者試験（科目B試験）サンプル問題セット 問20）

A社のFWの運用状況について，内部監査部からの指摘に対する改善策を考える問題です。表1中の指摘1の内容「FWの運用の作業の中で，職務が適切に分離されていない」について，FWルールの誤った変更を防ぐための改善策について，適切なものを答えます。解答群のそれぞれの改善策について考えると，次のようになります。

ア ×

EDRを導入し，監視を強化することは，誤った設定変更を検知するのには有効です。しかし，指摘1の職務の分離とは関係ありません。

イ ×

FWでの運用担当者のログインに多要素認証を導入することは，不正アクセスを防ぐ対策として有効です。しかし，指摘1の職務の分離とは関係ありません。

ウ ×

FWのアクセス制御機能を使って，運用担当者のログイン方法を分ける手法は，最小限のログイン権限を与える方法として有効です。しかし，各担当者のログインに対する対策だけなので，職務の分離には有効ではありません。

エ ×

FWの運用担当者を1人に限定すると，不正が起こったときに見つけづらくなります。チェックする人がおらず，職務の分離の原則に反する対策です。

オ ×

運用担当者の一部を操作ログの確認だけをする者とする手法は，最小限のログイン権限を与える方法として有効です。しかし，職務の分離には対応していません。

カ ○

運用担当者を，FWルールの編集を行う者，操作ログを確認し，操作承認をする者に分けるのは，職務の分離を行う方法として有効です。それぞれに必要最小限の権限を付与することで，適切に最小限の権限を与え，相互チェックを行うことが可能です。

キ ×

作業を行う運用担当者を曜日ごとに割り当てる方法は，運用負荷の分担という意味では有効です。しかし，セキュリティ向上には意味がなく，職務の分離とは関係ありません。

したがって，**カ**が正解です。

付録

基本情報技術者試験の擬似言語

基本情報技術者試験の科目Bサンプル問題セット（https://www.ipa.go.jp/news/2022/shiken/gmcbt80000007cfs-att/fe_kamoku_b_set_sample_qs.pdf）に掲載されている擬似言語の記述形式は以下のとおりです。

実際の試験では若干変わっている可能性はありますが，本書ではこちらで統一しています。

擬似言語の記述形式（基本情報技術者試験用）

擬似言語を使用した問題では，各問題文中に注記がない限り，次の記述形式が適用されているものとする。

〔擬似言語の記述形式〕

記述形式	説明
○*手続名又は関数名*	手続又は関数を宣言する。
型名: *変数名*	変数を宣言する。
/* *注釈* */	注釈を記述する。
// *注釈*	
変数名 ← *式*	変数に*式*の値を代入する。
手続名又は関数名(*引数*, …)	手続又は関数を呼び出し，*引数*を受け渡す。

if (*条件式1*)
　処理1
elseif (*条件式2*)
　処理2
elseif (*条件式n*)
　処理n
else
　処理n＋1
endif
	選択処理を示す。
	　*条件式*を上から評価し，最初に真になった*条件式*に対応する*処理*を実行する。以降の*条件式*は評価せず，対応する*処理*も実行しない。どの*条件式*も真にならないときは，*処理n＋1*を実行する。
	　各*処理*は，0以上の文の集まりである。
	　elseifと*処理*の組みは，複数記述することがあり，省略することもある。
	　elseと*処理n＋1*の組みは一つだけ記述し，省略することもある。

while (*条件式*)
　処理
endwhile
	前判定繰返し処理を示す。
	　*条件式*が真の間，*処理*を繰返し実行する。
	　*処理*は，0以上の文の集まりである。

do 　*処理* while (*条件式*)	後判定繰返し処理を示す。 　*処理*を実行し，*条件式*が真の間，*処理*を繰返し実行する。 　*処理*は，0以上の文の集まりである。

for (*制御記述*)
　処理
endfor
	繰返し処理を示す。
	　*制御記述*の内容に基づいて，*処理*を繰返し実行する。
	　*処理*は，0以上の文の集まりである。

〔演算子と優先順位〕

演算子の種類		演算子	優先度
式		( ) .	高
単項演算子		not ＋ −	
二項演算子	乗除	mod × ÷	
	加減	＋ −	
	関係	≠ ≦ ≧ ＜ ＝ ＞	
	論理積	and	
	論理和	or	低

注記　演算子 . は，メンバ変数又はメソッドのアクセスを表す。
　　　演算子 mod は，剰余算を表す。

〔論理型の定数〕

true，false

〔配列〕

配列の要素は，“[”と“]”の間にアクセス対象要素の要素番号を指定することでアクセスする。なお，二次元配列の要素番号は，行番号，列番号の順に“,”で区切って指定する。

“{”は配列の内容の始まりを，“}”は配列の内容の終わりを表す。ただし，二次元配列において，内側の“{”と“}”に囲まれた部分は，1行分の内容を表す。

〔未定義，未定義の値〕

変数に値が格納されていない状態を，“未定義”という。変数に“未定義の値”を代入すると，その変数は未定義になる。

おすすめ書籍・サイト

しっかりとしたスキルを身に付けるためには，試験対策のほかにいろいろな書籍やサイトで学習するのがおすすめです。ここでは，科目Ｂ試験の内容に関するスキルを身に付けるのに役立つ書籍やサイトを紹介します。

おすすめ書籍

プログラミングの基本を最初に学ぶときにおすすめの本

・Workman Publishing. 14歳からのプログラミング. ダイヤモンド社, 2022
・Eric Freeman. Head First はじめてのプログラミング. オライリー・ジャパン, 2019
・吉村総一郎. 改訂版 高校生からはじめるプログラミング. KADOKAWA, 2021

Pythonでプログラミングを行う時のおすすめ本

・Cory Althoff. 独学プログラマー. 日経BP, 2018
・Cory Althoff. 独学コンピュータサイエンティスト. 日経BP, 2022
・国本大悟／須藤秋良. スッキリわかるPython入門. インプレス, 2019
・Paul Barry. Head First Python 第2版 ―頭とからだで覚えるPythonの基本. オライリー・ジャパン, 2018
・酒井潤. シリコンバレー一流プログラマーが教える Pythonプロフェッショナル大全. KADOKAWA, 2022
・Guido van Rossum. Pythonチュートリアル 第4版. オライリー・ジャパン, 2021

他の本でプログラミングを行うときのおすすめ本

・azu/Suguru Inatomi. JavaScript Primer 迷わないための入門書. KADOKAWA, 2020
・中山清喬／国本大悟. スッキリわかるJava入門 第3版. インプレス, 2019

アルゴリズムや数学を本格的に学ぶ時のおすすめ本

・米田優峻. 問題解決のための「アルゴリズム×数学」が基礎からしっかり身につく本. 技術評論社, 2022

プログラミングの考え方を全体的に理解するのにおすすめ本

・矢沢久雄. プログラムはなぜ動くのか 第3版. 日経BP, 2021
・平澤章. オブジェクト指向でなぜつくるのか 第3版. 日経BP, 2021

おすすめサイト

資料となるサイト

・Pythonチュートリアル

https://docs.python.org/ja/3/tutorial/

Python公式，日本語でのチュートリアルです。先ほど書籍で紹介した「Pythonチュートリアル」が無料で読めます。実際のソースコードがコピーできるので，書籍と合わせての学習がおすすめです。

・JavaScript Primer 迷わないための入門書

https://jsprimer.net/

先ほど書籍で紹介した「JavaScript Primer」がすべて無料で読めるサイトです。実際のソースコードがコピーできるので，書籍と合わせての学習がおすすめです。

動画で学習するサイト

・Coursera

https://www.coursera.org/

世界中の大学や企業が提供するコンテンツが揃っているサイトです。Pythonなどのプログラミング言語や，データサイエンスの内容が低価格で学べます。個人的な一番のおすすめは，Andrew Ng先生の「機械学習専門講座（https://www.coursera.org/specializations/machine-learning-introduction）」をはじめとしたAIやデータサイエンス，数学を学ぶコースです。

・Udemy

https://www.udemy.com/

多様なコンテンツが用意されており，初級者～中級者向けに様々なサイトが揃っています。筆者も情報セキュリティ入門（https://www.udemy.com/course/wakuwaku_security_001/）などを公開しています。

参考文献

- Felienne Hermans. プログラマー脳. 秀和システム, 2023
- 北川源四郎／竹村彰通・編. 応用基礎としてのデータサイエンス. 講談社, 2023
- 瀬戸美月. 徹底攻略　応用情報技術者教科書 令和5年度版. インプレス, 2022
- Cory Althoff. 独学コンピューターサイエンティスト. 日経BP, 2022
- 米田優峻. 問題解決のための「アルゴリズム×数学」が基礎からしっかり身につく本. 技術評論社, 2021
- 瀬戸美月. 徹底攻略　基本情報技術者の午後対策 Python編 第2版. インプレス, 2021
- 矢沢久雄. プログラムはなぜ動くのか 第3版. 日経BP, 2021
- Eric Freeman. Head First はじめてのプログラミング. オライリー・ジャパン, 2019
- T.H.Cormen他. アルゴリズムイントロダクション　第3版. 近代科学社, 2012
- 前橋和弥. センス・オブ・プログラミング！. 技術評論社, 2004
- 瀬戸稔代他. 新版 アルゴリズムの基礎. アイテック, 2003

INDEX

索引

■著者

瀬戸 美月（せと みづき）

株式会社わくわくスタディワールド代表取締役。最新の技術や研究成果，データ分析結果などをもとに，単なる試験対策にとどまらず，これからの時代に必要なスキルを身につけるための「本質的な，わくわくする学び」を提供する。AIやPythonでのプログラミング，情報セキュリティや情報処理技術者試験対策などに関するセミナーを中心に手がけている。

保有資格は，情報処理技術者試験全区分，狩猟免許（わな猟），データサイエンス検定（リテラシーレベル），データサイエンス数学ストラテジスト（中級☆☆☆）他多数。著書は，『徹底攻略 応用情報技術者教科書』『徹底攻略 情報処理安全確保支援士教科書』『徹底攻略　ネットワークスペシャリスト教科書』『徹底攻略　データベーススペシャリスト技術者教科書』『徹底攻略 情報セキュリティマネジメント教科書』『徹底攻略 基本情報技術者の午後対策Python編』（以上，インプレス），『新 読む講義シリーズ8 システムの構成と方式』『インターネット・ネットワーク入門』『新版アルゴリズムの基礎』（以上，アイテック）他多数。

齋藤 健一（さいとう　けんいち）

株式会社わくわくスタディワールド取締役。食品会社の経営情報企画部で，情報システム導入やセキュリティ管理を十数年にわたり主導。独立後はセキュリティを中心とした指導や，動画を中心としたIT関連の教材作成に携わる。

保有資格は，狩猟免許（銃猟），ネットワークスペシャリスト，情報セキュリティマネジメント他。著書は，『徹底攻略　情報処理安全確保支援士教科書』『徹底攻略　情報セキュリティマネジメント教科書』（以上，インプレス），『インターネット・ネットワーク入門』（以上，アイテック）他。

わく☆すたAI

わくわくスタディワールド社内で開発されたAI（人工知能）。自然言語処理，機械学習を中心に，学びを効果的にするための仕組みを構築。内部でChatGPTも活用。

今回は，試験の傾向分析に加えて，文章の校正や問題の作問にも少しチャレンジ。

ホームページ: https://wakuwakustudyworld.co.jp

STAFF

編集　水橋明美（株式会社ソキウス・ジャパン）
　　　小田麻矢
編集協力　小宮雄介
本文デザイン・制作　株式会社トップスタジオ
表紙デザイン　馬見塚意匠室
副編集長　片元 諭
編集長　玉巻秀雄

■商品に関する問い合わせ先

このたびは弊社商品をご購入いただきありがとうございます。本書の内容などに関するお問い合わせは、下記のURLまたは二次元バーコードにある問い合わせフォームからお送りください。

https://book.impress.co.jp/info/

上記フォームがご利用いただけない場合のメールでの問い合わせ先

info@impress.co.jp

※お問い合わせの際は、書名、ISBN、お名前、お電話番号、メールアドレス に加えて、「該当するページ」と「具体的なご質問内容」「お使いの動作環境」を必ずご明記ください。なお、本書の範囲を超えるご質問にはお答えできないのでご了承ください。

- ●電話やFAX でのご質問には対応しておりません。また、封書でのお問い合わせは回答までに日数をいただく場合があります。あらかじめご了承ください。
- ●インプレスブックスの本書情報ページ https://book.impress.co.jp/books/1122101039 では、本書のサポート情報や正誤表・訂正情報などを提供しています。あわせてご確認ください。
- ●本書の奥付に記載されている初版発行日から1 年が経過した場合、もしくは本書で紹介している製品やサービスについて提供会社によるサポートが終了した場合はご質問にお答えできない場合があります。

■落丁・乱丁本などの問い合わせ先

FAX 03-6837-5023

service@impress.co.jp

※古書店で購入された商品はお取り替えできません。

徹底攻略 基本情報技術者の科目 B 実践対策
［プログラミング・アルゴリズム・情報セキュリティ］

2023年6月21日　初版発行

著　者　株式会社わくわくスタディワールド　瀬戸美月／齋藤健一

発行人　小川 亨

編集人　高橋隆志

発行所　株式会社インプレス
〒101-0051　東京都千代田区神田神保町一丁目105番地
ホームページ　https://book.impress.co.jp/

印刷所　日経印刷株式会社

ISBN978-4-295-01673-1 C3055

Printed in Japan